生态文明与生态文化建设

SHENGTAI WENMING YU
SHENGTAI WENHUA JIANSHE

»»»

龚维斌　乔清举◎主编

国家行政学院出版社

北京

图书在版编目（CIP）数据

生态文明与生态文化建设 / 龚维斌，乔清举主编
. —北京：国家行政学院出版社，2023.1
ISBN 978-7-5150-2736-4

Ⅰ.①生⋯ Ⅱ.①龚⋯②乔⋯ Ⅲ.①生态环境建设
—研究—中国 Ⅳ.① X321.2

中国版本图书馆 CIP 数据核字（2022）第 243492 号

书　　名	生态文明与生态文化建设	
	SHENGTAI WENMING YU SHENGTAI WENHUA	
	JIANSHE	
作　　者	龚维斌　乔清举　主编	
责任编辑	刘韫劼　李　东	
出版发行	国家行政学院出版社	
	（北京市海淀区长春桥路 6 号　100089）	
综 合 办	（010）68928887	
发 行 部	（010）68928866	
印　　刷	北京中科印刷有限公司	
版　　次	2023 年 1 月北京第 1 版	
印　　次	2023 年 1 月北京第 1 次印刷	
开　　本	185 毫米 × 260 毫米　16 开	
印　　张	23.25	
字　　数	363 千字	
定　　价	72.00 元	

本书如有印装质量问题，可随时调换，联系电话：（010）68929022

以习近平生态文明思想引领
新时代生态文明建设
（代序）

习近平生态文明思想是以习近平同志为核心的党中央治国理政实践创新和理论创新在生态文明建设领域的集中体现，是新时代我国生态文明建设的根本遵循和行动指南。这一思想具有一系列重大原创性理论贡献，是当代中国马克思主义、二十一世纪马克思主义在生态文明建设领域的重大创新成果。

习近平生态文明思想坚持和发展了马克思主义，是马克思主义中国化新的飞跃的重要内容。"生态兴则文明兴"体现了人类史与自然史的互相交融和互相促进，创新发展了马克思主义历史观。"绿水青山就是金山银山"是站在人类整体利益、共同利益、长远利益上共谋全球永续发展的生态价值观，创新发展了马克思主义生态观。"保护生态环境就是保护生产力，改善生态环境就是发展生产力"，把生态环境作为重要的生产力要素，使生态环境成为经济社会发展的内生变量，创新发展了马克思主义生产力观。"良好生态环境是最普惠的民生福祉"，坚持生态惠民、生态利民、生态为民，使环境成为民生的重要领域，创新发展了马克思主义民生观。

习近平生态文明思想继承发扬了中华优秀传统生态文化，并根据时代特点进行拓展和创新，使中华传统生态文化焕发出新的活力。这一思想在"天人合一""道法自然""民胞物与"等中国古代哲学思想基础上，进一步提出"人与自然是生命共同体""坚持人与自然和谐共生"等重要生态文明新理念；通过培育生态文化体系，把中华优秀生态文化的思想精髓融入生态文明主流价值观，为中华民族永续发展提供绵延不断、与时俱进的生态文化滋养。

习近平生态文明思想丰富了中国式现代化道路,拓展了人类文明新形态。西方国家现代化在实现工业化,生产力快速发展的同时也付出了巨大的生态环境代价。习近平生态文明思想在深刻反思西方传统现代化模式的基础上,站在人类命运和中华民族永续发展的战略高度,提出中国式现代化是人与自然和谐共生的现代化,强调坚持尊重自然、顺应自然、保护自然基本原则,守住自然生态安全边界;将美丽中国作为社会主义现代化强国建设重要目标,致力于实现生态化和现代化共融共赢。人类文明新形态"新"在以人与自然和谐共生为价值引领,"新"在坚持以人民为中心的立场、以满足人民优美生态环境需要为目标,"新"在强调有为政府和有效市场的结合,在加强党对生态文明建设全面领导的同时,将市场化机制作为实现外部性内部化的治理手段,"新"在吸收借鉴人类生态文明优秀成果为我所用,以中华文明为根基推动人类文明交流互鉴,推动构建人类命运共同体。

目前我国生态环境保护已"发生历史性、转折性、全局性变化",但生态环境总体质变的拐点尚未到来,"生态环境保护任务依然艰巨"。为把全党、全社会对习近平生态文明思想的学习进一步引向深入,我们组织编写了这本《生态文明与生态文化建设》。全书分为三部分:第一部分为理论指导篇,分九个专题深入讲解了习近平生态文明思想;第二部分为生态文化篇,较为全面地介绍了马克思主义生态观、生态马克思主义、当代世界环境伦理学、当代世界生态哲学、当代世界生态美学,以及中国传统儒家、道家、道教、佛教生态思想;第三部分为生态实践篇,分别讲解了中国环境史、中国传统有机农业、改革开放以来我国生态文明建设、黄河生态保护实践、美丽乡村建设等重要实践议题。

这本书的作者为中央党校(国家行政学院)哲学教研部、社会和生态文明教研部相关专题主讲老师,国内相关领域顶尖学者。全书荟萃了国内外学界研究的前沿成果,注重学术性与通俗性相结合。我们希望这本书的出版,能够起到推动全社会学习习近平生态文明思想进一步深入,促进全社会生态文明建设的作用。

龚维斌

2023年1月

目 录

Contents

1

第三部分　生态实践篇

第一部分

理论指导篇

🎤 **第一讲**

深入学习习近平生态文明思想，扎实推进美丽中国建设

乔清举*

引言 党的十八大以来，习近平总书记站在中华民族伟大复兴的战略全局和高度，以马克思主义生态观为指导，融汇中华优秀传统生态智慧，汲取古今中外人与自然相处的正反两方面的经验教训，创立了系统、深邃、严密的生态文明思想，全面回答了我国为什么要建设生态文明、建设什么样的生态文明和怎样建设生态文明的重大理论和实践问题。党的二十大报告仍列专篇强调生态文明建设。习近平生态文明思想的实质是通过绿色发展，实现人与自然和谐共生，建设美丽中国，满足人民群众对于良好生态环境的需要，为中华民族伟大复兴提供坚实的环境支撑，为人类生态文明建设提供中国智慧和中国方案，作出中国贡献。习近平生态文明思想是习近平新时代中国特色社会主义思想的有机组成部分，是新时代我国生态文明建设的根本遵循和行动指南，在全社会深入人心；指导我国生态环境保护发生历史性、转折性和全局性的变化，并产生广泛世界影响。本讲从民族关切、人民情怀等维度对习近平生态文明思想展开系统讲解，以期进一步推动全社会深入学习习近平生态文明思想、自觉主动参与生态文明建设。本讲具有总纲性质，概括地介绍习近平生态文明思想，具体内容以下各讲还会分别深入讲解。

---

* 乔清举，中共中央党校（国家行政学院）哲学教研部副主任、教授、博士研究生导师，"文化名家暨四个一批"人才、"国家高层次人才特殊支持计划哲学社会科学领军人才（万人计划）"、国家社科基金重大项目首席专家，中国现代哲学学会会长、冯友兰研究会副会长兼秘书长、中国哲学史学会常务理事、国际儒学联合会学术委员会副主任。

2018年5月召开的全国生态环境保护大会上，正式确立了习近平生态文明思想。习近平生态文明思想是习近平新时代中国特色社会主义思想重要组成部分，其统筹推进"五位一体"总体布局和协调推进"四个全面"战略布局的重要内容，是新时代我国生态文明建设的根本遵循和思想指南。在党的二十大上，习近平总书记继续强调"推动绿色发展，促进人与自然和谐共生"，"必须牢固树立和践行绿水青山就是金山银山的理念，站在人与自然和谐共生的高度谋划发展"。深入学习习近平生态文明思想，对于认识我国生态文明建设规律，推进美丽中国建设具有重要意义。

一、习近平生态文明思想的时代背景与问题意识

习近平生态文明思想具有广泛的时代背景和鲜明的问题意识，饱含深厚的民族关切、深切的人民情怀和深湛的人文精神、博大的人类胸怀。这一思想表明，生态文明建设是"关系党的使命宗旨的重大政治问题，也是关系民生的重大社会问题"，关乎党的执政基础，关乎民族的伟大复兴，关乎人类的未来发展。

（一）当代全球性生态危机呼唤生态文明建设

当前人类正遭遇着空前严峻的生态危机，面临着发展的生态转型。生态危机产生的思想根源是近代以来西方哲学所确立的主体性原则、主客对立的思维方式，社会根源则是无限度追逐利润的资本主义生产方式。主体性原则消解了征服自然、剥削自然的思想禁锢，资本主义生产方式则在其上又叠加了人对人的剥削，使人对自然的剥削具有现实性。在资本主义社会，人对人的剥削以人对自然的征服为依托，人对自然的征服则成为人对人的剥削的手段。

1957年，日本民族学家梅棹忠夫曾经提出过"文明的生态史观"的概念，以气候、地理、生态条件解释不同文明的差异。1984年，苏联理论界提出了"生态文明"概念。1987年，中国生态学家叶谦吉把"生态文明"视为人与自然和谐统一，指出21世纪是生态文明建设的世纪。1995年，美国评论家罗伊·莫

里森在《生态民主》一书中，把生态文明看作工业文明之后的文明形式。党的十六大提出走"生态良好的文明发展道路"，十七大提出"建设生态文明"，十八大把生态文明建设与经济、政治、文化、社会建设一道列入"五位一体"的社会主义现代化建设总体布局，反映了我党对于自然发展规律、人类文明发展规律和社会主义现代化建设规律的深刻认识。

（二）我国生态现状呼唤生态文明建设

就国内情况来说，我国仍面临较为严重的生态环境压力，实现现代化的环境基础还很脆弱，生态现状呼唤生态文明建设。

从4000年来的历史记录来看，由于气候演化和人口压力，我国生态质量总体呈下降趋势；主要表现为森林面积减少、荒漠化土地增加、地表水减少、气候条件变差等。以森林覆盖率为例，4000年前我国为60%，战国末期为46%，唐代为33%，明代为26%，清代中期为17%，新中国成立初期为12.51%。所以，我们是在较为脆弱的自然环境条件下开始现代化建设的。经过新中国成立后70多年尤其是改革开放40多年来党和政府对于生态文明建设的持续推动，如毛乌素沙漠、库布奇沙漠的治理，黄土高原、塞罕坝的绿化，"三北"防护林的营造等，我国形成了以生态文明为导向的较低环境代价的中国特色社会主义现代化模式，全国生态环境水平总体提高。我国绿化面积从新中国成立初期的12.51%增加到2020年的22.96%，森林质量提高；土地荒漠化、沙化趋势整体上得到遏制并逆转；酸雨区面积已从历史最高期的超过30%下降到7%左右；耕地保有量在2015年升至18.6亿亩，从根本上改变了1957—2006年耕地面积持续下降趋势；全国地级及以上城市细颗粒物（$PM_{2.5}$）年均值2021年降至30微克/米^3，成为全球大气质量改善速度最快的国家；全国地表水优良断面比例达到84.9%，接近发达国家水平；全国土壤污染风险得到基本管控；单位GDP能耗、水耗量下降。但总体言之，我国生态环境仍比较脆弱。森林覆盖率距可以维持生态平衡的不低于30%国土面积占比且分布均衡，还有一定距离，荒漠化土地尚占国土总面积的27.46%，空气、可耕地、地表地下水污染仍较为严重，环境库兹涅茨曲线拐点还没有到来。

与此同时，我国处于社会主义初级阶段的基本国情未变，发展仍是首要任务；而在世界生产力格局中，我国又总体上处于中下游位置，高投入、高耗能、高污染产能在国民经济构成中比例较大，生态环境压力十分大。环境是生存和发展的物质载体。要实现发展的可持续性，就必须转变发展方式，建设生态文明，实现人与自然和谐共生。所以，"必须树立尊重自然、顺应自然、保护自然的生态文明理念，把生态文明建设放在突出地位，融入经济建设、政治建设、文化建设、社会建设各方面和全过程"。

（三）生态文明建设关乎党的执政基础

把生态文明建设上升为我国社会主义现代化建设的总体布局，是党在实践的基础上不断深化对社会主义建设规律的认识的重要成果，也是巩固执政地位的有力措施。

党的执政基础是人民群众。全心全意为人民服务是我们党的根本宗旨，强调坚持以人民为中心的执政理念。全面建成小康社会，其中"生态环境质量是关键"。"环境就是民生。""良好的生态环境是最公平的公共产品，是最普惠的民生福祉。"提高人民群众物质文化生活水平，包括提高人民群众环境生活水平。经济不发展会失去民心，削弱执政基础；生态环境破坏同样会失去民心，削弱执政基础。所以习近平总书记强调，生态文明建设里面"有很大的政治"，"人心是最大的政治"，要"让良好生态环境成为人民生活的增长点"，"让人民群众喝上干净的水，呼吸上清洁的空气，吃上放心的食物"。

（四）生态文明建设关乎中华民族的伟大复兴

生态是文明存在和发展的环境基础。"生态兴则文明兴，生态衰则文明衰。"古往今来，因生态环境破坏而衰亡的文明体不可胜数；古埃及、古巴比伦都是典型例子。中华文明受益于"仁，爱人以及物""天人合一"的传统生态智慧，维持了中华大地经久不衰的生态承载力，使我们至今仍能在这块土地上播种收获，繁衍生息。在现代化浪潮中，中华民族贞下起元，再铸辉煌，实现伟大复兴，生态文明建设起着基础性作用。缺乏良好的生态环境载体，中华民族伟大复兴的中国梦就难以实现。习近平总书记指出："建设生态文明是关系人民福祉、关乎民族未来的大计。""走向生态文明新时代，建设美丽中国，是实现中华民族伟大复兴的中国梦的重要内容。"①

二、习近平生态文明思想的形成过程

习近平生态文明思想有一个形成过程，也有其理论来源。对于环境问题的重视和思考是习近平同志生活和工作的一个重要方面。在梁家河下乡时期，他就开始思考这个曾经水草丰美的肥沃地区怎么变成了沟壑纵横的山坡土梁。在地方工作期间，他一直把保护生态环境问题作为工作的一个重点。党的十八大以来，习近平总书记对于生态文明问题作出了前所未有的系统论述，形成了习近平生态文明思想。在党的二十大报告中，习近平总书记继续强调"站在人与自然和谐共生的高度谋划发展"。习近平生态文明思想既是习近平同志对地方和中央工作的深入思考和系统总结，也凝结了全党的智慧。

（一）梁家河时期的思考

七年的知青岁月是习近平总书记治国理政思想形成的历史起点。习近平同志16岁到梁家河插队，从北京到陕北，当地的自然环境给他的情感和思想带来了极大的冲击。当时的延安地区，气候干旱，植被稀疏，生态脆弱，水土流失。七年艰苦生活，使他在心中产生了一定要改善生态环境的想法。他后来回忆说："我曾在西部生活过多年，深知环境恶化的灾害"，"拥有秀美山川而不知道珍惜，无疑是暴殄天物！"当地缺煤少柴，他带领梁家河村民建成了陕西省第一口沼气池，使全村超过70%的人家用上了沼气，他自己也成了使用这种新能源的专家。

（二）正定时期的实践：防止污染下乡

20世纪80年代，习近平同志在河北正定先后担任县委副书记、书记，提出

---

① 《习近平关于社会主义生态文明建设论述摘编》，中央文献出版社2017年版，第7、20页。

了实现农业生态平衡、生态目标和经济目标相统一，建立良性循环生产结构的战略措施。1985年，在任县委书记期间，习近平同志主持制定了《正定县经济、技术、社会发展总体规划》(以下简称《规划》)，强调保护环境，消除污染，开发利用资源要保持生态平衡，是现代化建设的重要任务，也是人民生产、生活的迫切要求。《规划》掷地有声地强调："宁肯不要钱，也不要污染，严格防止污染搬家、污染下乡。"

（三）福建时期的实践：注重社会、经济、生态三者的协调与平衡

20世纪80年代后期至2002年，习近平同志先后在厦门市、宁德市、福州市、福建省任职，他运用"生态平衡"思想指导工作。在厦门，他牵头制定了《1985—2000年厦门经济社会发展战略》，强调在建设过程中应注意其城市环境的最大限度与适度人口容量。在宁德，他提出了新"山海经"的思路："靠山吃山唱山歌，靠海吃海念海经"，强调"达到社会、经济、生态三者的效益的协调"。他指出，修堤能够解决人行车通的问题，"但水的回流没有了，生态平衡破坏了"；大量使用地热水可以解决疗疾洗浴问题，但地面建筑会产生沉降。"这类傻事千万干不得！"[①]关于宁德经济发展，他主张首先发展生态农业，在此基础上发展工业。他强调"振兴闽东的关键在'林'字"，要求对资源进行"综合开发"，保持生态环境良性循环。习近平同志在闽东执政时留下了绿水青山，更留下了生态平衡、绿色发展的理念。

（四）浙江、上海时期的实践：生态建省与美丽浙江

在主持浙江工作期间，习近平同志形成了以生态建省、绿色浙江为基调的生态文明思想，体现为人与自然和谐共生的生态理念、以绿色为导向的发展观。在2003年中共浙江省委第十一届四次全体会议上，习近平同志把"绿色浙江"作为浙江省"八八战略"的重要内容。这一时期，习近平同志提出了绿色发展观、绿色政绩观、绿色生产方式、绿色生活方式、"环境就是生产力"、"绿水青山

---

① 习近平:《摆脱贫困》，福建人民出版社2014年版，第19页。

就是金山银山"等一系列著名的生态文明思想论断。应当说，浙江工作时期是习近平同志生态文明思想的基本形成时期。习近平同志在上海工作的时间不长，共有7个多月。在这一时期，他进一步论述了农村和城市的生态依赖关系，指出广大农村地区是整个城市不可或缺的生态屏障，是城市的"氧吧"和"绿肺"。

（五）全党智慧的结晶

我国20世纪七八十年代以来的环境保护，尤其是1992年以来的"可持续发展"和2002年到党的十八大期间的科学发展观的建设实践，构成了我党生态文明建设的宝贵探索，体现了我党的生态智慧。习近平生态文明思想凝聚了全党生态智慧。

（六）党的十八大以来的实践

党的十八大以来，习近平总书记站在中华民族永续发展、人类文明永续发展的高度，明确把生态文明作为继农业文明、工业文明之后人类文明的一个新阶段，指出生态文明建设是政治，关乎人民主体地位的体现，关乎党执政基础的巩固和中华民族伟大复兴中国梦的实现。2018年5月召开的全国生态环境保护大会上，正式确立了习近平生态文明思想。

三、习近平生态文明思想的理论来源

习近平生态文明思想有三个主要来源，即马克思主义、中国传统哲学、当代西方生态哲学。

（一）马克思主义人与自然和解的思想

西方近代文化所确立的人与自然关系的主调是征服自然、占有自然、控制自然。自然界被当作生产过程中不必考虑成本、代价和不需要补充的资源，生产存在外部性、外部不经济性（external diseconomy）的特点。资本主义建立在对于自然的征服和利用基础上，人对人的剥削是通过人对自然的剥削实现的。

在资本主义社会，剩余价值之所以能够产生，一方面是由于人的劳动，另一方面是由于自然资源的转化。没有人的劳动，就不能产生剩余价值；同样，"没有自然界，没有感性的外部世界，工人什么也不能创造"①。对人创造的价值的无偿占有是对人的剥削，对自然的无补偿使用则是对自然的剥削。所以，资本主义劳动具有人对人的剥削和人对自然的剥削双重异化。资本主义对于利润的无限度追求是生态危机的根源，生态问题的解决根本上在于变革社会制度。马克思指出："资本主义生产……破坏着人和土地之间的物质变换，也就是使人以衣食形式消费掉的土地的组成部分不能回归土地，从而破坏土地持久肥力的永恒的自然条件。"②

马克思主义是一种批判和超越资本主义的反生态特点的现代化理论。马克思肯定自然和人的有机联系。他指出："自然界，就它自身不是人的身体而言，是人的无机的身体。"③恩格斯揭示了历史上人的活动的盲目性所造成的生态危机。他说："我们不要过分陶醉于我们人类对自然界的胜利。对于每一次这样的胜利，自然界都对我们进行报复。每一次胜利，起初确实取得了我们预期的结果，但在往后和再往后却发生完全不同的、出乎预料的影响，常常把最初的结果又消除了。美索不达米亚、希腊、小亚细亚以及其他各地的居民，为了得到耕地，毁灭了森林，但是他们做梦也想不到，这些地方今天竟因此而成为不毛之地，因为他们使这些地方失去了森林，也就失去了水分的积聚中心和贮藏库。阿尔卑斯山的意大利人，当他们在山南坡把那些在山北坡得到精心保护的枞树林砍光用尽时，没有预料到，这样一来，他们就把本地区的高山畜牧业的根基毁掉了；他们更没有预料到，他们这样做，竟使山泉在一年中的大部分时间内枯竭了，同时在雨季又使更加凶猛的洪水倾泻到平原上。"④

马克思主张，在共产主义这种"较高级的经济社会形态"中，"社会化的人，联合起来的生产者，将合理地调节他们和自然之间的物质变换"⑤，达到"人

---

① 《马克思恩格斯选集》第1卷，人民出版社2012年版，第52页。
② 《马克思恩格斯选集》第2卷，人民出版社2012年版，第233页。
③ 《马克思恩格斯全集》第42卷，人民出版社1979年版，第95页。
④ 《马克思恩格斯全集》第26卷，人民出版社2014年版，第769页。
⑤ 《马克思恩格斯全集》第46卷，人民出版社2002年版，第928页。

和自然界之间，人和人之间的矛盾的真正解决"[①]，自然史和人类史的统一。习近平生态文明思想揭示了"实践"范畴中人与自然和谐的内涵。生态文明实践作为一种"自主劳动"，是自由与自觉、合规律性与合目的性、"完成了的自然主义"和"完成了的人道主义"的统一。

（二）中国传统"天人合一"观念

习近平总书记十分重视文化在生态文明建设中的作用，指出文化具有润物细无声的效果。"要化解人与自然、人与人、人与社会的各种矛盾，必须依靠文化的熏陶、教化、激励作用，发挥先进文化的凝聚、润滑、整合作用。"[②]他指出，"道法自然""天人合一"等中华优秀传统文化中"蕴藏着解决当代人类面临的难题的重要启示思想"。他要求"加强生态文化建设，使生态文化成为全社会的共同的文化理念"。他还经常引用传统名言，如"道法自然""天人合一""钓而不纲，弋不射宿""劝君莫打三春鸟，儿在巢中望母归""一粥一饭，当思来处不易；半丝半缕，恒念物力维艰"等，说明传统生态智慧。中国传统文化中还有很多至今仍闪耀着智慧光芒的说法，如"德及禽兽""泽及草木""恩至于土""恩至于水""德至山陵""德至深泉""川，气之导也""尽物之性""仁者以天地万物为一体"等，都是我们建设生态文明的宝贵财富。

（三）当代西方生态哲学与生态科学

习近平生态文明思想也广泛吸收了当代西方生态哲学与生态科学的内容。资本主义现代化模式所产生的生态危机引起了西方学术界的广泛关注和反思。1972年罗马俱乐部出版了《增长的极限》一书，指出石油等资源不能支撑未来发展，设置了"零增长经济方案"，可谓发展的"悲观派"。法国经济学家佩鲁受联合国委托，撰写了《发展社会学》一书，指出"发展不等于增长"。与此同时，卡逊《寂静的春天》、梭罗《瓦尔登湖》、利奥波德《沙乡年鉴》等纷纷出版，生态哲学勃兴；出现了人类中心主义、非人类中心主义、反人类中心

---

① 《马克思恩格斯全集》第3卷，人民出版社2002年版，第297页。
② 习近平：《之江新语》，浙江人民出版社2007年版，第149页。

主义、生物中心主义、生态中心主义、动物权利论、大地伦理学、生态女性主义等一系列思潮和理论。其中，影响较大也得到更多认可的是可持续发展理论（sustainable development theory）。1989年5月，联合国环境规划署第15届理事会通过《关于可持续发展的声明》。可持续发展不把环境保护简单地作为环境问题，而是在社会、经济、人口、资源、环境相互协调和共同发展的多重维度中重新定义发展，要求在对自然资源的开发利用和维持生态环境自身的更新与发展之间达到平衡；追求代际公正，要求发展既要满足当代人的需求，又不能对后代人的发展构成损害。决不能吃祖宗饭，断子孙路。"可持续性"在本质上不是"可连续性"，而是资源对于人口和经济发展的"可支撑性"。习近平生态文明思想中的永续发展理论、生命共同体理论都吸收了国际学术界的前沿成果，如拉夫洛克的"盖娅假说"即认为自然是一个能够自我调节、自我生长的生命系统。

四、习近平生态文明思想的定位、目标与理念

在2018年5月召开的全国生态环境保护大会上，习近平总书记从"生态兴则文明兴、生态衰则文明衰""人与自然和谐共生""绿水青山就是金山银山""良好生态环境是最普惠的民生福祉""山水林田湖草是生命共同体""用最严格制度最严密法治保护生态环境"等六个方面阐述了生态文明思想的主要内容。《习近平生态文明思想学习纲要》进一步增加了"不断提高党领导生态文明建设的能力和水平""坚持绿色发展是发展观的深刻革命""把建设美丽中国转化为全体人民自觉行动""共谋全球生态文明建设之路"四个部分。为了深化对习近平生态文明思想的学习，我们把习近平生态文明思想分为以下不同层面进行论述。

（一）战略定位：人类文明发展的新阶段

习近平总书记卓有建树地把生态文明提升为人类文明发展的新阶段，指出"生态文明是人类社会进步的重大成果。人类经历了原始文明、农业文明、工业文明，生态文明是工业文明发展到一定阶段的产物，是实现人与自然和谐发展

的新要求"①。生态文明作为人类文明的新阶段，是对工业文明的扬弃，其核心理念是要求把自然作为具有生命、权利和价值的系统，把发展置于自然可承受的限度内，与自然协调共生，共同发展。

（二）建设目标：美丽中国

建设美丽中国，为中华民族的伟大复兴提供良好的环境支撑，是习近平生态文明思想的目标。习近平同志在主持浙江工作时提出了美丽乡村、美丽浙江建设；党的十八大以来，这一思想上升为全局性的美丽中国建设战略。

美丽中国呈现自然固有的本然美，更表现人与自然之间的和谐美；是自然的人化和人的自然化的辩证统一。近代工业化过程破坏了自然的本然美，我国应吸取发达国家的教训，走生态文明的发展道路，使现代化成为一个人化自然服从和展现本然自然的生态美的过程。享受生态美是人的天性。美丽中国建设满足人民对良好生态环境日益增长的需求，是中华民族永续发展的客观要求。

（三）系列支撑理念

习近平生态文明思想的支撑理念包含生命共同体、环境生产力、尊重自然顺应自然保护自然、人与自然和谐共生等一系列新理论。

1. 本体基础："生命共同体"

习近平总书记指出："生态是统一的自然系统，是相互依存、紧密联系的有机链条。人的命脉在田，田的命脉在水，水的命脉在山，山的命脉在土，土的命脉在林和草，这个生命共同体是人类生存发展的物质基础。"②

生命共同体说明了人与自然的整体性和内在联系，奠定了人与自然和谐发展的本体基础。生态科学认为，自然的不同部分之间的联系其实是能量的循环。在《资本论》中，马克思提出人和自然之间存在物质循环。中国哲学认为，气在人与万物之间不停流通，使人与万物构成一体，这是天人合一的基本意义。自然的循环是生态文明建设的科学依据，维持健康的自然循环是生态文明建设

---

① 《习近平关于社会主义生态文明建设论述摘编》，中央文献出版社2017年版，第6页。
② 《习近平谈治国理政》第3卷，外文出版社2020年版，第363页。

的重要任务。2015年9月发布的《生态文明体制改革总体方案》把生命共同体理念落实为生态文明建设措施，要求"树立山水林田湖是一个生命共同体的理念"，统筹山水林田湖草沙治理，"进行整体保护、系统修复、综合治理，增强生态系统循环能力，维护生态平衡"。人与自然是生命共同体已经得到生态科学的证明。英国生态科学家拉夫洛克证明了自然的生命性，美国生态科学家林德曼证明了自然界中能量在从太阳到草地又到食草类动物再到食肉类动物之间的传递数值，说明了生物食物链形成的科学基础。

2. 自然基础：环境生产力

早在2006年，习近平同志就创造性地提出"保护生态环境就是保护生产力，改善生态环境就是发展生产力"[①]。党的十八大以来，他多次重申这一思想。

生产力由劳动者、劳动工具、劳动对象三个要素构成。工业文明把生产力单纯地理解为改造自然的能力，把劳动的对象——自然——作为取之不尽、用之不竭、毁之无害、弃无不容的仓库，没有认识到它是经济发展的限制性参数，发展超出了生态承载力就会导致自然的破坏以致生产力的破坏。环境生产力把生态容量和环境承载力作为生产力要素，确立了社会生产力和自然生产力的辩证统一，是对近代以来工业文明思想的突破。

3. 核心要求：尊重自然、顺应自然、保护自然，坚持人与自然和谐共生

从生命共同体、环境生产力论断出发，习近平总书记强调"尊重自然、顺应自然、保护自然"。这是改变高碳依赖、高环境代价的粗放型经济增长方式，实现人与自然和谐共生的生态文明建设的核心要求。

人类作为自然进化的产物，是自然系统的一个环节，不是自然之外或自然之上的控制者、征服者。尊重自然，就是要承认、尊重和维护自然的价值和权利，建立与自然的平等的共存关系。顺应自然，就是要遵循自然规律，适应自然的节奏，使经济社会发展与自然的自我生长相协调，在自然资源可支撑的限度内走永续发展的道路，使自然成为人类永久的家园。保护自然，就是要走环

---

① 《习近平关于社会主义生态文明建设论述摘编》，中央文献出版社2017年版，第23页。

境优先的发展道路，把环境保护放在第一位，促进环境增值，扩大环境容量，把环境保护转化为经济增长的手段，使环境向好和经济社会发展同步。当然，"尊重自然、顺应自然"不是被动地适应自然，而是主动地维护自然，"参赞天地之化育""延天以佑人""万物各得其和以生，各得其养以成"。这是天人合一的积极意义，也是人与自然和谐共生的重要内涵。

五、习近平生态文明思想的实践方略

实践方略是理念的进一步落实，由指导方针、基本国策等构成。党的十九大制定了我国生态文明建设"三步走"的规划：一是2020年之前"打好污染防治的攻坚战"；二是2020—2035年实现"生态环境根本好转，美丽中国目标基本实现"；三是2035—2049年"生态文明全面提升"，"绿色发展方式和生活方式全面形成，人与自然和谐共生，生态环境领域国家治理体系和治理能力现代化全面实现，建成美丽中国。"[①]截至目前，第一个阶段的任务已经得到较好的完成。"在生态文明建设上，党中央以前所未有的力度抓生态文明建设，美丽中国建设迈出重大步伐，我国生态环境保护发生历史性、转折性、全局性变化。"

（一）节约优先、保护优先、自然恢复，坚持节约资源和保护环境的基本国策

节约优先、保护优先、自然恢复为主是我国生态文明建设的基本方针。环境容量限制是经济社会发展的基本制约。目前，我国经济发展在不少领域仍具有粗放型特征，单位GDP能耗高的领域是发达国家的三四倍；资源利用率提高的空间还相当大。节约优先，就是要提高资源的利用率，以最小的资源消耗和污染排放获得最大的经济效益。保护优先，就是要坚持绿色发展理念，转变发展方式，控制污染源头，缓解环境和资源压力，避免自然环境的破坏性使用，实现低环境代价的高质量发展。自然恢复也是自然休养、生态修复。习近平同

---

① 习近平：《论坚持人与自然和谐共生》，中央文献出版社2022年版，第87页。

志在浙江工作期间提出了"自然休养"思想。党的十八大报告提出："实施重大生态修复工程，增强生态产品生产能力。"2013年以来，习近平总书记多次重申"给自然留下更多修复空间"。党的十八届五中全会提出，要"筑牢生态安全屏障，坚持保护优先、自然恢复为主，实施山水林田湖生态保护和修复工程"。

生态环境是人类生存的场所。在高环境消耗发展模式中，经济增长的福利被环境恶化的损失抵消，这种发展归根结底不是发展，不可持续。"不和谐的发展，单一的发展，最终将遭到各方面的报复，如自然界的报复等。"① 提高资源利用率，经济增长与生态优化同步，方是可持续发展之策。节约资源应变革生产方式，用低碳排放代替高碳排放，用资源的循环利用代替线性利用，用工业4.0、"互联网+"、物联网技术等来改造传统制造业。同时，还应改革近代以来的生活方式，减少资源消费，提高物品循环利用率。坚持节约资源和保护环境，还应改变征服和控制自然的思维方式和价值取向，树立人与自然和谐共生的理念。环境美好，谁都受益；环境污染，谁都受害。收入增加是获得感，享受绿水青山同样是获得感，而且是美的享受。"青山就是美丽，蓝天也是幸福。"② 保护环境，改善生态是中华民族生存的长久之道。"生态环境保护功在当代，利在千秋。"

（二）生态空间布局的整体谋划

国土是生态文明建设的空间载体，是人类繁衍生息和永续发展的家园。国土空间具有刚性约束特点，科学地规划国土空间布局，集约化合理化地使用国土的任务迫在眉睫。

习近平同志重视国土空间规划。在浙江工作期间，他推动了生态功能区建设，提出地区不同，发展导向、生产力布局、政绩考核、财政政策都应有所不同。党的十八大报告提出，要按照人口资源环境相均衡、经济社会生态效益相统一的原则优化国土空间开发，划定主体功能区，"促进生产空间集约高效、生活空间宜居适度、生态空间山清水秀，给自然留下更多修复空间，给农业留下更多良田，

---

① 习近平：《之江新语》，浙江人民出版社2007年版，第44页。
② 《习近平关于社会主义生态文明建设论述摘编》，中央文献出版社2017年版，第8页。

给子孙后代留下天蓝、地绿、水净的美好家园"。"生产空间集约高效"，要求提高土地利用效率，高效利用国土空间。"生活空间宜居适度"要求生活空间与环境资源协调和谐，避免浪费。"生态空间山清水秀"要求按生态规律保护自然，修复生态；留出基本生态用地，规划生态服务、生态防护功能区；针对具体生态空间划分主体功能区，分别划出优化开发区域、重点开发区域、限制开发区域、禁止开发区域以及建立国家公园制度（首批10个），实施定向利用和保护。为有效地开展和巩固主体功能区划分，还应完善生态补偿机制和生态赔偿机制。

（三）绿色发展观

生态文明建设的实践方向是绿色。绿色发展是以人与自然和谐共生为原则，以低碳循环的生产方式和生活方式为措施的永续发展模式。绿色是发展的本质规定，以绿色为基础的发展才是基础牢固的真正的发展。

绿色生产方式包括动力源头的清洁能源、生产过程的绿色制造和循环经济、产业形态的绿色产业和低碳经济等具体措施。清洁能源包括风电、太阳能电力等。清洁能源可以有效降低化石燃料消耗，而且其分布式储存方式可以免去长途输送的压力，使用更加便利，具有无限前途。绿色制造是指"产品全生命周期绿色管理"，"形成资源节约型、生态环保型的制造业发展新格局"；循环经济是物质能量的多层次使用，使生产成为"资源—产品—再生资源—新产品"的零排放、零废弃过程。绿色产业是把农村丰富的生态资源转化为农民致富的资源，使绿水青山变成金山银山。绿色生活方式是要求建立环境友好型社会，"善待地球上的所有生命"，实现人与自然和谐相处的"社会革命"。

党的十八届五中全会提出"推动建立绿色低碳循环发展产业体系"。绿色发展的重要途径是再造绿水青山，提高生态承载力，扩大环境容量，使GDP增加成为自然自我修复、恢复秩序的熵减过程，形成负熵GDP，使生态文明建设成为经济发展的驱动力和引擎。

（四）绿色政绩观："绿水青山就是金山银山"

在主持浙江工作期间，习近平同志提出，发展不等于经济增长，"还要看社会发展指标，特别是人文指标、资源指标、环境指标"。他反对"把'发展是硬道理'片面地理解为'经济增长是硬道理'，把经济发展简单化为GDP决定一切"，提出绿色政绩观，主张"GDP快速增长是政绩，生态保护和建设也是政绩"，"既要GDP，又要绿色GDP"。

"绿色GDP"是金山银山和绿水青山的辩证统一，"生产、生活、生态良性互动的和谐"。一方面，"既要金山银山，又要绿水青山"，把生态优势转化为经济发展优势，"让绿水青山源源不断地带来金山银山"。另一方面，"绝不能以牺牲生态环境为代价换取经济的一时发展"，"宁要绿水青山，不要金山银山"。因为"绿水青山就是金山银山"。"绿水青山可带来金山银山，但金山银山却买不到绿水青山。""十三五"规划已把"绿色GDP"纳入经济社会发展评价体系。党的十九大通过的《中国共产党章程（修正案）》写入了"增强绿水青山就是金山银山的意识"的内容。

六、习近平生态文明思想的法律与制度保障

习近平生态文明思想的显著特点是强化顶层设计和刚性执行。生态文明制度体系是保障生态文明建设的法律、法规、规章、条例的总和，是国家治理体系和治理能力现代化的一部分。2018年宪法修订把建设"美丽"中国和"生态文明"写入宪法；党的十九大后组建生态环境部。党的十八届四中全会提出用法治力量保护生态环境，提出建立健全自然资源产权法律制度，完善国土空间开发保护方面的法律制度，制定完善生态补偿和土壤、水、大气污染防治及海洋生态环境保护等法律法规。目前我国已出台《中共中央 国务院关于加快推进生态文明建设的意见》、《生态文明体制改革总体方案》、《大气污染防治行动计划》（"大气十条"）、《水污染防治行动计划》（"水十条"）、《土壤污染防治行动计划》（"土十条"）、《开展领导干部自然资源资产离任审计试点方案》等40余部法律法规文件。这40余部法律法规基本分为四类：其一是环境规划类，如关于国土空间布局规划、生态补偿、国家公园设立等方面的法律法规；其二是环境保护类，如《中华人民共和国环境保护法》、"水十条"、"土十条"、"大气十条"等；

其三是责任落实类，如《党政领导干部生态环境损害责任追究办法》；其四是环保督查类，如《中央生态环境保护督察工作规定》。这些法律法规构建了生态文明建设法规体系的四梁八柱，为生态文明建设提供了较为健全的法律和制度保障。

七、习近平生态文明思想的理论贡献和意义

（一）习近平生态文明思想的重大理论创新

习近平生态文明思想包含一系列重大理论创新。把生态文明作为人类文明发展的新阶段，确定了生态文明对人类发展的意义；生态文明建设关乎党的执政地位的思想充实了党的执政理论；生态民生观发展了以人民为中心的思想；生态文明建设关系中华民族伟大复兴的认识，确立了中华民族伟大复兴的中国梦的重要内涵；美丽中国建设指明了生态文明建设的目标；生命共同体论确立了生态文明建设的逻辑前提；环境生产力论奠定了生态文明建设的自然基础；"自然修复"恢复了自然在生态文明建设中的本体地位；绿色发展指明了生态文明建设的实践方向；国土空间优化思想完善了生态文明建设的措施；绿色政绩观明确了新时代领导干部的主体责任。以上是习近平生态文明思想的重要贡献。

（二）马克思主义中国化的最新成果

习近平生态文明思想丰富和发展了唯物论和辩证法。生态观念丰富了物质概念的内涵。环境也是不依赖于意识而存在的客观实在。物质运动规律包含生态规律，人与自然和谐是遵守自然规律的生态延伸。生命共同体理念反映了山水林田湖等自然的不同部分之间的相互关系，深化了人与自然的辩证联系。习近平总书记提出，生态系统是经过几亿年形成的复杂系统，要把生态文明建设作为一项复杂的系统工程进行操作，"深入实施山水林田湖草一体化生态保护和修复"。习近平总书记十分重视"矛盾运动的基本原理"，指出加强生态文明建设"是针对一些牵动面广、耦合性强的深层次矛盾去的"；他关于和谐地解决人

与自然的矛盾的思想丰富和发展了马克思主义矛盾学说。"环境生产力论"确立了环境在生产力构成中的基础地位，丰富了马克思主义生产力理论，发展了历史唯物主义。

（三）中华优秀传统文化的创造性转化和创新性发展

习近平生态文明思想有着深厚的传统文化底蕴。在纪念孔子诞辰2565周年国际学术研讨会上，习近平指出，包括道法自然、天人合一等思想在内的中华优秀传统文化中"蕴藏着解决当代人类面临的难题的重要启示"。生命共同体理念是传统的天人合一、"与天地万物为一体"思想的发展；生态文明思想可以说是传统天人合一思想基于当代实践的创造性转化和创新性发展。

（四）全球治理的中国智慧与中国贡献

生态文明建设是一个世界性难题，也是我们承担大国责任，对人类文明作出积极贡献的重要措施。当今世界，资本不会放弃利润最大化的生产方式去主动地承担生态责任，因而全球范围的环保事业举步维艰；相反，中国的生态文明建设则成为世界生态文明建设的一道亮丽风景。习近平总书记指出："建设生态文明关乎人类未来。在这方面，中国责无旁贷，将继续作出自己的贡献。"[①]"中国将继续承担应尽的国际义务，同世界各国深入开展生态文明领域的交流合作，推动成果分享，携手共建生态良好的地球美好家园。""人类命运共同体"包括建立"清洁美丽的世界"，"构筑尊崇自然、绿色发展的生态体系"。"要实施积极应对气候变化国家战略，推动和引导建立公平合理、合作共赢的全球气候治理体系，彰显我国负责任大国形象，推动构建人类命运共同体。"[②]绿色发展理念的提出、把应对气候变化的行动列入"十三五"和"十四五"发展规划都是中国对于世界生态责任的主动承担，也将为世界生态文明建设提供中国方案。

---

① 《习近平关于社会主义生态文明建设论述摘编》，中央文献出版社2007年版，第131页。

② 习近平：《论坚持人与自然和谐共生》，中央文献出版社2022年版，第37、20页。

（五）人类文明未来发展的方向指南

人与自然的关系是人类生态与发展的基本关系。在农业时代，越想有收获，就越得善待自然。施肥、浇水都是善待土地的行为。相反，在工业时代，越想有收获，就越得征服自然。挖掘、粉碎、燃烧、冶炼都是征服自然的行为。与自然和谐是农业文明的"文明"之处，其"不文明"之处是生产力水平低下，人们的物质生活不够丰裕。工业文明的"文明"之处是生产力发达，生产了大量的物质财富，其"不文明"之处则是导致了全球性生态危机。"文明"作为价值观在发展模式上是绿色，唯有绿色发展才具有人类性、未来性和生命力。习近平生态文明思想是对工业文明和农业文明的辩证扬弃；其中包含的肯定自然的价值从而真正地实现人的价值、实现自然史和人类史相统一的绿色发展观，具有引领人类文明未来发展的意义。

🎙 第二讲

生态兴则文明兴，生态衰则文明衰

郝　栋[*]

引言 习近平总书记站在历史发展的高度，揭示了"生态兴则文明兴，生态衰则文明衰"[①]的人类社会发展规律，指出生态文明是人类社会发展的方向，是人类在改造客观物质世界的同时，消除改造过程中的负面效应，优化与和谐人与人、人与自然关系的必然选择。"生态兴则文明兴，生态衰则文明衰"是对人类数千年发展正反两方面经验教训的总结，显示了深邃的历史视野。

现代化是中国进入近代以来的发展主线。选择一条什么样的现代化道路，决定着我国作为世界上最大发展中国家的发展模式与动力体系。习近平总书记在党的十九大报告中明确指出，要走一条人与自然和谐共生的现代化道路。党的十九届五中全会指出："深入实施可持续发展战略，完善生态文明领域统筹协调机制，构建生态文明体系，促进经济社会发展全面绿色转型，建设人与自然和谐共生的现代化。"[②]我们应当以习近平生态文明思想为指导，以现代化的生态治理体系为制度工具，以生态经济转型为发展动力，以生态文化营造为价值共识，形成具有中国特色的生态现代化建设的理论体系与实践路径，持续稳步推动美丽中国建设，逐步满足人民群众日益增长的良好生态环境需要。

---

　　* 郝栋，中共中央党校（国家行政学院）哲学教研部副教授，中央党校国家高端智库专家，生态环境部、自然资源部联系专家。主要研究领域为发展哲学、生态文明与绿色发展、习近平生态文明思想等。

　　① 《习近平谈治国理政》第3卷，外文出版社2020年版，第374页。

　　② 《中共中央关于制定国民经济和社会发展第十四个五年规划和二〇三五年远景目标的建议》（2020年10月29日）。在党的二十大报告中，习近平总书记指出，要"站在人与自然和谐共生的高度来谋划经济社会发展"。

一、文明演进的历史逻辑

"人因自然而生。"人类的生存和发展是建立在自然界基础之上的，人不能超越自然界的物质存在。"人和自然共生。"人类活动具有合规律性，人类可以在认识客观规律的基础上按照规律来规划生产生活，达到与自然和谐共生的状态。人改变不了自然规律。"生态兴则文明兴，生态衰则文明衰"是一种深邃历史观，蕴含着"人与自然和谐相处"的唯物主义自然观，是习近平生态文明思想的立论基础。

（一）从工业文明到生态文明

18世纪中叶开始的英国工业革命极大地推动了近代人类社会发展。工业文明是工业革命后形成的一种社会形态，它以化石能源为基础，利用机械进行大规模工业化生产，伴随着大规模人口聚居而逐步形成大规模城市。区别于之前封闭独立的农业文明，工业文明凭借其跨文化、跨地区的特点，拉开了人类社会由封建社会转变为资本主义社会的"现代化"帷幕。工业社会通过加强科技和社会之间的联系，凸显人的主体机会，从根本上提升了社会生产力，创造出巨大的社会财富，催生了资本主义及其世界化进程。

在工业文明出现之前，自然更多时候被披上神的外衣。随着工业文明在西方兴起，人类逐渐从黑暗的中世纪神权中解放出来，人类中心主义开始主导工业文明的思想发展。人类中心主义认为，人类的一切活动都是为了满足人自身生存和发展的需要而展开的，如果不能达到这一目的，则任何活动都是没有意义的。人为自然立法，人是自然的主人。这种认识将自然视为人类生产活动的资料和工具，忽略了其自身的自在性、整体性和系统性，从而导致了后来只注重经济增长的发展观，带来生态危机。

随着工业文明在全球的扩展，工业世界越来越不受控制。自然资源成为人类的竞争焦点，人类对大自然展开了无情掠夺，还将大自然当作垃圾排放场所。这种对环境的破坏性利用遭到了环境的报复，全球变暖、海平面上升，各类自然灾害频繁发生。恩格斯曾提出："我们不要过分陶醉于我们人类对自然界的胜利。对于每一次这样的胜利，自然界都对我们进行报复。"[①]人类对大自然的无度开发会导致人与自然的对立与分裂。工业文明发展200多年后，西方发达国家才逐渐意识到工业活动对于生态环境的影响，从20世纪50年代开始调整发展思路，寻找解决方案。但他们选择的解决方案却是牺牲发展中国家，将高污染、高消耗产业以及工业垃圾等转移向发展中国家。这种做法虽然也给后者带来短期的经济增长，但带来的更多的却是不堪承受的严重环境污染和生态危害。

生态衰则文明衰。当自然被无尽索取与破坏成为现实，当生态问题成为制约文明社会发展的"瓶颈"，当人们开始重视生态对人类社会建设的重要意义时，重新定义人与自然关系的生态文明就成为时代的迫切需求。据说西方学者伊林·费切尔是最早使用"生态文明"概念的学者。他提出，人类认为自己可以无止境地征服自然的时代已经结束，人与自然和平共生的生活方式将成为未来社会的发展方向。[②]不过，由于始终无法跳出资本主义话语体系，解构式的方法与资本增值的纠缠使得西方的生态建设始终无法摆脱头疼医头脚疼医脚的尴尬，生态文明在西方无处生根。美国人文科学家、生态后现代主义学者小约翰·柯布（John B.Cobb，Jr.）多次提到，生态文明建设的希望在中国，要以东方的整体性智慧来重新定义人与自然之间的关系，将和谐作为两者之间达到的一种动态平衡状态。

（二）新时代中国特色社会主义现代化建设的新主线

从新中国成立到中国特色社会主义进入新时代，中国共产党对社会主义建设规律的认识不断深化，逐渐探索出并走上了一条人与自然和谐共生的生态文明发展道路。

党的十七大把科学发展观写入党章，以人为本、全面协调可持续的发展观成为中国特色社会主义发展理论体系的重要组成部分。党的十八大进一步把生

① 《马克思恩格斯选集》第3卷，人民出版社2012年版，第998页。

② 伊林·费切尔发表于英文期刊《宇宙》（*Universitas*）1978年第3期（第20卷）的文章，题为"Conditions for the Survival of Humanity: On the Dialectics of Progress"（《人类生存的条件：论进步的辩证法》）。

态文明建设作为"五位一体"总体布局之一，将大力推进生态文明建设提到新的高度，将绿色、循环、低碳发展作为首要任务，生态文明建设成为全党全社会的共识。党的十八大以来，以习近平同志为核心的党中央在推动生态文明建设与自然环境保护方面取得了巨大成就。党的十九大以后，党和国家对生态文明的认识迈上新台阶。党的十九大特别强调"建设生态文明是中华民族永续发展的千年大计"，在新时代社会主义现代化建设中具有重要意义。2020年发布的《中共中央关于坚持和完善中国特色社会主义制度　推进国家治理体系和治理能力现代化若干重大问题的决定》强调坚持和完善生态文明制度体系的重要性，将"美丽中国"作为生态文明建设的重要目标，从民族的生存与发展的战略高度，将中华民族的伟大复兴与生态文明相结合，推动我国生态文明建设进入新时代。在党的二十大上，习近平总书记指出："推动绿色发展，促进人与自然和谐共生。"

在新时代，我国社会主要矛盾已经转化为人民日益增长的美好生活需要和不平衡不充分的发展之间的矛盾。近几年，党和政府始终高度重视生态文明建设，并从多方面提出多项重大举措，着力于满足人民群众的美好生活需要。社会主要矛盾的转化对新时代生态环境保护与生态文明建设提出了新任务、产生了新挑战。其中，不平衡发展包括生态文明发展的不平衡，频发的环境问题与日益紧缩的资源之间的严重不平衡等，这些都极大地影响了人们对美好生活的幸福憧憬。新时代进行生态文明建设，要继续以人与自然和谐相处为核心，遵循自然规律，合理开发利用和节约自然资源，保护和治理环境，进行生态环境保育，从而使自然生态的再生产与经济社会的再生产形成良性循环和协调发展的格局，把"生态兴则文明兴"的理念贯彻新时代的生态文明建设全过程。

二、如何理解生态对文明兴衰作用的内涵

（一）"生态兴则文明兴，生态衰则文明衰"的理论依据

生态环境与文明的兴衰关系在中国古代社会就被察觉。4000多年前，在经历了共工与鲧治水失败的教训后，禹顺应自然规律，放弃"壅塞"方法，通过

"疏川导滞"成功治水，为利天下。中华文化孕育了人对自然应辩证认识，与自然应和谐相处的智慧。古代众多贤哲均提出过极为丰富的生态思想。《周易》有"三才之道"说，主张人、天、地之间既相互对立又相互依存，共同形成一个统一整体，可谓中华民族早期的自然和谐观。儒家孔子的"畏天命"思想，体现了敬畏自然规律、尊重自然节律的观念；孟子的"数罟不入洿池"，表达了一种可持续发展的观念；老子"道法自然"学说认为，人来源于自然并且统一于自然，自然规律不可违，人道要顺应天道以此维护自然与生态平衡。这些思想都表述了人类生产活动不应违反自然规律，应坚持自然资源永续利用的生态文明理念。

马克思主义生态观为我们现代生态文明建设提供了理论指导。马克思、恩格斯认为，人类社会发展的历史是自然历史过程；人本身是自然存在物，自然界是人得以生存的物质基础。人类在历史中通过劳动与自然建立联系，并在这一联系中探寻与自然之间存在的生态规律；主客体互相融合、和谐共生。人类能动地改造自然，但也要敬畏自然，依照自然规律处理与自然的关系。马克思在《资本论》中多次指出自然条件对劳动生产率的重要影响，告诫人们要在顺应自然的前提下提升生产力；人类有基于自身福祉开发与利用环境的权利，但也必须认识到保护环境的重要责任。

20世纪中叶，罗素指出："在人类的历史上，我们第一次达到了这样一个时刻：人类种族的绵亘已经开始取决于人类能够学到的为伦理思考所支配的程度。"[①]生态环境问题是由人类的不恰当行为招致的，全球生态问题的凸显严重影响了整个人类的生存和发展，"生态衰则文明衰"的警钟已经敲响。对环境的肆意支配与重视保护使人类陷入选择的两难，"为伦理思考所支配"成为理论工作的重点，也成为解决生态问题的智慧。联合国《2030年可持续发展议程》自2016年推出以来，取得了积极进展，世界多国绿党在选举中的踊跃表现也体现出了世界上对生态重视日益提升的态势。然而，由于部分不负责任国家罔顾环境伦理规范，全球生态文明建设也面临多重挑战。2019年末，美国宣布退出

---

① 罗素：《伦理学和政治学中的人类社会》，中国社会科学出版社1992年版。

《巴黎协定》，全球气候治理进程遭遇重创。中国是世界生态文明建设的主动参与者和积极贡献者。生态治理是中国大国治理的重要内容。中国共产党提出的生态文明建设，不只是保证物种的生存状态，还包括物种生命互相之间和它与环境之间环环相扣的整体性，并且关系到生物个体与其相关连的环境实际的生存与发展的状态。这是我们今后生态文明建设的重要方向。

（二）"生态兴则文明兴，生态衰则文明衰"中所蕴含的哲学思维

生态优劣与文明兴衰的关系具有丰富的哲学意蕴，是看待人与自然之间关系的思维方式，其中包含矛盾思维、系统思维和辩证思维等一系列严谨的哲学思维。[①]

第一，矛盾思维。人与自然之间存在矛盾关系，二者是对立统一的；如何看待这一矛盾关系体现出矛盾思维。首先，人与自然是对立的。人类通过自身行为活动对自然界产生一定影响，给生态环境带来一定变化。同时，自然本身具有内在创造力，不依赖于人的改造即可形成自身的完善并为人类提供资源。人的行为是受意志支配的，与自然的变化方向显然有所区别。人对自然的作用与自然本身的自我更新存在矛盾，导致了与自然的对立关系。其次，人与自然是统一的。人类依靠自然，利用自然的资源供给得以延续并产生人类文明。不过，在现代社会，自然更是被人类实践活动深刻影响的自然。人与自然的关系是一个不断变化的动态过程。人类应发挥主观能动性在两者之间寻找一种平衡，以使人与自然之间实现融合，使自然生态中人与自然的统一得以维持。生态系统既存在对立又存在统一，也正是这种人与自然的矛盾关系维系了生态的平衡，保证了永续的发展。

第二，系统思维。所谓"生态"是指生物在自然环境下生存和发展的状态，"生态链"则是指各种自然要素相互依存而实现循环的自然链条，它体现各物种之间的和谐互动。整个自然依靠生态链而紧密联系，是一个整体系统。"万物同源，和谐共生。"生态链使自然万物之间的关系更加紧密，使生态系统内各组分

---

① 王青、刘菲：《人与自然和谐共生观的哲学思维》，《学习时报》2020年5月11日。

紧密互利、不可分割。人与自然具有统一性，意味着人类依赖自然，人类活动离不开自然，因此要构建和谐共生状态，保证各方和谐的维系。"各美其美，美人之美，美美与共，天下大同"也可用来说明生态的多样性统一。生态系统内各组分的和谐表明了它们之间的联系和相互作用，体现出系统性。探索人与自然和谐共生的方式是实现生态"兴"的重要思维支撑，系统思维在这种探索中不可或缺。

第三，辩证思维。唯物辩证法认为世界是普遍联系且永恒发展的，从人与自然的关系来看，人是自然的一部分，人类可以改造自然，自然亦回应人的改造，人类与自然界存在着辩证统一的发展关系。人类活动会给自然生态带来一些改变，因此从人类发展历史的角度来看，文明的兴衰也与自然的发展变化有着重要联系。人并不仅仅是简单被动地适应自然，而是通过劳动实践有意识地改造自然。随着历史的演进，在这个时代，我们已经更加深入地认识了自然，也认识到了人类与自然之间相互依存的关系。这要求我们从自然出发去看待人与自然之间的相互影响。对人与自然相互影响的看法，就体现出二者间的辩证关系。在当代，依靠科学技术对自然进行改造，要考虑到人与自然的双向关系，促进生态文明的实现，保证人类文明的进步。

（三）生态兴则文明兴的现实意义

"生态兴则文明兴"的历史观使我们通过历史纵向对比深刻地认识到，人类文明进步史就是人与自然相互依存的发展史。人类对自然实施的过度改造所导致的破坏，时刻都在警示着我们要积极弥补破裂的关系，创造生态文明的新文明形态，要通过"兴生态"，进而"兴文明"；积极解决生态文明建设中遇到的棘手问题，让良好的环境建设与保护成为促进人民健康发展的重要指标，助力中华民族永续发展。

第一，以史为鉴，正确认识人类文明与生态环境的互动关系。"生态兴则文明兴，生态衰则文明衰"是习近平总书记从唯物史观立场出发对人类文明兴衰作出的总结，深刻阐明了生态与文明之间的辩证统一关系。进入21世纪以来，我们仍然受到生态环境问题给社会各方面发展带来的困扰。从人类文明史上发展与环境关系的经验教训中寻找应对办法，变得愈加迫切。习近平总书记的"文明兴衰论"包含着对生态文明进行历史尺度的考察与比较，不仅揭示了生态环境对文明兴衰的影响和作用，同时也展示出党顺应和尊重人类历史发展规律的生态自觉与文明自觉。这一论断作为重要理论创新，为我们处理人与自然关系提供了方法论指导。

第二，不忘根本，从中华优秀传统文化中汲取处理人与自然关系的智慧。"生态兴则文明兴，生态衰则文明衰"的深邃历史观，是习近平总书记充分结合中华先哲智慧并与人类历史实际情况相结合形成的生态文明洞见。以史为鉴可以知兴替。只有不断地从历史中汲取智慧，才能正确地看到我们当下的生态问题在历史视野中的定位，认识到古人处理人与自然的矛盾时的辩证的哲学态度对处理当下人与生态环境关系的重要价值。中华文化是个巨大宝库，有丰富的生态理论资源等待我们去挖掘并灵活地运用到新时代生态文明建设中。

第三，面向未来，进一步擘画建设新时代生态文明现代化强国的图景。"生态兴则文明兴，生态衰则文明衰"具有双重内涵，它既对我们要吸取的历史经验教训的重要性予以说明，又为我们未来的生态环境保护与生态文明的发展路径提供一种自觉意识。社会发展以生产力发展为基础。保护生态环境就是保护生产力，改善生态环境就是发展生产力。在国际环境愈加复杂的今天，掌握国际话语权至关重要；全球生态治理话语权是未来国际话语权争夺的主要领域之一，因此生态治理更要具有"源于中国，属于世界"的属性。

三、如何推进"兴"生态、"兴"文明

（一）使"绿水青山"转化为"金山银山"

"绿水青山就是金山银山"是习近平生态文明思想的重要科学论断。实现绿色发展，就要牢固树立"绿水青山就是金山银山"的生态发展理念，把使"绿水青山"转化为"金山银山"作为生态建设的根本原则。使"绿水青山"转化为"金山银山"的前提是符合生态文明建设要求，这就需要对绿水青山作出科学规划，让生态文明理念融入各项政策，贯彻经济发展的各个环节。在确保资源开发使用满足人类需求与正常经济增长需要的同时，要更加清醒地认识到大自然资源的有限性，以生态意识与哲学思维为指导，将保护绿水青山作为标准与目标纳入经济社会发展的伞式制度覆盖之下，实现绿水青山向金山银山的转化。使"绿水青山"转化为"金山银山"，要从以下几点着手。

第一，守住绿水青山。守住绿水青山是实现向金山银山转化的前提。20世纪，一些地区的经济发展走了"先污染后治理"的道路，不仅对环境造成严重破坏，其发展也出现瓶颈。也有一些地区，消极地守着绿水青山，未能换来金山银山，迟滞了本地区经济发展。这就要求我们必须掌握绿水青山就是金山银山的辩证法。守住绿水青山，绝不是要我们固步自封，而是充分认识到"绿水青山就是金山银山"，不以牺牲环境为代价换取经济价值，在维持经济发展与生态环境之间平衡的前提下，走生态优先、绿色发展的道路。

第二，治理绿水青山。习近平总书记强调："禹之决渎也，因水以为师。"大禹治水之所以成功是因为顺应了自然规律，我们在环境治理与生态文明建设中也应重视自然规律，融会贯通人与自然相处的哲学思维，切忌急功近利，饮鸩止渴；要逐步建立起政府重视、社会参与、民众共建的环境保护科学治理理念。首先要加强思想引领，从源头上摒弃过去那种片面追求GDP的错误发展理念，减轻生态环境压力，发挥资源效用，尽可能利用有限资源创造更多财富。其次要积极参与实施山水林田湖草沙海湿地的治理保护与生态修复，利用科学技术手段帮助大自然增强生态系统循环能力，确保生态环境质量提升。"我们要维持地球生态整体平衡，让子孙后代既能享有丰富的物质财富，又能遥望星空、看见青山、闻到花香。"[①]

第三，实现对绿水青山有效利用。绿水青山是大自然给人类最宝贵的财富。片面地在绿水青山与金山银山之间作单项选择，对社会发展与生态文明建设都缺少积极意义。要致力于绿色发展，做大做强绿色经济，将绿水青山转变为金山银山。在农业经济地区大力发展生态农业，与高校、企业联合研发，发展现代化农业经济。同时发展生态工业，借助生态系统自身循环功能，在循环中寻

---

① 习近平：《共谋绿色生活，共建美丽家园——在二〇一九年北京世界园艺博览会开幕式上的讲话》，《人民日报》2019年4月29日。

找创新价值与升值空间。积极发展"互联网+生态"进行传统经济改造，利用科学的体制引领新兴生态产业发展，从生态保护入手，将生态保护作为生态文明建设的着手点。加快发展生态服务业，发挥良好生态效益、形成品牌效应；将保护生态环境作为服务产业生态主线，利用开放的系统、产业内系统循环多层次共同发展的产业生态思维，大力加速绿色产业发展与生态环境的有效利用。

（二）实现生态治理现代化

加强生态文明制度体系与治理体系建设，实现生态治理现代化，这是助力"十四五"规划，推进新时代生态文明建设的重要实践。习近平总书记指出："只有实行最严格的制度、最严密的法治，才能为生态文明建设提供可靠保障。"[①]我国为加强生态文明建设，制定了全面而又严密的制度规范，在立法、执法、司法等全方面注入生态法律意识，为生态文明建设提供了法律保障。从重视立法入手，健全生态环境保护制度，将生态环保法律要求作为工作的重中之重，让法律覆盖到环境保护问题的方方面面。既要严格立法，保证各项立法工作透明公开，持续推动相关工作监督保障，又要强化社会监督，要正确监督、有效监督，通过执法检查加强党的全面领导，为营造山清水秀的自然生态提供有力的法治武器，同时还要落实生态保护责任制，让生态保护责任观在生态环保领域落地生根。各地应根据党中央、国务院颁布的一系列法规条例，因地制宜制定、完善与执行符合各地区实际情况的规章制度与法律规范，普及环保与生态治理法治观念，有助于实现未来我国全面现代化目标。

"十三五"时期，习近平总书记多次考察地方生态环境保护情况，指导生态文明建设。政府、企业、社会组织等各方面也通过不断健全生态环境监测方法，在实践中优化评价制度以及加强实践参与等，创新生态文明治理手段，提升生态文明科学精准治理能力。今后更要以生态治理现代化为发展目标，全面推进生态文明领域向先进科学制度体系建设和体制机制创新迈进，实现各部分之间的协调与高效互动，让生态文明建设在"五位一体"总布局中不断完善，实现

---

① 《习近平谈治国理政》第1卷，外文出版社2018年版，第210页。

社会治理新体系的融合，进而提升国家治理体系总体建设。党的十九届五中全会中进一步提出：完善生态文明领域统筹协调机制，构建生态文明体系，实现绿色发展的社会经济转型；以注重市场需求为出发点，形成生态保护的治理新手段，从而全面提高资源的有效利用。

习近平总书记提出了2035年基本建成"美丽中国"的目标，这一目标是2035年基本实现社会主义现代化远景目标的一个组成部分。"美丽中国"的建设不仅为我国生态文明建设指明了方向，更是提出了任务与挑战。为了达到这一目标，全面助力我国社会主义现代化建设，我们要坚持党的领导，坚持市场导向，坚持依法治理，通过多方参与，形成新时代人与自然和谐共生的生态文明现代化治理体系，要广泛形成绿色生产生活方式，碳排放达峰后稳中有降，生态环境根本好转。

（三）提高人民群众的生态环保意识

建设良好生态环境，要坚持人民主体地位。马克思认为，人类历史发展是现实的个人上升为主体的过程。生态文明建设要贯彻主体思维，将人当作实践的主体，提高人民环保意识。要在认识自然规律的基础上，探求人与自然、人与社会的和解的实现途径。要充分认识到自然的复杂性与多样性，正确认识主体和客体之间的联系，由此确定生态文明建设的方向、方式与方法。需要注意的是，对现代生态环境问题进行反思不能全盘否定科学与技术，而要发挥科学技术的积极作用，在人与自然的关系中嵌入人文关怀，将生态文明建立在科学技术之上。

要树立从人民出发的生态文明观，让公众理解生态文明是人与自然关系的最先进形态，要解决环境问题，就要提高生态意识。人民群众当家作主是社会主义的重要特征，良好的生态环境是全面建成小康社会和社会主义现代化强国的重要体现。人民群众是生态文明理念践行的主体，同时也是生态文明建设的直接受益者。欣赏蓝天白云与生机勃勃的自然景观是人民应有的权利，积极投身环境保护也是人民应负的义务。保护生态环境，营造良好的绿色发展氛围，要发挥人民群众的主体力量。从人民出发的生态文明观要求每个人都参与到生态环境建设中，以实现生态资源理性利用的最大效率。推动绿色低碳行动需要全民参与，让生态文明理念融入人民日常生活，以此形成公共治理主体共同参与的创新治理主体，这样才能达到资源与生态之间建立的精细平衡。

每个人都应该增强保护环境的意识，践行生态文明理念。在全社会通过多渠道积极宣传绿色生态思想，加快推动生活方式绿色化。在提倡勤俭节约方面，党员干部要身体力行，积极践行绿色健康生活方式、参与环保行动，将生产消费与个人生活消费控制在合理范围内，使绿色低碳的生活方式成为社会文明主流。让合理适度的消费观念与消费行为、全民参与的生态环保活动成为生态文明建设的重要特征。只有人人崇尚生态文明，整个社会形成绿色的生态文明思维，才能使积极投身生态文明建设在新时代蔚然成风。

（四）共建人类生态命运共同体

习近平总书记在2019中国北京世界园艺博览会开幕式上提出："建设美丽家园是人类的共同梦想。面对生态环境挑战，人类是一荣俱荣、一损俱损的命运共同体，没有哪个国家能独善其身。"[①]全世界正面临工业文明带给我们的全球变暖、海洋污染、极端天气等生态环境问题与负面影响。为了解决全球性生态屏障问题，坚持推动和构建人类生态命运共同体势在必行。进入21世纪以来，中国积极开展生态环境治理与建设，成为全球生态文明建设的重要力量。

第一，发挥积极作用。中国积极参加世界讨论，扩大全球环境治理宣传，增加了共同保护地球这个人类家园的世界共识。人类命运共同体理念的提出使人类更加真切地认识到面对世界性生态问题是不可推卸的责任，共建美好生活、美好社会、美好世界是人类的向往。第二，共同但有区别地承担应有责任。生态问题是全球共同面对的问题，生态保护也是全球各国需要共同承担的责任。中国作为世界上最大的发展中国家，在积极发展经济助力经济全球化的同时，通过不断加强自身的生态文明建设，主动担起国际生态治理责任，树立了负责任大国的形象。我们积极向世界展示中国同世界一道同命运、共发展的坚定决

---

① 《习近平谈治国理政》第3卷，外文出版社2020年版，第375页。

心,同时呼吁更多国家参与全球生态治理,为世界生态共同负责,共谋绿色发展之路。第三,贡献文化智慧。生态文明建设是基于中国智慧所形成的文明创新道路,这种文明思想具有推广至世界的深远价值。中国通过在全世界范围内积极贡献中国智慧,展现生态治理的先进经验,增强了我国在全球环境治理体系中的话语权和影响力。

构建全球生态文明共同体是构建人类命运共同体的重要内涵,是在国际范围推进生态文明建设的重要要求,顺应了世界和平发展、合作共赢的必然趋势。全人类都应该树立正确的生态文明观,携起手来,利用国际组织的力量,通过思想引领,扎实推进,共同构建生态文明新世界。中国共产党将带领中国人民以更加广阔的胸怀,坚持用"生态兴则文明兴,生态衰则文明衰"的历史智慧,与各国人民一道,为构筑全球生态文明扬帆起航。

🎤 第三讲

坚持人与自然和谐共生

赵建军*

引言 生态文明作为对工业文明的超越，是一种以人与自然和谐共生为根本特征的更为高级的人类文明形态。党的十八大把建设生态文明作为"五位一体"总体布局的重要组成部分。党的十九大报告把坚持人与自然和谐共生作为习近平新时代中国特色社会主义思想的基本方略之一，党的二十大进一步强调构建人与自然和谐共生的现代化，提出"双碳"达标计划，即在2030年前实现二氧化碳排放量达到峰值，实现碳达峰，2060年前实现碳中和。对于全社会来说，建设生态文明是一个发展方式、生活方式、思维方式多重转变的艰巨任务。人与自然和谐共生是生态文明的核心要求之一，本讲着重讲述这一理论的渊源、发展和实践方向。

人类对自身与自然的关系的思考由来已久，产生了诸多智慧。从中国先哲们提出的"天人合一""道法自然"，到古希腊"人是万物的尺度""认识你自己"，再到康德的"为自然立法"等，立场观点虽各不相同，但无不闪耀着对人与自然关系深湛思考的智慧之光。

一、人与自然关系的基本理论

作为新世界观的创造者，马克思和恩格斯极具创造性地从实践维度重新审

* 赵建军，中共中央党校（国家行政学院）哲学教研部教授、博士研究生导师，兼任南开大学－中国社科院大学21世纪马克思主义研究院生态文明研究中心主任、中国自然辩证法研究会科技创新专业委员会理事长。主要研究领域为科技创新、生态文明建设。

视以往理论，创立了人与自然关系的科学理论，对后续理论流派以及中国特色社会主义理论产生了深刻影响，对努力跨入生态文明时代的人类社会具有重大的理论和现实指导意义。

（一）马克思主义经典作家关于人与自然关系的理论

马克思关于人与自然关系的思想萌发于其学生时代对古代自然哲学的研究，形成于19世纪40年代。在《1844年经济学哲学手稿》（下文简称《手稿》）中，他批判了黑格尔等人的唯心主义观点和费尔巴哈等人的形而上学唯物主义观点，形成了辩证统一的唯物主义观点。

马克思在考察人与自然关系时强调，人和自然的关系实际上是人类社会和自然的关系，而不是单个的人和外部世界的关系；人与人的关系作为人与自然关系的补充和扩大，是人与自然关系的另一个方面。第一，人是自然的人，人依赖于自然。《手稿》明确指出："人直接地是自然存在物。"在马克思那里，人是一种有生命的自然存在物，具有自然力、生命力，是自然界唯一的、特殊的、能动的自然存在物；人本身与生俱来富有这些奇特的力量，在人的生存生活中以欲望的形式，作为天赋和才能影响着人本身。同时，与其他动植物一样，人以及人类社会受到自然的约束和限制，依赖于自然，以自然的存在为自身存在的基础。正如马克思所说，"没有自然界，没有感性的外部世界，工人什么也不能创造。自然界是工人的劳动得以实现、工人的劳动在其中活动、工人的劳动从中生产出和借以生产出自己的产品的材料"[①]。

第二，以实践为中介，人与自然发生密切互动。人的生命存在的基本形式是实践，"自然界，就它本身不是人的身体而言，是人的无机的身体"，只有在社会中，在人的实践活动中，自然才是人的现实生活的要素，人与自然的关系得以发生。离开人类社会，人与自然的关系就无法理解。更为重要的是，实践活动使人与自然相互作用。人与自然的关系之所以不同于动物与环境的关系，就在于动物只是消极地、被动地适应环境，而人则是积极地、能动地改造自然。

---

① 《马克思恩格斯文集》第1卷，人民出版社2009年版，第158页。

人为了生存和发展把自然界当作自己的活动对象并通过实践活动不断改造，使自然界不断被人化。自然又因人的实践活动作用于人及社会，使人和社会自然化。"人化自然"和"自然人化"、"自然的社会化"和"社会的自然化"是以实践为中介的统一过程的两个不可分割的方面。

第三，劳动的异化使得人与自然发生对立和冲突。人作为主体，通过实践，作用于自然界这一客体，创造出诸多新的事物。但是，由于异化劳动的存在，主客体之间相互对立，客体变成了一股外在的力量支配主体、驱使主体。在资本主义条件下，劳动异化导致产品与工人的劳动是相互对立的，工人创造的剩余价值越多，工人就"越受自己的产品即资本的统治"。劳动作为人区别于动物的本质活动，工人也不能自由地按照本身的意愿劳动，而是要按照生产的需要以及资本家的规定进行，因此，工人的劳动是枯燥乏味的、备受压迫的。劳动的异化还使得人的类本质发生异化，人固有的"类"降低为动物的"类"。

当马克思从劳动实践方面对人与自然关系作出深入阐释的时候，恩格斯另辟蹊径，从当时已经取得很大发展的自然科学的角度对这一关系进行了高度的总结和升华。恩格斯认为，人对自然界的影响带有"经过事先考虑的、有计划的、以事先知道的一定的目标"，这与动物存在本质差别。因而，"动物仅仅利用外部自然界，简单地通过自身的存在在自然界中引起变化；而人则是通过他所作出的改变来使自然界为自己的目的服务，来支配自然界"[1]。但是，恩格斯极力反对人类对自然的不加约束的支配和征服，他劝诫人类"不要过分陶醉于我们对自然界的胜利。对于每一次这样的胜利，自然界都对我们进行报复。每一次胜利，在起初确实取得了我们预期的结果，但是往后和再往后却发生完全不同的、出乎预料的影响，常常把最初的结果又消除了"。这是因为，人和自然界具有一体性，人是自然的一部分，"我们连同我们的肉、血和头脑都是属于自然界和存在于自然界之中的"，我们能够支配自然，仅仅是因为相较于其他生物，我们能够认识和正确地运用自然规律。

---

[1]　恩格斯：《自然辩证法》，人民出版社2018年版，第313页。

（二）中国化马克思主义关于人与自然关系的理论

从毛泽东开始，中国马克思主义者就十分关注人与自然的关系。在解决中国革命和社会主义建设的问题时，毛泽东就常常结合人与自然的关系问题来思考。在《实践论》中，毛泽东明确把"人与自然关系"纳入人类认识的范畴，并系统地阐述了以实践为基础的人的主观世界和包括自然在内的客观世界之间的辩证关系。"人类同时是自然界和社会的奴隶，又是它们的主人"，这是毛泽东关于人与自然关系的深刻思考和高度总结。他指出，对客观必然规律不认识而受它的支配，使自己成为客观外界的奴隶，直至现在以及将来，乃至无穷，都在所难免。在肯定人类受自然界必然性和社会必然性支配的同时，毛泽东又认为，人类在实践中能够不断积累经验，逐步提高认识和改造客观世界的能力，逐渐克服盲目性，认识必然性，达到在有效地改造社会的同时有效地改造自然而获得自由。由于时代关系，毛泽东在论述人与自然之间辩证关系过程中一定程度上存在过分强调人类改造自然的斗争而忽视人与自然关系和谐的特点。

从改革开放到20世纪末，中国化的马克思主义对于人与自然关系理论的探索进入了主动阶段。党的十一届三中全会虽然作出了将工作重心转移到经济建设上的重要决定，但是头脑清醒、视野开阔的邓小平已经意识到了自然环境对于人类生存的重要性，他强调在发展经济的同时应该注意环境，并将生态环境问题作为"重大问题"、"经济建设中必须尽早注意"的问题来抓。与此同时，邓小平对于如何保护自然环境以实现人与自然的和谐发展也发表了不少重要见解，主要包括：依靠科学技术治理环境、依靠法律手段治理环境、借鉴外国经验进行环境治理、发挥人民军队在治理环境中的作用等。江泽民在党的十四届五中全会上明确指出："在现代化建设中，必须把实现可持续发展作为一个重大战略。"在此背景下，我国深刻反思过去的发展模式，把环境保护和可持续发展作为国家的发展战略，提出了建设和谐社会的战略目标。党的十五大提出要坚持计划生育和保护环境的基本国策，正确处理经济发展同人口、资源、环境的关系。

进入21世纪，中国共产党对于人与自然关系的探索进入新的阶段。科学发展观的提出是我国改革开放和现代化实践的宝贵经验的总结和升华，是新世纪全面建设小康社会的必然要求，是我国社会主义现代化建设指导思想的重要发展。党的十六届三中全会提出，"人与自然和谐相处"是社会主义和谐社会的基本特征，人与自然和谐相处应该基于社会、经济、自然三个维度作全面考量，其理想状态正如胡锦涛于2005年2月指出的："人与自然和谐相处，就是生产发展，生活富裕，生态良好。"

　　党的十八大把生态文明建设作为中国特色社会主义"五位一体"总体布局之一，对于促进人与自然的和谐共处以及经济社会的全面可持续发展具有强大的促进作用。习近平总书记继承了马克思主义对自然界的高度评价，提出"人与自然的关系是人类社会最基本的关系。自然界是人类社会产生、存在和发展的基础和前提"。在人与自然的关系上，他的"人与自然是生命共同体"的观点指出，"山水林田湖是一个生命共同体，人的命脉在田，田的命脉在水，水的命脉在山，山的命脉在土，土的命脉在树"，深刻揭示了人与自然关系的实质，即人与自然是和谐统一的，人的任何实践活动都终会对自身产生影响，试图用人类长久的命运换取短暂利益是不可取的。新时代生态文明建设，要树立"尊重自然、顺应自然、保护自然"的理念。尊重自然的核心是尊重自然自身的规律，顺应自然的关键是与自然和谐一致，保护自然的重心是维系自然的自我修复能力。这些理念继承了马克思恩格斯思想中"解释世界"和"改造世界"的内涵，并针对我国的具体情况加以拓展。此外，习近平同样继承了马克思恩格斯关于自然生产力是社会生产力基础的思想，还进一步提出"保护生态环境就是保护生产力，改善生态环境就是发展生产力"，从重视生态环境的角度提出追求生产力过程中应树立的态度和做法。党的十九大更是将"坚持人与自然和谐共生"提升到新时代中国特色社会主义的基本方略的高度，用以引导党和人民事业更好地发展。在2018年召开的全国生态环境保护大会上，习近平总书记提出生态文明建设的六大原则，第一项就是坚持人与自然和谐共生，坚持节约优先、保护优先、自然恢复为主的方针，像保护眼睛一样保护生态环境，像对待生命一样对待生态环境，让自然生态美景永驻人间，还自然以宁静、和谐、美丽。他指出，生态环境是经济社会发展全局的"眼睛"，这凸显了他对于形成"坚持人与自然和谐共生"这一重要原则的坚决态度。

（三）法兰克福学派与生态学马克思主义

法兰克福学派是西方马克思主义的一个重要流派，其对人与自然的关系的探讨集中于人的活动所引起的自然界的变化，即"人化自然"，其论述有值得我们借鉴的地方。

法兰克福学派的主要代表人物霍克海默、阿多尔诺、马尔库塞、弗洛姆、哈贝马斯等人，都从不同的侧面探讨过人与自然的关系问题，其中探讨最多的应推法兰克福学派第二代思想家施密特。施密特认为："人化自然"是劳动的产品；在"人化自然"之外、作为这一"人化自然"的基础，还存在着尚未被纳入人类生产领域的"第一自然"。"第一自然"只有从已被加工过的自然，即"人化自然"的角度才能理解，才对人具有意义。此外，施密特充分估价了劳动在变革自然物质中的地位与作用。在他的哲学中，由于自然的人化，使得自然与社会劳动无法分离，自然界只不过是从属于人的活动的内在要素，它消融于实践之中。这样，通过强调"人化自然"是劳动的产物、现实自然界的社会属性和实践对于"人化自然"的涵盖关系，施密特表达了法兰克福学派在人与自然关系上的基本立场，即把自然归属于人类史，强调自然史与人类史、自然科学和关于人的科学在人的实践活动中的不可分割的统一。

生态学马克思主义试图用现代生态学理论完善马克思主义，并以马克思主义理论解释当代环境危机，以解决资本主义工业化面临的生态灾难，它的直接理论来源便是法兰克福学派。生态学马克思主义创始人莱易斯认为，当代生态危机的深层根源是控制自然的观念。当人与自然之间关系是"控制"的时候，现代科学的自然概念就已偏向了工具主义的目的，最终走上了以实用主义对待自然、以操作主义和工具主义处理人与自然的关系的道路。当"人类控制自然的观念已成为一种社会制度（或者是作为整体考虑的人类社会发展的一个阶段）的基本意识形态"时，"这种意识形态的行为的最根本的不合理的目标就会把全部自然（包括人的自然）作为满足人的不可满足的材料来加以理解和占用"。福斯特提出，当今世界生态问题是由资本主义的世界经济造成的，不能笼统地说存在着人与生态之间的对立，实际存在的是资本主义与生态之间的对立。资本主义和生态之间的对立不是在某些枝节上的对立，而是各自作为一个整体相互对立。生态学马克思主义理论家从不同的角度揭示生态危机、环境恶化与资本主义的内在联系，指出生态问题往往表现为人与自然的关系问题，可实际上是人与人之间的关系问题。

二、新时代坚持人与自然和谐共生的基本要求

人与自然和谐共生是新时代基于我国生态环境、社会发展、人民需求而提出的处理人与自然关系的全新要求。"人与自然和谐共生"可以理解为"人与自然和谐相处"的发展和提升，更加饱含着人与自然辅车相依、唇亡齿寒的命运共同体关系以及人与自然的互动关系。新时代坚持人与自然和谐共生必须努力达到"四个统一"的要求。

（一）坚持理念培育与制度完善相统一

理念指导人们的行为，制度规范人们的行为；坚持人与自然和谐共生需要在理念和制度两方面发力。在党的十九大报告中，习近平总书记明确指出，坚持人与自然和谐共生，必须树立和践行绿水青山就是金山银山的理念。早在2005年，时任浙江省委书记的习近平同志便提出"绿水青山就是金山银山"的科学论断。这一理念强调和突出了自然的价值性，强调保护自然就是增值自然价值和自然资本，就是保护和发展生产力。自然的价值体现在三个层面：其一，自然是人类赖以生存的基础。这种基础性的作用决定了人类必须以自然的存在为存在前提。没有了广袤坚实的大地、和煦明媚的阳光、精彩纷呈的生物，人类将无法存活。其二，自然为人类发展提供丰富的物质材料。从原始文明到农业文明，再到工业文明，人类的发展都是以诸如森林、石油、矿产等物质材料为基础的。其三，自然具有强大的修复和净化功能。自然本身并不是静止不动的，它遵循自身的规律而处于不断的循环、运动之中，具有自我修复的功能。众所周知，森林是地球之肺，湿地是地球之肾，自然在自我修复和净化的同时，

也给人类提供了更加美好的生存环境，满足人们日益增长的美好生活需要。值得注意的是，自然的价值性不是因为人的实践活动而产生的，而是通过人的实践体现的，不同的实践方式改变的只是自然价值性的体现方式。工业文明时期，囿于观念局限、技术不成熟等人类社会的因素，人类选择用粗放的方式，以牺牲资源和环境为代价，粗暴地用绿水青山换取生活资料和经济利益，以前人们常说的"靠山吃山、靠水吃水"便是这个意思。要真正践行绿水青山就是金山银山理念，必须在理念进步和技术发展基础上，从根本上改变人们作用于自然的实践方式，变卖矿石为卖风景、变靠山吃山为养山富山、变美丽风光为美丽经济。

理念培育不是一朝一夕之事，想要生态意识入脑、入心，需要长此以往地坚持去做这一工作。党的十八大报告指出，保护生态环境必须依靠制度。党的十八届三中全会又突出强调，建设生态文明，必须建立系统完整的生态文明制度体制，用制度保护生态环境。当前应当制定和实行最严格的生态环境保护制度，构建生态文明建设制度体系的四梁八柱，为坚持人与自然和谐共生提供坚实的制度保障。

（二）坚持经济发展与生态保护相统一

要想实现"两个一百年"奋斗目标、实现中华民族伟大复兴的中国梦，不断提高人民生活水平，就必须坚定不移把发展作为执政兴国的第一要务，坚持解放和发展社会生产力。我国目前国内生产总值已经远超日本，稳居世界第二，对世界经济增长贡献率保持在30%左右，是世界经济增长的第一引擎，这些巨大成就源于一直将发展作为第一要义，始终坚持解放和发展生产力，推动经济持续健康发展。中国特色社会主义进入新时代，我国社会主要矛盾已经转化为人民日益增长的美好生活需要和不平衡不充分的发展之间的矛盾，我国社会生产力水平总体上显著提高，社会生产能力在很多方面进入世界前列，更加突出的问题是发展不平衡不充分，成为满足人民日益增长的美好生活需要的主要制约因素。社会主要矛盾虽然已经发展转化，但是归根结底，仍然是人民需求同社会生产之间的矛盾，化解这一矛盾的关键仍在于发展，在于更加注重质量和效益的发展，在于协调人与自然和谐共生的发展。

协调经济发展与生态保护相统一与人与自然和谐共生实则是一个问题的不同方面，经济发展是人类社会的经济发展，人与自然和谐共生也不可能只是单个人与自然的和谐，而是人类社会与自然界的和谐共生，这也正是马克思所强调的，人与自然的关系实际是人类社会和自然的关系，而不是单个的人和外部世界的关系。可以说，坚持经济发展与生态保护相统一是协调人与自然和谐共生的题中应有之义，前者是后者的必要条件。经济发展与生态保护相协调统一有以下两方面的含义：一是指经济发展只有与环境保护相协调，才能保持经济的持续稳定发展。经济发展是关系人类生活水平的问题，而生态环境的保护则是关系人类生存发展的问题。因此，后者是更为根本性的，经济的持续发展必须服从和依赖于生态保护。二是指在经济发展过程中，正确处理好经济与环境、生态的关系，通过转变发展方式、优化经济结构、转换增长动力，努力建设现代化经济体系，经济发展与生态保护完全可以走向协调统一。

（三）坚持绿色生产与绿色生活相统一

生态理念的培育最终还是要落实到实践中。生产与生活是社会与个人进行实践的重要形式，社会通过生产来实践，个人通过生活来实践。社会的生产方式以及人的生活方式也是衡量人与自然和谐共生与否的重要标准，人与自然和谐共生指导下的生产方式应当是绿色生产，生活方式应当是绿色生活。

生产方式具有物质生产方式和社会生产方式的双重意义，绿色生产方式相对以往的生产方式也将具有双重意义。在物质生产方式方面，相对传统的生产方式，绿色生产方式将循环、低碳的思想引入物质生产的全过程以及产品生命的全周期，使其在整个生命周期内做到对环境影响最小化、资源消耗最低化。在社会生产方式方面，绿色生产方式将生产关系由单纯的社会关系加入人与自然的关系，从单纯考量人类自身的生产发展到考量人与自然的全面发展。绿色生产方式是一种人与自然和谐、可持续的生产方式，是一种积极的生产方式，是一种惠民的生产方式。

绿色生活指通过倡导使用绿色产品、参与绿色志愿服务，引导民众树立绿色、低碳、环保、共享的理念，进而使人们自觉养成绿色消费、绿色出行、绿色居住的健康生活方式，创建绿色家庭、绿色学校、绿色社区，以期在全社会形成一种自然、健康的生活方式，让人们在充分享受绿色发展所带来的便利和舒适的过程中，实现人与自然的和谐共生。

绿色生产和绿色生活是密切联系、相辅相成的。绿色生产是绿色生活的前提和基础，只有生产出绿色的产品，人们才有可能实现绿色消费、绿色出行，只有提供更多优质生态产品，才能满足人们日益增长的优美生态环境的需要。绿色生活的需求又反作用于绿色生产，绿色生活中所形成的需求往往能够调整和引导生产，带动绿色产业的发展，为绿色生产提供源源不断的动力。两者相互促进，共同构成人与自然和谐共生的重要实现形式。

（四）坚持当代发展与永续发展相统一

党的十九大报告强调，生态文明建设功在当代、利在千秋，是中华民族永续发展的千年大计。坚持人与自然和谐共生必须处理好当代发展与永续发展的关系，不能局限于眼前和当代，而要立足中华民族的永续发展。永续发展实则是代际发展的问题，当代人的发展不能以牺牲、挤压后代人的生存资源和空间为代价，从而影响后世的发展。这种可持续发展的思想在20世纪就已经被人类注意，世界环境与发展委员会在1987年公布了题为《我们共同的未来》的报告，提出了可持续发展的战略，标志着一种新发展观的诞生。报告把可持续发展定义为：可持续发展是在满足当代人需要的同时，不损害人类后代满足其自身需要的能力。回顾历史，曾经辉煌一时的美索不达米亚文明、古巴比伦文明、古埃及文明等文明由于没有处理好人与自然的关系，而被湮没在历史的长河中，没能实现永续发展。正如恩格斯所说，美索不达米亚、希腊、小亚细亚以及其他各地的居民，为了得到耕地，毁灭了森林，但是他们做梦也想不到，这些地方今天竟因此而成为不毛之地，因为他们使这些地方失去了森林，也就失去了水分的积聚中心和贮藏库。

人与自然和谐共生是实现永续发展所必须坚持的重要思想，这里的"人"不是指一国之人，也不是指当代之人，而是指无止境的世代人类。这就要求我们必须用永续发展的思维来进行当代发展，处理好人与自然的关系，与自然达成一种世代和谐、共存共生的状态，以实现人类社会与自然界的永续发展。

三、促进人与自然和谐共生的基本思路

由于理念滞后和技术局限等因素，我国在过去几十年的发展过程中已经造成了较为严重的环境破坏和资源浪费现象，生态形势异常严峻。促进人与自然和谐共生首先必须还自然以宁静、和谐、美丽，而后才能通过制度约束、意识指导等方式巩固人与自然的和谐关系，这是一个非常复杂的系统工程，总体上应当遵循先易后难、先急后缓、先重点整治后系统巩固的思路进行。面对全球变暖的严峻挑战，2020年9月，习近平在第七十五届联合国大会一般性辩论上的讲话中首次明确了二氧化碳排放力争2030年前达到峰值，努力争取2060年前实现碳中和的目标。为实现"双碳"目标，要着力做好以下五个方面的工作。

第一，着力解决突出环境问题。针对当前突出的水污染、大气污染、土壤污染等问题，应采取有针对性的措施：持续实施大气污染防治行动，打赢蓝天保卫战。加快水污染防治，实施流域环境和近岸海域综合治理。强化土壤污染管控和修复，加强农业面源污染防治，加强固体废弃物和垃圾处置。此外，要开展农村污染整治行动，及时关注过去忽视的问题，保障农村人居环境的优美、整洁。在治理手段上，要坚持全民共治、源头防治，构建政府为主导、企业为主体、社会组织和公众共同参与的环境治理体系。在国际舞台上，要积极参与全球环境治理，落实减排承诺，积极倡导和推动国际社会共同应对人类面临的重大生态问题，构筑尊崇自然、绿色发展的生态体系，真正成为全球生态文明建设的重要参与者、贡献者、引领者。

第二，优化生态安全屏障体系。生态安全屏障体系对于保护生态系统至关重要，要构建生态廊道和生物多样性保护网络，提升生态系统质量和稳定性。要立足青藏高原生态屏障、黄土高原－川滇生态屏障、东北森林带、北方防沙带和南方丘陵山地带等，构建区域更加广阔、层次更加丰富的国家生态安全格局。要严守"生态底线"，落实完成生态保护红线、永久基本农田、城镇开发边

界三条控制线划定工作。要将山水林田湖草当作一个生命共同体来保护,全面提升森林、河湖、湿地、草原、海洋等自然生态系统稳定性和生态服务功能。

第三,推动经济绿色循环发展。人与自然和谐共生不是意味着人类社会要停滞发展,而是要改变发展方式,实现循环、低碳的绿色发展方式。循环发展与低碳发展都是为了协调人与自然的关系,促进社会经济与生态环境的良性互动,实现可持续发展。因此,促进人与自然和谐共生,就要落实到低碳发展与循环发展、转变生产方式和调整产业结构上;实现生产方式绿色化,实现"双碳"达标,就要加速传统高能耗、高排放产业的调整,加大可再生能源的布局。构建市场导向的绿色技术创新体系,发展绿色金融,壮大节能环保产业、清洁生产产业、清洁能源产业。推进能源生产和消费革命,加快发展风能、太阳能、生物质能、水能、地热能,安全高效发展核电,加快能源技术创新,构建清洁低碳、安全高效的能源体系。推进资源全面节约和循环利用,实施国家节水行动,降低能耗、物耗,实现生产系统和生活系统循环链接。

第四,深化生态文明体制改革。党的多次代表大会强调要依靠制度来建设生态文明,党的十九大报告更是用大量篇幅加以系统阐述,生态文明体制建设的重要性不言而喻。党的十八届三中全会提出,深化生态文明体制改革要紧紧围绕建设美丽中国,加快建立生态文明制度,推动形成人与自然和谐发展的现代化建设新格局。事实已经并将继续证明,改善人与自然的关系,促进人与自然和谐共生必须将生态文明体制改革进行到底。要严格遵循《生态文明体制改革总体方案》,努力构建由自然资源资产产权制度、国土空间开发保护制度、空间规划体系、资源总量管理和全面节约制度、资源有偿使用和生态补偿制度、环境治理体系、环境治理和生态保护市场体系、生态文明绩效评价考核和责任追究制度等八项制度构成的产权清晰、多元参与、激励约束并重、系统完整的生态文明制度体系。此外,党的十九大特别强调,要改革生态环境监管体制,设立国有自然资源资产管理和自然生态监管机构,完善生态环境管理制度,统一行使全民所有自然资源资产所有者职责,统一行使所有国土空间用途管制和生态保护修复职责,统一行使监管城乡各类污染排放和行政执法职责。

第五,加强生态文明理念教育。推进生态文明建设,促进人与自然和谐共生，单靠国家政策和行政命令是不够的，如果不能在全社会树立全面、科学的生态文明理念，即便有再多的"红头文件"，也难以顺利达成。理念是行动的先导，理念的培育又是一件任重道远的事情。首先，要不断提炼、创新符合社会发展和人民需要的生态文明理念，做到有理念可宣传，有理念可贯彻。其次，要构建生态理念教育宣传体系。将生态文明教育贯穿国民教育的全过程，通过进课本、进课堂、进校园，帮助学生树立正确的生态价值观和道德观。将生态文明知识纳入党政干部以及公务员培训计划，提高其生态文明素养和意识。将生态文明理念教育融入社会宣传，增强人民生态责任和生态意识。充分运用电视、网络等媒体手段，利用"世界地球日""世界环境日""世界土地日""世界水日"等重要时间节点，开展以家庭、社区、企业为单位的群众性生态文明宣传教育和主题科普活动，逐步营造良好的社会风尚。最后，将理念教育与实践相结合。积极开展义务植树造林、保护母亲河等形式多样的环保志愿活动，积极开展生态农业、生态旅游等实践活动，充分利用各类生态科技示范园、环境保护科技馆等基地开展主题教育实践活动，帮助广大群众在实践中树立生态意识、增强社会责任，使生态文明理念真正融入中国特色社会主义新时代。

🎤 第四讲

坚持绿水青山就是金山银山理念

赵建军

引言 "绿水青山就是金山银山"是习近平总书记对生态环境保护与经济发展的关系作出的重要论断，揭示了保护生态环境就是保护生产力、改善生态环境就是发展生产力的道理，指明了实现发展与保护协同共生的新路径。绿水青山就是金山银山（简称"两山"理念）是习近平生态文明思想的核心，体现了我们党对人类社会发展规律、社会主义事业发展规律和我们党新时代执政规律认识的升华，带来了发展理念和执政理念的深刻转变。"两山"理念从2005年首次提出到写进党的十九大报告和党章，成为开辟中国特色社会主义现代化新征程的指导思想，不仅体现出党和国家对生态文明建设的重视，也体现出人民群众对建设美丽中国的殷切期盼。

习近平生态文明思想是习近平新时代中国特色社会主义思想的有机组成部分，"两山"理念诠释了其中包含的保护环境与发展经济的辩证关系思想，为绿色发展找到了实现路径。党的十九大报告指出，建设生态文明是中华民族永续发展的千年大计，必须树立和践行绿水青山就是金山银山的理念。党的十九届五中全会进一步强调，树立"两山"理念，建设人与自然和谐共生的现代化。党的二十大报告提出践行"两山"理念，以中国式现代化全面推进中华民族伟大复兴。

一、"两山"理念提出的历史过程与发展

2005年8月15日，时任浙江省委书记的习近平同志到浙江安吉余村进行

调研，首次明确提出"绿水青山就是金山银山"；之后，习近平同志在《浙江日报》头版"之江新语"专栏中发表《绿水青山也是金山银山》短评，论述了"绿水青山可带来金山银山，但金山银山却买不到绿水青山。绿水青山与金山银山既会产生矛盾，又可辩证统一"的关系。2006年3月8日，习近平同志在中国人民大学发表演讲，系统阐释了"绿水青山"与"金山银山"关系的"三个阶段"，即"第一个阶段是用绿水青山去换金山银山，不考虑或者很少考虑环境的承载能力，一味索取资源。第二个阶段是既要金山银山，但是也要保住绿水青山，这时候经济发展与资源匮乏、环境恶化之间的矛盾开始凸显出来，人们意识到环境是我们生存发展的根本，要留得青山在，才能有柴烧。第三个阶段是认识到绿水青山可以源源不断地带来金山银山，绿水青山本身就是金山银山，我们种的常青树就是摇钱树"。

2013年9月7日，习近平在哈萨克斯坦纳扎尔巴耶夫大学演讲时的答问强调，"我们既要绿水青山，也要金山银山。宁要绿水青山，不要金山银山，而且绿水青山就是金山银山"[1]，对生态环境保护与经济发展的辩证关系作出精辟阐释。2016年3月7日，习近平总书记在参加十二届全国人大四次会议黑龙江代表团审议时指出，"绿水青山是金山银山，黑龙江的冰天雪地也是金山银山"，"两山"理念内涵更加清晰和丰富。2015年3月24日，习近平总书记主持召开中央政治局会议，通过了《关于加快推进生态文明建设的意见》，正式把"坚持绿水青山就是金山银山"的重要论断写进中央文件。党的十九大将坚持人与自然和谐共生作为新时代坚持和发展中国特色社会主义的基本方略之一，提出"必须树立和践行绿水青山就是金山银山的理念"。党的十九大通过的《中国共产党章程（修正案）》，将"增强绿水青山就是金山银山的意识"写入党章，上升为党的指导思想。2018年5月，全国生态环境保护大会正式确立习近平生态文明思想，"坚持绿水青山就是金山银山"为其重要原则之一。2020年3月30日，时隔15年，习近平再次前往浙江安吉余村考察调研。他强调，"绿水青山就是金山银山"理念已经成为全党全社会的共识和行动，成为新发展理念的重要组成

---

[1] 《习近平总书记系列重要讲话读本》，学习出版社、人民出版社2016年版，第230页。

部分。实践证明，经济发展不能以破坏生态为代价，生态本身就是经济，保护生态就是发展生产力。从"绿水青山就是金山银山"到"保护生态就是发展生产力"，浙江余村用实践证明和实现了经济发展与生态环境保护的双赢，充分体现了"两山"理念所具有的科学前瞻性和实践指导性。党的二十大报告提出"坚持绿水青山就是金山银山的理念，坚持山水林田湖草沙一体化保护和系统治理"。

绿水青山与金山银山的关系归根结底是生态环境保护与经济发展的关系，反映了人与自然、人与人的辩证统一关系，突破了把生态环境保护与经济发展对立起来的僵化思维，使两者有机统一、协同推进。"绿水青山"的自然生态属性经过人类实践创造活动可以转化为经济社会财富。人依赖于自然，"自然界是工人的劳动得以实现、工人的劳动在其中活动、工人的劳动从中生产出和借以生产出自己的产品的材料"①。离开人类的实践活动，人与自然就无法发生关系，人类经济社会也就无从发展。在不违背自然生态规律的基础上，人类可以通过合理的有意识的实践活动将自然生态财富转化为经济社会财富，满足社会发展需求。

习近平总书记指出，人与自然的和谐，经济与社会的和谐，就是既要绿水青山，又要金山银山，生态环境保护和经济社会发展相辅相成、不可偏废，要把生态优美和经济增长"双赢"作为发展的重要价值导向。目前，我国资源环境承载能力接近上限，环境要素不能被忽视，我们应该把生态环境作为高质量发展的有机内涵、重要目标、生产要素、内生变量，把加强生态环境保护作为推动高质量发展的重要抓手，把生态环境作为稀缺生产要素予以合理开发。生态系统的服务支撑功能不能单纯从经济角度去理解，其价值要从幸福感、获得感、生态系统服务等多方面考虑。生态系统存在就有价值、就是价值，生态系统服务功能的提高和增强本身也是在形成金山银山。"两山"理念的提出，开辟了处理发展与保护关系的新境界，继承和发展了马克思主义自然观，为处理好发展和保护的关系指明了方向，为建设美丽中国、走向社会主义生态文明新时

---

① 《马克思恩格斯文集》第1卷，人民出版社2009版，第158页。

代指明了实现路径，具有丰富的哲学意蕴。

二、"两山"理念是对马克思主义自然观与基本原理的继承和创新

马克思主义自然观高度科学地阐明了人与自然的关系，是推动社会主义生态文明建设的理论基础。"两山"理念要求人在改造自然的同时，还要通过完善社会制度、改善人的价值观和思维方式，来建设一种人与自然和谐统一的社会文明，其本质特征就是人与自然双重价值的融通和实现，即人与自然和谐、发展与保护并进，可谓马克思主义自然观在当代的继承与创新。

马克思明确指出了人靠自然界来生存。恩格斯曾指出："如果说人靠科学和创造性天才征服了自然力，那么自然力也对人进行报复，按人利用自然力的程度使人服从一种真正的专制，而不管社会组织怎样。"①自然界为人类提供赖以生存的生产资料和生活资料。人因自然而生，人与自然是一种共生关系，人类的生产活动必须尊重自然、顺应自然、保护自然，这是人类必须遵循的客观规律。自然价值是社会价值实现的基础和前提。"绿水青山"如果放置不理，那就只是自在的自然生态系统，尚未转化为社会价值。但倘若以损害"绿水青山"为代价去追求"金山银山"，那"金山银山"也只能是昙花一现，难以持续。正是基于对人与自然这对矛盾关系的深刻把握，习近平总书记指出：绿水青山和金山银山既对立又统一；"人类只有遵循自然规律才能有效防止在开发利用自然上走弯路，人类对大自然的伤害最终会伤及人类自身，这是无法抗拒的规律"。人要与自然实现各自价值的共融共生。"两山"理念可谓指导中国实现中华民族绿色崛起的重要思想理论法宝，是绿色发展导向的价值观和发展理念。

"两山"理念集中体现了辩证唯物主义和历史唯物主义的基本思想。首先，"两山"理念的三阶段论体现了否定之否定的哲学规律，实现了自然观和历史观

---

① 《马克思恩格斯文集》第3卷，人民出版社2009年版，第336页。

的紧密结合。其次，"两山"理念关于生态环境保护与经济发展关系的论述充分体现了马克思主义唯物辩证法"两点论"和"重点论"相统一的观点。长期以来，人们片面、静止、孤立地看待生态环境保护与经济增长的关系，将两者对立起来，认为不可兼得。生态环境问题是实现经济增长的必然结果。实践证明，损害甚至破坏生态环境的发展模式、以牺牲生态环境换取一时一地经济增长的做法，代价高昂、教训深刻，必须坚决摒弃。"宁要绿水青山，不要金山银山"的论断，承认了在特定发展阶段绿水青山和金山银山之间具有一定的取舍关系，体现了唯物辩证法的重点论思想。绿水青山与金山银山二者，前者是重点、是根本，如果两者只能取其一，宁要前者而不要后者。这表达了生态环境保护优先的理念。这种对于"绿水青山"和"金山银山"两点论和重点论辩证统一的认识是对我国发展所处历史阶段和人类社会发展趋势的深刻把握，深入诠释了马克思主义关于人与自然关系的时代变迁，传承了马克思主义社会发展理论中社会全面发展的思想。

"两山"理念科学揭示了生态环境与生产力之间的关系，是马克思主义生产力发展规律理论的具体化和发展。生产力是人类征服自然、改造自然的能力，是社会发展的决定性力量，包括生产工具、劳动对象和劳动者三个基本构成要素。劳动者是生产力中最活跃的因素，生产工具是生产力发展的重要标志。自然生态环境不仅是生产力这三个组成要素的最初和最基本的来源，而且是影响生产力要素结合方式和生产力发展水平的关键变量。没有优良的自然生态环境、丰富的自然资源，社会生产力的发展也就失去了长久可持续发展的基本物质前提。因此，习近平总书记反复强调："保护生态环境就是保护生产力，改善生态环境就是发展生产力。"解放和发展生产力，不仅表现为变革生产关系，完善社会体制、机制以适应社会生产力发展的要求，而且表现为保护和改善自然生态环境以满足社会生产力的可持续发展需要。"两山"理念将生态环境与社会生产力作为一个总体性的存在而统一起来，指明了协调经济发展与生态环境保护的方法论，使马克思主义政治经济学生产力基本原理的内涵得到丰富和提升，为新时代社会主义生态文明建设实践发展提供了根本遵循。

三、"两山"理念是习近平生态文明思想的核心理念

习近平总书记在党的二十大报告中指出，中国式现代化是人与自然和谐共生的现代化。必须牢固树立和践行绿水青山就是金山银山的理念，站在人与自然和谐共生的高度谋划发展。这就要正确处理好经济发展与生态环境保护的关系，也就是"绿水青山和金山银山的关系"。环境问题产生于经济社会发展过程之中，解决环境问题必须从经济发展处着手，这是认识论和方法论的统一。概括地讲，"两山"理念在认识上要求把经济发展和环境保护融为一体，在实践上要求形成绿色发展方式和生活方式，在本质上要求实现发展与保护内在统一、相互促进，在目标上要实现党的十八届五中全会提出的绿色富国、绿色惠民。"绿水青山就是金山银山"画龙点睛地指出了经济发展与生态环境保护的辩证统一的和谐关系，回答了发展与保护的本质关系问题，指明了实现发展和保护协调共生的新路径。

"两山"理念是绿色发展的生动实践，是对发展思路、发展方向、发展着力点的认识飞跃和重大变革，是发展观创新的最新成果和显著标志。"两山"理念强调发展必须是绿色发展，强调绿水青山既是生态财富、自然财富，又是社会财富、经济财富。生态环境保护本身就能创造经济和社会财富，提供生态产品本身就是高质量发展的有机内涵，这是更高境界的发展观。"两山"理念和绿色发展理念在本质上是贯通的，既是推进绿色发展的核心理念，也为推进绿色发展提供了方法路径，是生态文明新时代的新发展观。这种新发展观"是在深刻总结国内外发展经验教训的基础上形成的，也是在深刻分析国内外发展趋势的基础上形成的，集中反映了我们党对经济社会发展规律认识的深化，也是针对我国发展中的突出矛盾和问题提出来的"[1]。

"绿水青山就是金山银山"极大地丰富和提升了社会主义生态文明观，为新时代生态文明建设指明了正确方向。社会主义社会是全面发展、全面进步的社

---

[1]《习近平谈治国理政》第2卷，外文出版社2017年版，第197页。

会，保护生态环境、建设生态文明是社会主义的本质要求。党的十九大报告将"美丽"作为社会主义现代化强国建设的重要目标，进一步明确了生态文明建设在实现中华民族伟大复兴的中国梦中的重要地位，表明中华民族伟大复兴是具有高度生态文明的复兴。从社会主义生态文明建设的角度来看，"两山"理念提出了现代化建设和美丽中国建设的基本原则和目标，也就是"绿水青山"和"金山银山"的双赢。实现"两山"理念在更高层次的平衡，这是更积极主动地大力推进生态文明建设的思维和战略，是我们对未来的生态认知和发展认知。坚持"两山"理念，重在彰显人与自然是生命共同体，倡导牢固树立社会主义生态文明观，推动形成人与自然和谐发展的现代化建设新格局。

"两山"理念在习近平生态文明思想体系中居于核心地位，具有原创性、系统性、实践性三个特性。"两山"理念古今中外无人提及，是习近平总书记关于处理经济发展与资源环境保护问题的原创性的观点。"两山"理念在处理经济发展与保护环境问题方面形成了一整套问题筛选、分析方法、实施原则及解决路径，不是碎片化、零散型的解决思路，具有突出的系统性辩证思维特性。习近平总书记指出，"我们既要绿水青山，也要金山银山。宁要绿水青山，不要金山银山，而且绿水青山就是金山银山"，说的就是发展的不同阶段而采取的不同应对举措。"两山"理念具有很强现实指导性。"两山"理念从2005年8月15日首次提出，17年来已经在全党全社会形成广泛共识，全国各地出现了践行"两山"理念的不同类型的典范。2017年党的十九大把"两山"理念写进党章，成为新时代中国共产党执政新发展理念，成为践行习近平生态文明思想、实施绿色发展的思想理论武器。

四、"两山"理念体现了习近平生态文明思想的经济价值论思想

"两山"理念是对生态文明新时代基于自然资源资本的新经济的提炼和阐述，是对马克思经济理论的继承和发展，体现出习近平生态文明思想中的经济价值论，为正确处理快速发展与环境保护之间的关系提供了方法论。

（一）保护环境就是保护生产力，改善环境就是发展生产力的新生产力经济学

习近平总书记指出，绿水青山既是自然财富、生态财富，又是社会财富、经济财富，科学地阐明了自然价值可以转化为经济价值，自然资本可以转化为物质资本，自然财富和生态财富能够与社会财富和经济财富相统一的关系。

"绿水青山"作为良好的自然生态系统，对人类本身就具有良好的服务功能，就是自然财富和生态财富。马克思曾指出，生产力包括自然的生产力和人的生产力。在人类社会发展的任何一个水平上，社会物质生产过程都不仅包括人的生产活动，而且包括自然界本身的生产力；外界自然条件为人类提供了"两类自然富源"，即"生活资料的自然富源"和"劳动资料的自然富源"，"种种商品体都是自然物质和劳动这两种要素的结合"；"劳动并不是它所产生的使用价值即物质财富的唯一源泉"，只有"加上自然界才是一切财富的源泉"。生态环境是关系到社会和经济持续发展的复合生态系统。

生产力是一种物质的力量，是社会发展和进步的决定性力量。"保护生态环境就是保护生产力，改善生态环境就是发展生产力"观点，为我们把握新时代生产力的科学内涵提供了理性考量，为扭转不顾环境容量片面追求GDP的传统发展方式提供了理论依据。毛泽东、邓小平等老一辈党和国家领导人提出了解放和发展生产力思想，提出科学技术是第一生产力论断，丰富和发展了马克思主义生产力学说，成为指导中国当代经济发展绿色转型的新生产力经济学说。

（二）绿水青山就是金山银山的新经济发展观

"绿水青山就是金山银山"理念自2005年首次提出以来，已经得到全党全社会的普遍共识，成为新时代中国高质量发展的一种新经济发展观，正在深刻地影响着中国现代化进程。

习近平总书记指出，"我们追求人与自然的和谐、经济与社会的和谐，通俗地讲就是要'两座山'：既要金山银山，又要绿水青山，绿水青山就是金山银

山"。"绿水青山"所蕴含的自然生态财富与经济社会财富在实践中是相互依存、共同发展的。在传统的财富认识中,往往只把社会经济活动创造的"经济财富"认为是财富。"绿水青山就是金山银山"是传统财富认识观念的转变,强调"绿水青山"本身就是人类财富的重要组成部分,同时也阐明了自然生态价值和经济社会价值之间的转化和统一关系。在很长一段时期内,经济价值几乎成为衡量社会进步的唯一指标。其实,经济价值固然重要,但如果只强调经济价值而忽略生态价值,甚至以牺牲生态价值换取经济价值,最终会导致经济发展与生态环境两者严重失衡,所带来的外部不经济性需要付出很大的代价进行修复弥补,这样的发展方式是难以为继的。自然生态价值和经济社会价值在实践中是相互依存、共同发展的,体现为协调经济发展与生态环境保护的关系,协调人与自然的关系,以达到和谐的状态。实现生态价值和经济价值内在统一,对于协调经济与环境之间的平衡,保证生态环境安全,推动社会经济良性发展,有着不可替代的作用。

习近平总书记指出,生态环境是我们生存发展的根本。留得青山在才能有柴烧,离开了"绿水青山",离开了自然资源及其既有的自然价值,人类社会一切财富都将成为无源之水,无本之木。实践中,清洁的空气、干净的水、天然草地、森林等为人类的生产生活提供了必要条件,尤其是在自然资源遭到人类极大破坏的今天,人们对于自然资源在人类生存和发展中的重要意义的认识和体会更为深刻和深切。

"绿水青山"指包括森林、草地、大气、土地、水和动植物在内的生态资源以及由基本生态要素组成的生态系统,它为人类的生存和实践提供了基础。保护生态环境就是保护自然价值和增值自然资本,从而也就是保护经济社会发展潜力和后劲,使绿水青山持续发挥生态效益和经济社会效益。任何一种资源只要参与了价值的形成和增值,都可称之为价值。"绿水青山"经过人类实践活动能够为人类生存和发展提供必需品,即是经济财富和社会财富之源。"绿水青山就是金山银山"表明了生态环境的优势就是经济优势、社会优势,良好的生态环境本身就是社会生产力的一种,也必将会促进社会生产力的进步。"绿水青山"除了为人类提供了衣食住用行等必需品,也是满足人们精神财富的组成部分。尤其是在当今生态出现危机的情况下，良好的生态环境越来越成为稀缺资源，越来越成为人类生存和发展的基本需要。党的十九大报告提出，我们要建设的现代化是人与自然和谐共生的现代化，既要创造更多物质财富和精神财富以满足人民日益增长的美好生活需要，也要提供更多优质生态产品以满足人民日益增长的优美生态环境需要，体现出显著的治理环境的经济价值导向。

五、"两山"理念实践转化的路径和模式

"绿水青山就是金山银山"的理念需要通过"保护生态环境就是保护生产力，改善生态环境就是发展生产力"来体现。坚持和贯彻绿色发展理念，推动形成绿色发展方式和生活方式，是保护生态环境就是保护生产力的具体实践。只有把生态优势转化为经济优势，不断探索生态产品价值实现的创新路径，才能践行改善生态环境就是发展生产力。党的二十大报告提出以中国式现代化实现中华民族伟大复兴，我们要在绿水青山向金山银山转化上实现新的飞跃。

（一）牢固树立和践行绿水青山就是金山银山的理念

树立"绿水青山就是金山银山"的强烈意识，就要处理好发展和保护的关系，坚持绿色发展理念，坚持节约资源和保护环境的基本国策，坚持可持续发展，寻找经济发展和生态环境保护之间的最优均衡点，坚定不移地走绿色、低碳、循环发展之路。

一是推动形成绿色发展方式和生活方式的新文明实践观。人因自然而生，与自然形成共生关系。尊重自然、顺应自然、保护自然，是人类发展必须遵循的客观规律。习近平总书记指出，"推动形成绿色发展方式和生活方式，是发展观的一场深刻革命"。当代共产党人应当在自己的手上让中华大地天更蓝、山更绿、水更清、环境更优美。推动形成绿色发展方式和生活方式，就是要坚持节约资源和保护环境的基本国策，坚持节约优先、保护优先、自然恢复为主的方针，形成节约资源和保护环境的空间格局、产业结构、生产方式、生活方式，

为人民创造良好生产生活环境。促进生产空间集约高效、生活空间宜居适度、生态空间山清水秀。倡导推广绿色消费，反对铺张浪费，实施垃圾分类，形成绿色低碳消费生活方式，满足最广大人民望得见山、看得见水，记得住乡愁、留得住味道的生态需求。形成绿色发展方式和生活方式，既是经济建设发展目标，也是生态文明建设要达到的目标，二者是一致的。

二是推动形成绿色发展自觉。对经济发展与生态环境保护关系的认识，归根到底是自然观、世界观和政绩观的认识。坚持绿色发展理念，需要防止和克服对新理念流于形式或止于片面的简单化理解；不能只讲索取不讲投入，只讲发展不讲保护，只讲利用不讲修复。要用好"考核"的指挥棒，进一步提高绿色指标在规划指标中的权重，把保障人民健康和改善生态环境质量作为更具约束性的硬指标。要加大党政干部的"生态政绩"在政绩考核中的权重，推动从"要我保护"向"我要保护"转变，让绿色发展指挥棒成为硬约束。

三是加快经济绿色转型发展。要根本改善生态环境状况，必须改变过多依赖增加物质资源消耗、过多依赖规模粗放扩张、过多依赖高能耗高排放产业的发展模式，把发展的基点放到创新上来，塑造更多依靠创新驱动、更多发挥先发优势的引领型发展。就当前而言，既要坚持供给侧结构性改革的主线，逐步解决我国历史遗留环境问题，又要贯彻创新、协调、绿色、开放、共享的发展理念，积极构筑现代生态经济体系。要全面促进资源节约集约利用，提升能源资源利用效率，用最少的资源环境代价取得最大的经济社会效益。

四是增强绿色发展内生动力。必须推进一些绿色发展重点领域的改革，如产权制度改革、垄断行业改革、绿色投融资体制机制改革、土地制度的改革等，通过改革提高经济运行的效率。通过持续推动结构优化和转型升级，逐步减少、淘汰"三高"行业，大力发展绿色低碳产业和各种生态产业，稳步推进农业、工业、服务业等重点领域的绿色转型。不断强化绿色创新驱动，推进全面绿色创新和全过程绿色创新，以创新驱动提高资源利用效率，减少对资源环境的依赖和损害。加大绿色发展正向激励。鼓励各地开展绿色竞争，对绿色发展成效明显的地区给予正向奖励。加快绿色财税制度改革，支持绿色产业发展。继续推动绿色金融改革，限制高污染、高能耗企业融资渠道。

（二）推进绿水青山向金山银山转化

把生态环境优势转化成经济社会发展的优势，培育经济社会发展潜力和后劲，必须综合施策，找到生态产品与产业发展的结合点融汇点，市场化经营生态资源产品和服务，产业化开发优质生态功能，做强品牌，形成核心竞争力，因地制宜找到体现优势和特色的转化路径。

一是加大生态修复力度，厚植绿水青山。只有保护和恢复绿水青山，才能使绿水青山转化为金山银山。着力解决突出环境问题，持续推动区域环境质量提升与生态系统保护，通过保护"绿水青山"累积生态资源资产，是实现"绿水青山"持续转化为"金山银山"的重要基础。要以改善生态环境质量为核心，以解决人民群众反映强烈的突出生态环境问题为重点，以防控生态环境风险为底线，坚决打赢打好污染防治攻坚战，从紧从快补齐生态环境短板，切实增强人民群众获得感、幸福感、安全感。制定生态安全格局各要素的生态管控策略，引导生态功能良性、错位和互补发展，保护核心生态资源，促进自然资本保值增值。加大自然生态系统保护与修复力度，实施一批生态资源资产培育工程，提升生态产品供给水平和保障能力。

二是壮大"美丽经济"，铸就金山银山。将生态环境优势和资源优势转化为生态农业、生态工业、生态旅游等生态经济的优势，寻找经济发展的内生动力，做大"金山银山"，是"绿水青山"向"金山银山"持续转化的关键路径。2015年，习近平总书记在中央扶贫开发工作会议上讲道，在一些生态环境资源丰富又相对贫困的地区，要通过改革创新，让土地、劳动力、资产、自然风光等要素活起来，让资源变资产、资金变股金、农民变股东，把绿水青山蕴含的生态产品价值转化为金山银山。具体而言，一要发展具有地方特色的高效生态农业、高效生态工业以及休闲、旅游、餐饮、出行、居住、医疗等生态服务产业，二要利用良好生态环境汇聚资本、技术、人才、项目等经济发展要素，为地方发展增加人气，提高城市的知名度、美誉度，为经济社会发展提供源源不断的动力支撑。

三是创新体制机制，长效保障"两山"转化。构建产权清晰、多元参与、激励约束并重、系统完整的生态文明制度体系，利用市场机制，引导"绿水青山"自身价值的回归，最大限度地激发和调动各方积极性、主动性和创造性。政府要提高对"绿水青山"恢复和保护的补偿水平，健全生态考核奖励机制，逐步建立体现"两山"理念要求的目标体系、考核办法、奖惩机制，并将考核结果作为评价领导干部政绩、评优和选拔任用干部的重要依据。各地政府可以采取正向激励与反向倒扣的双重约束，提高全民参与的积极性，一方面不断注入资金和技术激发生态保护活力，另一方面通过法治建设，营造法治环境维护生态发展。总结提炼各地"两山"转化的典型做法，推广形成一批示范载体和模式。持续推进"绿水青山就是金山银山"实践创新基地评选，依托各地独特生态人文等特色资源优势，推动建设一批"两山"转化的示范样本，大力营造绿水青山就是金山银山的实践氛围。

（三）建立健全生态产品价值实现机制

习近平总书记指出："要积极探索推广绿水青山转化为金山银山的路径，选择具备条件的地区开展生态产品价值实现机制试点，探索政府主导、企业和社会各界参与、市场化运作、可持续的生态产品价值实现路径。"[①]

一是生态产品生产与生态环境保护相协调。所谓生态产品，是指在不损害生态系统稳定性和完整性的前提下，生态系统为人类生产生活所提供的物质和服务产品，主要包括物质产品供给、生态调节服务和生态文化服务等。生态产品的内涵决定了我们在生产生态产品的同时，要守住生态环境的安全边界，为生态系统留下休养生息的时间和空间，对自然进行"反哺"。决不能为了片面追求生态产品的经济价值，对生态系统进行无节制的开发与利用。要获得充足的生态产品，进而达成生态产品价值的可持续实现，必须彻底摒弃以牺牲生态环境换取一时一地经济效益的做法，努力协调好生态产品生产与生态环境保护的关系。

二是有为政府与有效市场相协同。推动生态产品价值实现是一项系统工程，需要政府主导和市场运作双轮驱动，充分调动全社会的积极性。一方面，政府

---

① 习近平：《在深入推动长江经济带发展座谈会上的讲话》，《求是》2019年第17期。

要在财政支持、政策引导、制度安排、平台搭建、市场监管和社会氛围营造等方面积极作为，发挥生态环境保护和修复的主体作用，从而为生态产品价值实现提供良好的条件与环境。另一方面，要进一步完善生态资产产权制度、生态产品价格形成机制和生态产品市场交易机制等，以充分发挥市场在生态资源配置中的决定性作用，不断提高生态产品价值实现的效率和效果。总之，推动生态产品价值实现，要用好政府这只"看得见的手"和市场这只"看不见的手"，做到有为政府与有效市场相协同。

三是遵循顶层设计与勇于探索创新相结合。2021年4月，中央办公厅、国务院办公厅印发了《关于建立健全生态产品价值实现机制的意见》，将"两山"理念落实到了制度安排和实践操作层面，确立了生态产品价值实现机制的四梁八柱，构成了推动生态产品价值实现的顶层设计，为各地推动生态产品价值实现提供了遵循。我国幅员辽阔，区域差异性大，不同地区有着不一样的资源禀赋、环境容量、生态状况等。各地应在遵循顶层设计的前提下，勇于探索创新，积极主动谋划，因地制宜地对生态产品进行开发与利用，大力拓展生态产品价值实现路径，激发"两山"转化活力，打通"两山"转化通道。正如习近平总书记所指出的："绿水青山和金山银山决不是对立的，关键在人，关键在思路。"

四是经营性生态产品与公共性生态产品相统筹。生态产品可分为经营性生态产品和公共性生态产品两种类型。与农产品、工业产品和服务产品等相类似，经营性生态产品有着明晰的产权，具有消费上的排他性和竞争性，所以易于交易。不同于经营性生态产品，公共性生态产品除了产权不易清晰界定，有着消费上的非排他性和非竞争性，往往还具有多重伴生性和自然流转性，所以难以交易。正因为如此，经营性生态产品的供给主体一般是企业，消费主体是部分人群；公共性生态产品的供给主体一般是政府，消费主体是广大的人民群众。当前，我国已进入新发展阶段，人民群众对优美生态环境的需要日益强烈，经营性生态产品生产与公共性生态产品生产缺一不可，统筹好二者的关系，是走高质量发展之路、坚持以人民为中心的必然要求。[①]

---

① 参见毛明芳《生态产品价值实现机制》，《中国环境报》2021年8月26日。

（四）建立绿色供应链体系

绿色供应链体系是"两山"理念实践转化的创新模式。绿色供应链是以绿色发展为引领，强调经济活动与环境保护的协调一致，通过打造供应端、物流端、数据端和消费端的闭合环链，实现种植、采购、运输、销售、回收再利用的绿色化、智能化，便捷化、精准化，让生产、服务企业获得最佳效益，让消费者第一时间享用到安全、优质、放心的优质生态产品。[①]

绿色供应链体系是在国家整体部署的决策下，秉承绿色发展理念，涵盖供应端、物流端、数据端和消费端为一体的全域绿色循环体系。它是实现供需精准匹配的桥梁，集合了绿色供应链各个环节之间协调优化、产业融合、协同创新的优势，同时又能确保产品销路畅通，市场有序竞争，利用大数据、人工智能等技术手段形成产品来源可查，去向可追、责任可究，形成各环节的良性绿色循环体系。

党的二十大吹响了以中国式现代化全面推进中华民族伟大复兴的号角，人与自然和谐共生是中国式现代化的重要内涵和本质特征。我们要深入领会和学习习近平生态文明思想，树立和践行"绿水青山就是金山银山"的理念，坚持保护优先、绿色发展，着力化解保护与发展的矛盾，扎实推进人与自然和谐共生的中国式现代化，早日实现美丽中国目标。

---

① 参见赵建军《绿色供应链是"两山"理念落地的创新模式》，《中国环境报》2020年7月7日。

坚持良好生态环境是最普惠的民生福祉

黄承梁*

引言 生态环境是人民群众生活的基本条件和社会生产的基本要素，关系着最广大人民群众的基本利益。生态环境的状况和质量，直接影响着人们的生存状态。生态环境保护得好，公民全体受益；生态环境遭到破坏，整个社会遭殃。生态环境的状况和质量左右社会的发展水平，决定国家和民族的兴衰成败。必须坚持良好生态环境是最普惠的民生福祉的观念，满足人民群众日益增长的优质生态产品需要。

进入新时代以来，我国社会主要矛盾发生改变，人民群众日益增长的生态环境需要得到满足与否逐渐成为衡量人民生活水平和质量高低的一个重要标志。习近平总书记指出："良好生态环境是最公平的公共产品，是最普惠的民生福祉。"[1]这一科学论断揭示了生态环境的公共和民生属性，是我党在新的历史条件下对民生思想的完善、丰富和发展。

一、良好生态环境是最公平的公共产品

我们应深入领会良好生态环境是最公平的公共产品的深邃内涵，把提供良好的生态环境作为党和政府基本公共服务的内容，实施绿色决策、科学决策，

---

* 黄承梁，中国社会科学院生态文明研究智库理论部主任，中国社会科学院习近平生态文明思想研究中心秘书长，兼任中国社会科学院生态文明研究智库–中共山东省委党校（山东行政学院）黄河研究院院长。主要研究领域为生态文明基本理论、习近平生态文明思想研究、环境与资源法学、哲学与社会发展学等。

① 《习近平关于全面深化改革论述摘编》，中央文献出版社2014年版，第107页。

转变发展理念，树立新的政绩观、发展观，全方位地满足人民群众日益增长的生态产品需要。

（一）良好生态环境是最公平的公共产品和最普惠的民生福祉

具有自然属性的生态产品在传统的农业社会是充裕的，在批量制造的工业社会则呈现数量锐减、质量退化、分布萎缩的态势。以资源环境为代价的规模化工业化大生产，满足了人们对农产品、工业品、服务产品的需求，但工业产品和服务缺乏生态属性或品质，易于产生破坏生态、污染环境，甚至危及人民群众身体健康的现象。①随着生态环境问题的日益严峻及其对社会生活影响的深化，生态环境的公共产品属性愈加突出，其作为一种特殊的公共产品比其他任何公共产品都更重要。第一，良好的生态环境意味着清洁的空气、干净的水源、安全的食品、丰富的物产、优美的景观；若遭破坏，则不论穷人、富人，均难免受害。第二，空气、水体、土壤质量的保持与维护具有强烈的外部性，要保护它们不受污染，就会与某些团体的经济利益产生冲突，从而发生"公地悲剧"，其最终结果就是整个国家乃至于整个人类的生存环境都会受到冲击甚至被完全破坏。

"最公平的公共产品"既强调了治理结果的重要性，也强调了治理过程的主体责任。一方面，生态环境根本好转是美丽中国的题中应有之义，对于整体提升民生福祉有基础性意义。另一方面，承担环境治理主体责任是各级政府的基本义务、重要功能。我们必须吸取先发国家的教训，提前规划，自觉地将绿色化要求贯穿经济社会发展全过程，实现低碳绿色发展。

（二）良好生态环境是党和政府必须提供的基本公共服务

要把生态文明建设放到更加突出的位置，这也是民意所在。党的十八大以来，以习近平同志为核心的党中央高度重视生态文明建设，我国生态文明建设发生了历史性、转折性和根本性变化。政治建设是生态文明建设的组织保障。

---

① 参见潘家华《提供生态产品 增值生态红利》，《经济参考报》2017年10月23日。

各级党委和政府要按照党的十九届四中全会关于建立、健全和完善生态文明制度体系的要求，加大生态文明建设的政策机制和制度保障，不断拓展和丰富生态产品的公共产品属性，从理念理论、认识认知、行为行动、实干实践着手，下大力气提供更多优质公共服务。

第一，把良好的生态环境作为党和政府必须提供的基本公共服务，是坚持以人民为中心的发展思想的根本要求，是全面发展和建设社会主义的内在要求。党的十八大以来，以习近平同志为核心的党中央坚持以人民为中心、以人为本的执政理念，把民生工作和社会治理工作作为社会建设的两大根本任务，高度重视、大力推进改革发展的成果更多更公平地惠及全体人民。坚持以人民为中心的发展思想，不仅主张人是发展的根本目的，回答了为什么发展、发展"为了谁"的问题，而且主张人是发展的根本动力，回答了怎样发展、发展"依靠谁"的问题。自古以来，中国就有"得民心者得天下"的说法，主张"天生万物，唯人为贵"。社会主义的主要原则是公正和平等，包括社会公平和环境公平，社会正义和自然正义。生态文明强调以"人–社会–自然"复合生态系统整体化良性运行为目标，要求通过社会关系调整和社会体制变革，改革和完善社会制度和规范，按照公正和平等的原则，建立新的人类社会共同体以及人与自然和谐共生的命运共同体。党的十九届四中全会就生态文明制度体系建设作出战略部署，要求加快建立健全以生态环境治理体系和治理能力现代化为保障的生态文明制度体系，使生态文明建设更加具有系统性、整体性、协同性，重要领域和关键环节改革取得突破性进展。如健全自然资源产权制，按照山水林田湖草沙冰系统治理思路实现对水流、森林、山岭、草原、荒地、滩涂等所有自然生态空间进行统一的确权登记；通过改革完善社会制度和规范，形成有利于生态文明建设的体制机制，使各级党委和政府以"良好生态环境是最公平的公共产品，是最普惠的民生福祉"为根本遵循，不断提高生态产品供给能力和普惠民生的能力，全面改善民生福祉。

第二，把良好的生态环境作为党和政府必须提供的基本公共服务，是以新发展理念为引领，树立新的政绩观、发展观的内在要求。过去很长一段时期，我们对发展的本质认识不够，在保护与发展的关系上存在认识误区；把环境保护与经济增长相互独立甚至对立起来，把发展简单地等同于GDP的增长；没有意识到生态产品同样是人类生存发展的必需品之一，也没有确立生态环境的自然价值和自然资本的概念；在开发利用自然环境与资源的过程中没能正确处理人和自然的关系，对人的行为缺乏约束，造成了生态环境的破坏。由于考核体系不完善，一些地方一味追求GDP，资源破坏浪费严重，重大污染事件频发。实践证明，不可能离开经济发展单独抓环境保护，更不能以破坏生态环境为代价去追求一时的经济发展。唯GDP的发展方式，有时会形成少数人得利而广大人民群众的共同利益受损、吃祖宗饭砸子孙碗的局面。所以，习近平总书记在参加河北省委常委班子专题民主生活会时明确指出："要给你们去掉紧箍咒，生产总值即便滑到第七、第八位了，但在绿色发展方面搞上去了，在治理大气污染、解决雾霾方面作出贡献了，那就可以挂红花、当英雄。反过来，如果就是简单为了生产总值，但生态环境问题越演越烈，或者说面貌依旧，即便搞上去了，那也是另一种评价了。"①

二、生态环境既是重大政治问题，也是重大社会问题

生态环境问题涉及政治、经济和社会，与人口、资源，特别是与民生紧密相连。习近平总书记指出："生态环境是关系党的使命宗旨的重大政治问题，也是关系民生的重大社会问题。"②《尚书》曰："道洽政治，泽润生民。"生态环境需要下大力气进行治理，要像对待贫困问题一样，坚定不移向低碳发展；一步一个脚印地持续推进生态文明建设，改善环境质量，让人民群众看到党和政府的决心，看到低碳发展的希望。

（一）生态环境是重大政治问题

党的十八大以来，习近平总书记就生态文明建设作了一系列重要论述，作出一系列顶层设计、制度安排和决策部署，深刻、系统、全面地回答了我国生

---

① 《习近平关于全面深化改革论述摘编》，中央文献出版社2014年版，第107页。
② 习近平：《推动我国生态文明建设迈上新台阶》，《求是》2019年第3期。

态文明建设发展面临的一系列重大理论和现实问题，为我们建设美丽中国提供了根本遵循。2019年3月，在参加十三届全国人大二次会议内蒙古代表团审议时，习近平总书记论述了生态文明建设的"四个一"定位：在"五位一体"总体布局中，生态文明建设是其中一位；在新时代坚持和发展中国特色社会主义基本方略中，坚持人与自然和谐共生是其中一条基本方略；在新发展理念中，绿色是其中一大理念；在三大攻坚战中，污染防治是其中一大攻坚战。"四个一"体现了我们党对生态文明建设规律的把握，体现了生态文明建设在新时代党和国家事业发展中的地位，体现了党对建设生态文明的部署和要求，凸显出生态问题在新时代的政治地位。

生态文明建设是"五位一体"中国特色社会主义事业总体布局的重要组成部分。"五位一体"是整体性战略部署，既与中国特色社会主义的全面发展、全面进步的属性相关，也与社会主义和生态文明高度一致；生态文明建设内在地、逻辑地统一于社会主义的本质之中。新时代我国社会主要矛盾已经转化为人民日益增长的美好生活需要和不平衡不充分的发展之间的矛盾，把生态文明建设纳入中国特色社会主义建设"五位一体"总体布局，包含着对解决这一矛盾的战略考量。

党的十九大报告在"新时代中国特色社会主义思想和基本方略"部分专门论述了生态文明建设的战略部署，要求坚持人与自然和谐共生，牢固树立和践行"绿水青山就是金山银山"的理念，坚定走生产发展、生活富裕、生态良好的文明发展道路。人与自然是冲突的还是和谐的，是矛盾的还是共生的，是需要回答的重要问题。中华民族始终存在着关注宇宙、关注人与自然和谐的民族基因和生态基因。中华传统文化的主流精神如天人合一、道法自然，始终是两千多年来中国人特有的宇宙观，特有的价值追求以及处理天地之间、天地人之间、人与自然之间关系的独特方法，至今仍能为人与自然和谐共生提供有益的借鉴。

创新、协调、绿色、开放、共享是党的十八届五中全会确立的我国需要长期坚持的新发展理念。这一理念和生态文明建设内在地统一，是生态文明建设的方法论和战略举措；生态文明建设则是新发展理念的一个战略目标。如，就坚持创新发展而论，从根本上说，绿色科技、绿色技术、绿色生产工具和绿色产业的创新性变革，是构建生态文明经济体系的决定性因素，创新才是绿色生态技术形成的前提和根本。从更高的战略上来看，坚持绿色发展，同样是社会主义现代化的内在要求和必然属性。新时代，以经济建设为中心必然是坚持以绿色化的经济建设为中心，这是改革开放40多年来我国经济社会发展的基本经验。

（二）生态环境是重大社会问题

当前，生态环境问题，特别是大气、水、土壤污染问题，依然是新发展阶段需要严肃对待的问题。以拼资源要素为主要特征的高消耗、高投入、粗放型增长模式已不可持续，西方发达国家在上百年工业化过程中分阶段出现的环境问题，在我国更是以"时空压缩"的方式集中呈现出来。今天的环境问题已经使我们站在生态环境承载力的临界点、环境阈值的最高点。资源约束趋紧、环境承受力脆弱、生态系统退化的形势十分严峻，已成为制约经济社会可持续发展、事关社会和谐稳定的重大因素，也是影响人民群众获得感、幸福感、安全感的重大因素。食物丰足了，但吃的不安全了；城市繁华了，但空气污染了。习近平总书记深刻指出："人民群众对环境问题高度关注，可以说生态环境在群众生活幸福指数中的地位必然会不断凸显"[1]；"把生态文明建设放到更加突出的位置。这也是民意所在。人民群众不是对国内生产总值增长速度不满，而是对生态环境不好有更多不满。我们一定要取舍，到底要什么？"[2]

必须坚持生态环境是重大社会问题的基本定位，让人民群众有更多获得感和幸福感。如果说经济建设、社会发展的最终目标是造福百姓，让人民群众提升幸福感，实现民生福祉最大化，那么生态文明建设则在提升百姓幸福感方面更加直接有效。当前，经济发展进入新常态，环境公共服务供需矛盾亟待解决。我国主要污染物和二氧化碳排放处于高平台期，产业结构与能源结构战略性调整尚未完成，环境压力依然超过环境承载。"十四五"时期，绝大部分污染物排放量都将跨越"峰值"，

---

[1] 《习近平关于全面建成小康社会论述摘编》，中央文献出版社2016年版，第168页。
[2] 《习近平关于社会主义生态文明建设论述摘编》，中央文献出版社2017年版，第83页。

生态系统可望得到改善。人民群众对环境质量与环境健康安全的要求越来越高，环境质量与人民群众的预期之间，差距将可能进一步拉大。只有不断满足人民群众对生态环境质量的需要，不断夯实经济社会发展的生态基础，才能实现真正意义上的全面小康，让人民群众对美好幸福生活的梦想成真。

（三）坚持在发展中解决生态环境问题

生态环境问题也是一个局部与整体、眼前与长远的关系问题。生态环境问题表现在东部与西部、城市与农村、近郊与远郊，海洋与陆地、地上和地下、岸上和岸下各个方面，越来越呈现出复杂的格局。中国目前所要应付的挑战，接近于西方发达国家在过去100多年里所遇到的困难的总和。由于问题的极端特殊性和复杂性，没有任何一个国家的成功经验可以帮助我们解决当前问题。这种复杂性和历史使命的特殊性对于我们来说，既是一个巨大压力，一种严峻的挑战，也是前进的动力。

从唯物史观视野看，生态环境问题本质也是发展问题。这是因为，从整体上维护人的发展与自然生态系统的动态平衡，实现经济社会发展与环境保护和谐共生，是人类社会诞生以来亘古不变的永恒主题；只是在人类社会发展进步的不同阶段，主要矛盾和次要矛盾的主要表现形式、矛盾的主要方面和次要方面的相互转换形态不同而已。经济要发展、生态环境要保护，绿水青山和金山银山都是人类经济社会发展的重要因素，不可偏颇。衣食住行是人类生存的基本需要，怎样得到满足，归根结底看生产什么、如何生产、如何流通和如何分配。可以说，物质财富和经济发展是人类社会一直致力追求的目标。发展是第一位的，但理解什么是发展以及如何实现发展，则是我们开展各项工作和采取正确行动的关键。古人讲，民生在勤，勤则不匮。马克思唯物史观始终认为，社会财富的创造和积累，是通过人类的辛勤劳动，从大自然中创造而来。我们要辩证地对待发展和环境保护问题，二者不可偏废。发展在当代中国仍是党执政兴国的第一要务。恰如习近平总书记所指出："只要国内外大势没有发生根本变化，坚持以经济建设为中心就不能也不应该改变。这是坚持党的基本路线100

年不动摇的根本要求，也是解决当代中国一切问题的根本要求。"①新时代社会主义生态文明建设进程中突出的资源、环境和生态问题，必须依靠发展，特别是通过创新发展和绿色发展来解决。要在发展中保护，在保护中发展；实现人与自然和谐的美好状态，达到经济、生态、社会价值的最大化。同时，新时代也赋予发展新的内涵。过去认为生产农产品、工业品、服务产品才是经济活动，才是发展。现在，清新的空气、清洁的水源、舒适的环境越来越成为稀缺的生态产品。②这也为发展打开了新的视野。

三、提供更多优质生态产品，不断满足人民日益增长的优美生态环境需要

新时代，人民群众对生态产品提出了新的更高的要求，我们必须顺应人民群众对优美生态环境的期待，把提供生态产品作为发展的应有内涵，为人民提供更多蓝天净水。党的十九大报告指出，我们要建设的现代化是人与自然和谐共生的现代化，既要创造更多物质财富和精神财富以满足人民日益增长的美好生活需要，也要提供更多优质生态产品以满足人民日益增长的优美生态环境需要。

现代化是世界发展的大势，人与自然和谐共生是现代化发展的不竭动力和力量源泉，生态文明是人类文明发展到更高阶段的体现。要牢固树立生态红线观念，坚持"山水林田湖是一个生命共同体"的战略指导思想，坚持"绿水青山就是金山银山"的绿色发展理念，围绕实施"增量"和"提质"，保护和修复自然生态系统，扩大森林、湖泊、湿地面积，在重点生态功能区、重大生态工程区和各类自然保护地，实施生态系统质量提升工程；着力解决群众反映强烈的突出环境问题。以生态产品品种多样、服务品质提升为导向，增加清洁空气、洁净饮水、良好气候、优美环境、放心食品等优质生态产品和生态质量的有效供给；优化生态保护的体制机制，从制度层面进行设计，探求维护生态系统整

---

① 《习近平谈治国理政》第1卷，外文出版社2018年版，第153页。
② 参见黄承梁《树立和践行绿水青山就是金山银山的理念》，《求是》2018年第13期。

体功能、增强生态产品持续供给能力的体制机制。

（一）划定生态红线、严守生态底线、扩大生态空间，牢固树立生态红线的观念

生态红线是为维护国家或区域生态安全和可持续发展，根据生态系统完整性和系统性的保护需求，划定的须实施特殊保护的区域。生态红线主要分为重要生态功能区、陆地和海洋生态环境敏感区（脆弱区）和生物多样性保育区等。习近平总书记既高度重视推动全社会树立生态红线理念，提出"要牢固树立生态红线的观念。在生态环境保护问题上，就是要不能越雷池一步，否则就应该受到惩罚"。同时，他也强调理念落实的重要性及路径，指出"要精心研究和论证，究竟哪些要列入生态红线，如何从制度上保障生态红线"[1]。如就陕甘宁革命老区的发展，他强调，"推动陕甘宁革命老区发展，必须结合自然条件和资源分布，科学谋划、合理规划，在发展中要坚决守住生态红线，让天高云淡、草木成荫、牛羊成群始终成为黄土高原的特色风景"[2]。我们要按照人口资源环境相均衡、经济社会生态效益相统一的原则，整体谋划国土空间开发，统筹人口分布、经济布局、国土利用、生态环境保护，科学布局生产空间，给自然留下更多修复空间，给农业留下更多良田，给子孙后代留下天蓝、地绿、水净的美好家园；坚定不移实施主体功能战略，严格实施环境功能区划，严格按照优化开发、重点开发、限制开发、禁止开发的主体功能定位，在重要生态功能区、陆地和海洋生态环境敏感区、脆弱区，规定并严守生态红线，构建科学合理的城镇化推进格局、农业发展格局、生态安全格局，保障国家和区域生态安全，提高生态服务功能。

生态红线是国家生态安全的底线和生命线，这个红线不能突破，一旦突破必将危及生态安全、人民生产生活和国家可持续发展。在生态红线作为空间概念的背景下，划定红线区是保护一个区域生态底线的重要手段。在划定的红线

---

[1] 《习近平关于全面建成小康社会论述摘编》，中央文献出版社2016年版，第167页。

[2] 《把革命老区发展时刻放在心上——习近平总书记主持召开陕甘宁革命老区脱贫致富座谈会侧记》，《人民日报》2015年2月17日。

区，水、土地、森林、能源等资源的开发利用都应受到严格的保护。此外，在生态红线作为数值概念的背景下，底线是确定红线的重要基础。生态环境领域一般应选取其承载力的极限值作为底线。由于底线一旦被突破，局面将无法挽回，需要利用政策法规予以保障。由于底线具有一定的弹性，在一些生态环境保护与资源利用状况较好的地区，一些指标的底线标准相对较高，红线也相应较高。而对于一些生态环境破坏严重与资源利用状况较差的地区，一些指标底线与红线也可以在一个时期内采取"只能更好、不能变坏"的标准。但无论哪种情况，底线值是确定红线值的重要基础。

（二）实施系统修复治理，提升生态系统服务功能

"山水林田湖是一个生命共同体。"[1]在自然界，任何生物群落都不是孤立存在的，它们总是通过能量和物质的交换与其生存的环境不可分割地相互联系、相互作用着，共同形成一种统一的整体，这样的整体就是生态系统。人类社会的一切活动都离不开自然界和自然生态系统。生态平衡是整个生物系统维持稳定的重要条件，为人类提供适宜的环境条件和稳定的物质资源。山水林田湖草之间是互为依存又相互激发活力的复杂关系。森林、湖泊、湿地是天然水库，具有涵养水量、蓄洪防涝、净化水质和空气的功能，是良好生态产品的"母体"；如果其中某一成分变化过于剧烈，就会引起一系列的连锁反应，使生态平衡遭到破坏。习近平总书记深刻指出：水稀缺，"一个重要原因是涵养水源的生态空间大面积减少，盛水的'盆'越来越小，降水存不下、留不住"[2]。"如果再不重视保护好涵养水源的森林、湖泊、湿地等生态空间，再继续超采地下水，自然报复的力度会更大。"[3]"森林是陆地生态系统的主体和重要资源，是人类生存发展的重要生态保障。不可想象，没有森林，地球和人类会是什么样子。"[4]

党的十八届五中全会提出，"筑牢生态安全屏障，坚持保护优先、自然恢复

---

[1]　习近平：《关于〈中共中央关于全面深化改革若干重大问题的决定〉的说明》，《人民日报》2013年11月16日。

[2]　慎海雄主编《习近平改革开放思想研究》，人民出版社2018年版，第265页。

[3]　慎海雄主编《习近平改革开放思想研究》，人民出版社2018年版，第265页。

[4]　《习近平谈治国理论》第1卷，外文出版社2018年版，第207页。

为主，实施山水林田湖生态保护和修复工程，开展大规模国土绿化行动，完善天然林保护制度，开展蓝色海湾整治行动"①。实施山水林田湖生态保护和修复工程，提升生态环境的系统稳定性。一是要以山水林田湖生命共同体来打造人与自然的生命共同体。人类是生态系统生命共同体的一个成员，只有遵循自然规律才能有效防止在开发利用自然上走弯路。二是贯彻落实党的十九届四中全会中关于生态文明制度体系建设精神和要求，要按照山水林田湖草系统治理思路实现对山岭、水流、森林、草原、荒地、滩涂等所有自然生态空间统一的确权登记，形成归属清晰、权责明确、监管有效的自然资源资产产权制度。从政府公共职责角度看，要逐步健全国家自然资源资产管理体制，稳步推进诸如水流和湿地产权等确权试点。从市场机制看，要使生态产品体现市场价值：一方面，要使市场供求和资源稀缺程度反映生态产品的市场价格；另一方面，要使生态产品体现基于对生态系统影响所实现的生态价值。

（三）系统提升生态产品的量与质的供给

"绿水青山就是金山银山"是习近平生态文明思想的关键理念，是绿色发展理论的创新。这一理念表明，生态就是资源，生态就是生产力。长期以来，我们习惯把人和生产工具这两个因素当作社会生产力，并把生产力理解为人们征服和改造自然的能力。但马克思主义经典作家从未把自然生态环境排除在社会生产力的组成要素之外。马克思在《资本论》中就用"劳动的各种社会生产力""劳动的一切社会生产力""劳动的自然生产力"等概念阐明生产力的丰富内涵。马克思的生产力概念不仅包括人的劳动和创造力，还包括作为人类生存依托和劳动对象的自然界。随着人类走向生态文明新时代，生态环境所涉及的方方面面无不与生产力有关，生态环境越来越成为重要的生产力。习近平总书记曾深刻指出，发展应当是经济社会在整体上的全面发展，在空间上的协调发展，在时间上的持续发展。"绿水青山就是金山银山"蕴含着绿色生态是最大财富的深刻道理：自然生态是民生福祉基本的、不可或缺的必需品。我们的生命离不

---

① 本书编写组：《新时代　新理论　新征程》，人民出版社2018年版，第149页。

开绿色宜人的自然生态环境，必须像对待生命一样对待生态环境。我们曾经的"靠山吃山""有水快流"的做法，破坏了绿水青山，造成绿水青山供给的严重不足，影响了社会经济发展和民生福祉。绿水青山在供给短缺的情况下，胜过金山银山。绿水青山可以开发利用，变成生态资产转换为金山银山，但金山银山在许多情况下并不能够转换为绿水青山。习近平总书记在深入推动长江经济带发展座谈会上强调，要积极探索推广绿水青山转化为金山银山的路径，选择具备条件的地区开展生态产品价值实现机制试点，探索政府主导、企业和社会各界参与、市场化运作、可持续的生态产品价值实现路径。探索生态产品价值实现，是建设生态文明的题中应有之义，也是新时代提供更多优质生态产品，不断满足人民日益增长的优美生态环境需要的基本路径。我们要以"两山"理念为指导，坚持经济生态化和生态经济化基本实践道路，着力推动绿水青山常在，使自然界和自然生态系统持续不断提供优质生态产品，使人与自然和谐共生。

生态资产的存量和质量水平决定工业化社会化的产品生产和服务提供的效率。生态产品的生产和服务提供都是对社会化大生产投入要素数量和品质的保护。自然不仅是人类直接消费的必需品，也是物质财富和精神产品的原材料。其存量和质量，直接影响社会化大生产的工业品、农业品和服务产品的生态属性和品质，人类直接需要的生态产品和服务，从而影响人类福祉。这正是环境就是民生，环境是最普惠的民生福祉的理由所在。生态资产存量高、质量好，生产成本低，产品质量好，市场需求大，社会生产力也就高。随着生态产品的生产和服务提供生产力的提升，释放的、增值的是生态红利。所谓生态红利，是指生态产品以及具有生态属性、品质的产品生产和服务提供所带来的就业增量、经济增长和民生福祉提高，以及在此基础上形成的可持续的生态友好的社会收益。生态红利主要源自生态资产的保值增值、生态负债的减少而提升的生产力所形成的社会收益。生态资产保值增值所能够形成的增长点包括自然生态产品和服务（如天蓝、地绿、水净、生物多样性）的数量和品质的供给增加，以及由此得到提升的民生福祉（如健康、旅游）和社会收益。良好的生态环境是最基础最普惠的民生福祉。具有生态属性的产品和服务虽然在当前很大程度上是中高端收入群体的消费品，但终将不断进入寻常人家。

第六讲

山水林田湖草是生命共同体

宋昌素[*]

引言 2018年5月18日，习近平总书记在全国生态环境保护大会上指出："山水林田湖草是生命共同体。生态是统一的自然系统，是相互依存、紧密联系的有机链条。人的命脉在田，田的命脉在水，水的命脉在山，山的命脉在土，土的命脉在林和草，这个生命共同体是人类生存发展的物质基础。"2018年6月16日，《中共中央 国务院关于全面加强生态环境保护 坚决打好污染防治攻坚战的意见》将"坚持山水林田湖草是生命共同体"作为习近平生态文明思想的核心要义之一，提出"必须按照系统工程的思路，构建生态环境治理体系，着力扩大环境容量和生态空间，全方位、全地域、全过程开展生态环境保护"。2019年10月31日，党的十九届四中全会审议通过《中共中央关于坚持和完善中国特色社会主义制度 推进国家治理体系和治理能力现代化若干重大问题的决定》，将"统筹山水林田湖草一体化保护和修复"确定为我国生态保护和修复制度的主要思路。"坚持山水林田湖草是生命共同体""坚持山水林田湖草沙一体化保护和系统治理"表明了习近平生态文明思想关于生态文明建设的系统治理观。

习近平总书记强调，要从系统工程和全局角度寻求新的治理之道，不能再是头痛医头、脚痛医脚，各管一摊、相互掣肘，而必须统筹兼顾、整体施策、多措并举，全方位、全地域、全过程开展生态文明建设。[①] "山水林田湖草是生

---

* 宋昌素，中共中央党校（国家行政学院）社会和生态文明教研部讲师。主要研究领域为习近平生态文明思想、生态产品价值核算及其政策创新应用。

① 习近平：《推动我国生态文明建设迈上新台阶》，《求是》2019年第3期。

命共同体"是系统治理思想的充分体现，是对生态治理九龙治水、条块分割、权责不明的管理现状的突破，具体要求是开展山水林田湖草沙一体化保护和系统治理。

一、山水林田湖草沙一体化保护和系统治理的科学探索

工业革命以来，人类活动对自然环境的干扰强度不断增加，生态系统退化，生物多样性丧失，生态产品供给能力下降，给人类的生存和发展带来严峻挑战。在生态修复的过程中，保证生态产品供给是根本方向。国际上提出用基于自然的解决方案（nature-based solution，NbS）[①]来保护生态，可持续地管理生态，恢复生态系统，应对生态环境挑战和社会挑战。基于自然的解决方案是保护、可持续管理和恢复自然的和被改变的生态系统的行动，能有效和适应性地应对社会挑战，同时提供人类福祉和生物多样性效益，与我国坚持山水林田湖草是生命共同体及节约优先、保护优先、自然恢复为主的生态文明建设理念是高度一致的。

（一）山水林田湖草沙一体化保护和系统治理的局部探索

新民主主义革命时期，生态环境保护需要支撑战争和政权。在唯物辩证法的指导下，毛泽东既强调生态系统内的系统治理观念，也强调生态系统与其他产业的结构性关系。一方面，"山水林田"的生态系统治理思想源自毛泽东对自然各要素的科学把握和对马克思主义普遍联系观点的科学运用，强调"山水林田"各要素内部情况对整体生态系统的重大影响，以及生态系统内部各要素关系对外部环境的重大影响；提出对江河、湖溪、森林、牧场和大山林等天然具

---

① 基于自然的解决方案（nature-based solution，NbS）这一理念最早出现于2008年世界银行发布的报告——《生物多样性、气候变化和适应：世界银行投资中基于自然的解决方案》，强调保护生物多样性对气候变化减缓与适应的重要性。2009年，世界自然保护联盟（International Union for Conservation of Nature，IUCN）在提交给联合国气候变化框架公约（United Nations Framework Convention on Climate Change，UNFCCC）第15届缔约方大会的报告中，将基于自然的解决方案定义为"通过保护、可持续管理和修复自然或人工生态系统，从而有效和适应性地应对社会挑战，并为人类福祉和生物多样性带来益处的行动"。

有公共属性的自然资源进行统一管理，将统一管理与个人使用结合起来，避免各行为主体在相互牵制、推诿中破坏环境。另一方面，在新民主主义革命的艰苦背景下，毛泽东始终将"山水林田"治理作为农业生产和人民生活的重要条件，使其有利于供给战争、巩固工农联合、保证无产阶级领导、保证国营经济领导等，因此他相当重视"山水林田"的系统治理。

（二）山水林田湖草沙一体化保护和系统治理的全面探索

社会主义革命和建设时期，"山水林田"系统治理不再局限于社会主义农业建设，逐渐向支撑社会主义经济建设和整体建设的方向发展。"山水林田"治理问题仍主要讨论山、水、林之间的不平衡关系可能对"田"带来水土流失的问题。中华人民共和国的成立使"山水林田"治理思想逐渐成为经济社会发展理念的重要环节，开始在农业以外的各建设领域发挥更大作用，将山林、矿藏等因素归为"社会主义建设所需要的重要因素"。毛泽东提出"三三制"①，开始在实践上探索自然生态环境与经济社会发展整体性的哲学关系，"山水林田"和"农林牧渔"的内在关系问题在这一时期已经得到确认。这一时期提出了一个在更大范围内对生态环境进行系统治理的设想，即统筹地区耕地、森林和水域的关系，保持三者的和谐平衡，最终促进生产增长、自然风光存续，以及生态系统和谐可持续。

（三）山水林田湖草沙一体化保护和系统治理的制度探索

改革开放和社会主义现代化建设新时期，随着《中华人民共和国环境保护法》《中华人民共和国森林法》《中华人民共和国草原法》等法律的颁布，"山水林田湖草沙"生态系统治理思想在制度建设上得到了重大发展。这一时期的"山水林田"治理思想没有在外延上拓展，但在制度上进行了大量探索，为中国特色社会主义生态文明建设打下了坚实的基础。国家继续强调以系统理念推进自

---

① "三三制"指的是"耕作三三制"。1958年，毛泽东在审阅《中共中央关于人民公社若干问题的指示（第一次草稿）》时建议："五年内实行耕作三三制，即是三分之一的耕地种作物；三分之一的耕地休闲，种牧草、肥田草和供人观赏的各种美丽的千差万别的花和草；三分之一耕地种森林。每处要有大小水塘或水库，其中有鱼类、虾蟹、水生植物之类。"

然条件恶劣地区的经济社会建设和生态环境治理。"山水林田"治理思想的制度化趋势明显，党和国家领导人希望在制度层面推进自然生态环境的整体化、系统化治理，调和政治经济社会系统和自然生态系统之间的矛盾。全国环境保护大会是生态文明建设领域重要的制度性设计，对"山水林田湖草沙"生态系统治理思想的制度探索有着重要积极的意义。1983年，第二次全国环境保护会议将环境保护确立为基本国策，推出了以合理开发利用自然资源为核心的生态保护策略，防止对土地、森林、草原、水等自然资源的破坏，保护生态平衡。1996年，第四次全国环境保护会议提出依法保护和合理开发土地、淡水、森林、草原、广场等资源，加强水土保持、防风治沙、"三化"草地、农药治理和湿地保护等重点环境工程，理顺了保护与发展之间的辩证关系。2002年，第五次全国环境保护会议强调环境保护工作是政府的重要工作职能，加强风沙及水源治理，扩大退耕还林还草，加快荒山荒地治理进程，推进了生态系统治理目标责任制的建设。2006年，第六次全国环境保护大会强调环境保护责任制、环境监管体系、区域开发和保护政策等制度的落实和发展。全国环境保护会议为生态系统的保护策略、权责体系、区域开发政策等系统治理的必要制度构建打下了坚实基础。随着制度性探索的推进，"山水林田湖草沙"治理开始向综合治理的方向发展。

（四）山水林田湖草沙一体化保护和系统治理的深化落实

中国特色社会主义进入新时代以来，以习近平同志为核心的党中央继续全面探索"山水林田湖草沙"在流域、区域和国家治理中的重要作用，在思想上贯彻系统思维，在实践中构建了"山水林田湖草沙"的制度体系和机构设置，全面提升了"山水林田湖草沙"治理的系统性、执行力和完成度。在认识上，"山水林田湖草沙"治理思想得到了系统性的总结。习近平生态文明思想为山水林田湖草沙一体化保护和系统治理奠定了科学的理论基础。"山水林田湖草沙"系统治理思想的诞生，是为了解决"生态系统整体性"和"行政区划独立性"之间的矛盾，引导生态治理格局从"职能导向型"转向"问题导向型"，以"生态区划"结合"行政区划"，从简单地提升绿化率转向生态系统服务提升为目标，从生物控制为主转向生态屏障构建为导向，从工程建设主导生态修复转向区域生态空间管控。2013年11月9日，习近平总书记在《关于〈中共中央关于全面深化改革若干重大问题的决定〉的说明》中指出，"山水林田湖是一个生命共同体"。2017年7月19日，习近平总书记主持召开中央全面深化改革领导小组第三十七次会议，通过《建立国家公园体制总体方案》，提出"山水林田湖草是一个生命共同体"。2021年3月5日，习近平总书记参加十三届全国人大四次会议内蒙古代表团审议，强调"统筹山水林田湖草沙系统治理，这里要加一个'沙'字"。2021年6月7日，习近平总书记在青海考察调研时，肯定青海省统筹推进山水林田湖草沙冰系统治理工作，指出"我注意到你们加了个'冰'字，体现了青海生态的特殊性。这个'冰'字也不是所有地方都可以加的"。从以上历史过程可见，深入实施山水林田湖草沙一体化生态保护和修复的理论内涵和实践外延是不断扩大和拓展的，丰富了习近平生态文明思想的理论体系。这要求我们在深入实施山水林田湖草沙一体化生态保护和修复过程中，加强两个方面的考量：首先要科学掌握好系统思维，深刻领会人与自然之间唇齿相依的共生关系以及山水林田湖草沙系统统筹优化对人类健康生存与永续发展的意义，从整体与部分的相互作用过程来认识和把握山水林田湖草生命共同体；其次要充分考虑生态治理的地区差异性，以生态适宜性为前提，坚持因地制宜、科学规划、分类施策，针对不同生态区域的自然禀赋和经济社会发展状况，有的放矢地实施宜封则封、宜造则造、宜保则保、宜用则用、宜乔则乔、宜灌则灌、宜草则草、宜田则田的针对性政策。

二、山水林田湖草沙一体化保护和系统治理的科学依据

山水林田湖草生命共同体是一个大的生态系统，是由山、水、林、田、湖、草等多种要素构成的有机整体，是具有复杂结构和多重功能的统一系统。生态系统的整体性是其发挥其功能效益，为人类提供优质生态产品的基础。

（一）自然生态各要素相生相依

在山水林田湖草生命共同体中，山、水、林、田、湖、草代表各类不同生

态系统。"山"代表山地生态系统，是一种具有山地属性的无机生态环境与其中各类生物有机体共同组成的自然综合体，也可以说是一类地貌性生态系统。山地生态系统的地形地势、土壤质地、水文条件、气候因子和植被类型决定了其脆弱性和敏感性，极易因人类不合理的开发活动而导致水土流失、生态失衡等生态问题，恢复起来难度也更大。"水"代表以水资源为主导因素的湿地生态系统，不仅为人类生存发展提供了丰富的淡水资源、食物、原材料，还发挥着航运、灌溉、景观等重要作用。古代埃及、古代巴比伦、古代印度、古代中国四大文明古国均发源于水量丰沛的大河流域。从这个角度来看，水资源甚至主导着文明的兴衰。"林"代表森林生态系统，以乔木为主，包括灌丛、草本、苔藓等植物和动物、微生物以及其他非生物因子，是生态文明建设的主体和主力军。森林生态系统提供的生态系统服务包括木材、食物等生态物质产品，水源涵养、污染物净化、土壤保持、固碳释氧、生物多样性保护等调节服务产品和休闲游憩、宗教灵感等文化服务产品，具有巨大的经济效益、生态效益和社会效益。"田"代表农田生态系统，是以自然生态过程为基础的重要的人工生态系统，也是人类最早创造的人工生态系统，承担着重要的农产品生产供给功能，提供人类生存和发展所必需基础物质原料，对保障粮食安全具有重要的支撑作用。同时农田生态系统还具有丰富的调节服务功能和文化服务功能，包括水源涵养、土壤保持、防风固沙以及观光游览等，与其他生态系统一样发挥着重要的生态作用。"湖"代表湖泊生态系统，具有集水、蓄水、净水的功能，与水资源的关系最为密切，也受到河流生态系统和沼泽生态系统的影响，在水资源调节和洪水调蓄中发挥着不可替代的作用，也是迁徙鸟类等野生动物的重要栖息地。"草"代表草地生态系统，是最基础的生产者，是我国生态文明建设的重要组成部分。草地生态系统是人类生存发展的重要物质资源，是畜牧业发展的基础，游牧文化的重要载体，众多珍稀濒危野生动物的栖息地，在应对气候变化、保护生物多样性、维持生态平衡和稳定等方面发挥着重要作用。以草地为主的城市绿地是城市生态空间的重要组成部分，提高了减缓内涝、净化环境、休闲娱乐和野生动物栖息地等优质生态产品的供给能力，在城市生态建设中发挥着积极的作用。山水林田湖草生命共同体包括但不限于以上这些要素和生态系统，还包括海洋生态系统、荒漠生态系统、冰川生态系统、城市生态系统等，重点是强调生态系统各要素之间、不同生态系统之间具有相互影响、相互制约、相互作用的哲学关系，是具有整体性的。

（二）整体性是山水林田湖草生命共同体的核心属性

山水林田湖草各要素组成一个互为依托、互为基础、不可分割的生命共同体。生态整体主义的核心对象是生态系统、生命共同体自身或其亚系统，而不是某个个体成员，它体现的是整体论的观念。山水林田湖草生命共同体揭示的自然各要素之间的紧密联系和整体性特征，指生态系统的整体性与物种的多样性及其协调的关系，它们之间都有着直接或间接的联系，相互协调，共同作用。整体性包括生态系统组成要素的整体性、结构的整体性、功能的整体性等，对生态系统管理的完整性提出要求。生态系统组成要素包括非生物因子、生产者、消费者和分解者，如果其中一个要素遭到破坏，其他要素也会受到影响，从而破坏生态系统的完整性。"整体"是对系统而言，还体现在全部系统的结构特征。生态系统结构是生态系统内各要素相互联系相互作用的方式，包括生态系统的空间结构、时间结构和营养结构。生态系统结构决定生态系统过程，生态系统过程影响生态系统服务功能，生态系统服务功能也反作用于生态系统过程和生态系统结构。因此，生态系统的整体性还表现为功能的整体性。生态系统提供了多种不同的生态系统服务功能，需要进行多目标的综合管理。生态系统管理将人类社会需求、经济需求整合到生态系统中，要求从总体环境过程出发，利用生态学、社会学和管理学原理来管理生态系统的生产、恢复或维持生态系统整体性和长期的功益和价值。

（三）生态系统是人类生存发展的基础

"山水林田湖草是一个生命共同体"是"人与自然是生命共同体"的一个构成部分。"人"是这个生命共同体中不可或缺的重要因素，也是事实上的主导因素。"人的命脉在田，田的命脉在水，水的命脉在山，山的命脉在土，土的命脉在树。"习近平总书记用"命脉"把人与"山水林田湖草生命共同体"各要素联系在一起，生动形象地阐述了人与自然、自然与自然之间唇齿相依、共存共荣的一体化关系。复合生态系统理论是山水林田湖草生命共同体理论的核心支撑。依托复合生态系统，山水林田湖草生命共同体理论将"人的因素"纳入生命共同体和生态保护修复对策与应用技术体系中。山水林田湖草这个生命共同体是人类生存和发展的物质基础，是建设人与自然和谐共生现代化的根本保障。山水林田湖草生命共同体提供的生态系统服务是人类从自然获得的惠益，是人类福祉的基础（见图6-1）。

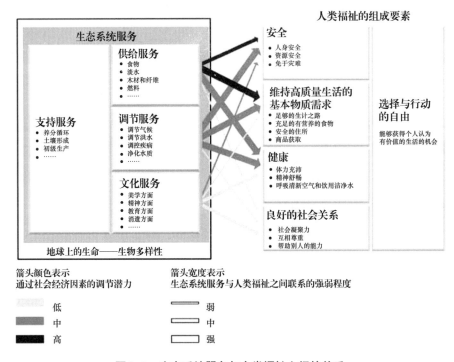

图6-1　生态系统服务与人类福祉之间的关系

　　山水林田湖草生命共同体建设的最终目标是处理人与自然之间的矛盾，确保人类行为对生命共同体的不利影响能够降到最低甚至被消除，实现人类生存发展的需求与山水林田湖草生态保护修复的目的和谐统一，促进人与自然和谐共生。生态文明建设是一项系统工程，要统筹治理"山水林田湖草生命共同体"，需要系统把握"社会-经济-自然"的本质规律，深刻把握自然各要素之间的复杂关系以及人与自然要素之间的紧密联系，深刻领会人因自然而生的道理，促进人与自然和谐共生，实现社会、经济与自然协调发展。

第一部分
理论指导篇

第六讲　山水林田湖草是生命共同体

三、山水林田湖草沙一体化保护和系统治理的中国实践

多年来，中国开展了一系列卓有成效的山水林田湖草沙一体化保护和系统治理。尤其是党的十八大以来，我国实施全国重要生态系统保护和修复重大工程，构建以"两屏三带"及大江大河重要水系为骨架的国家生态安全战略格局，以国家公园为主体的自然保护地体系；统筹规划水环境、水生态、水资源、水安全、水文化和岸线等多方面的有机联系，开展流域上中下游、江河湖库、左右岸、干支流协同治理，扎实推进大江大河流域整体性保护和系统性治理，取得了举世瞩目的成绩。

（一）深入实施山水林田湖草一体化生态保护和修复

党的十八大以来，我国生态治理有机地融合已有的国家重大生态工程，以及区域水土流失、荒漠化、石漠化综合治理工程，更加注重生态系统的整体性和系统性，开展山水林田湖草沙系统保护和修复，继续实施重要生态系统保护和修复重大工程，扎实落实了人类生存发展与山水林田湖草生命共同体和谐发展的生态文明理念。2016年，财政部、国土资源部、环境保护部印发了《关于推进山水林田湖生态保护修复工作的通知》，指出山水林田湖生态保护修复的重点内容包括：（1）实施矿山环境治理恢复。积极推进矿山环境治理恢复，突出重要生态区以及居民生活区废弃矿山治理的重点，抓紧修复交通沿线敏感矿山山体，对植被破坏严重、岩坑裸露的矿山加大复绿力度。（2）推进土地整治与污染修复。围绕优化格局、提升功能，在重要生态区域内开展沟坡丘壑综合整治，平整破损土地，实施土地沙化和盐碱化治理、耕地坡改梯、历史遗留工矿废弃地复垦利用等工程。对于污染土地，要综合运用源头控制、隔离缓冲、土壤改良等措施，防控土壤污染风险。（3）开展生物多样性保护。加快对珍稀濒危动植物栖息地区域的生态保护和修复，并对已经破坏的跨区域生态廊道进行恢复，确保连通性和完整性，构建生物多样性保护网络，带动生态空间整体修复，促进生态系统功能提升。（4）推动流域水环境保护治理。选择重要的江河源头及水

源涵养区开展生态保护和修复，以重点流域为单元开展系统整治，采取工程与生物措施相结合、人工治理与自然修复相结合的方式进行流域水环境综合治理，推进生态功能重要的江河湖泊水体休养生息。（5）全方位系统综合治理修复。在生态系统类型比较丰富的地区，将湿地、草场、林地等统筹纳入重大工程，对集中连片、破碎化严重、功能退化的生态系统进行修复和综合整治，通过土地整治、植被恢复、河湖水系连通、岸线环境整治、野生动物栖息地恢复等手段，逐步恢复生态系统功能。截至目前，我国已经陆续开展了3批次共25个山水林田湖草生态保护修复工程试点，分别有第1批次4个地区、第2批次6个地区、第3批次15个地区被列入工程试点。

（二）构建国土空间开发保护新格局

构建优美和谐的生态空间，是山水林田湖草沙一体化生态保护和修复工程的目标指向和重要内容，其目的在于协调保护与发展，提供更多优质生态产品，给自然留下更多修复空间。在国土空间规划中，生态空间的主体功能是提供生态产品，因此要以保护为主，对其用途加以管制，坚持生态优先、区域统筹、分级分类、协同共治的原则，并与生态保护红线制度和自然资源管理体制改革要求相衔接。国家对生态空间依法实行区域准入和用途转用许可制度，严格控制各类开发利用活动对生态空间的占用和扰动，确保依法保护的生态空间面积不减少，生态功能不降低，生态服务保障能力逐渐提高。强化生态空间管控，扩大绿色生态空间，优化生态系统格局，以生态空间管控引导构建绿色发展格局，着力解决无序开发、过度开发、分散开发导致的生态空间占用过多、生态破坏、环境污染等问题。生态保护红线是指在生态空间范围内具有特殊重要生态功能、必须强制性严格保护的区域，是保障和维护国家生态安全的底线和生命线。通常包括具有重要水源涵养、生物多样性维护、土壤保持、防风固沙、海岸生态稳定等功能的生态功能重要区域，以及水土流失、土地沙化、石漠化、盐渍化等生态环境敏感脆弱区域。要牢固树立生态红线观念，科学划定森林、草原、湿地、海洋等领域生态红线，确保生态功能不降低、面积不减少、性质不改变，严格自然生态空间征（占）用管理，有效遏制生态系统退化的趋势。要统筹生态系统各要素的多个红线，设定并严守资源消耗上限、环境质量底线和生态保护红线，确保资源消耗、环境质量和经济社会发展需要的动态平衡。划定生态保护红线，不仅是为了控制不建设、不破坏，还要通过一定的生态修复与建设措施，改善生态红线保护区的生态服务功能，提高区域、流域生态安全。生态保护红线外的生态空间，原则上按限制开发区域的要求进行管理。按照生态空间用途分区，依法制定区域准入条件，明确允许、限制、禁止的产业和项目类型清单，根据空间规划确定的开发强度，提出城乡建设、工农业生产、矿产开发、旅游康体等活动的规模、强度、布局和环境保护等方面的要求。从严控制生态空间转为城镇空间和农业空间，禁止生态保护红线内空间违法转为城镇空间和农业空间。加强对农业空间转为生态空间的监督管理，未经国务院批准，禁止将永久基本农田转为城镇空间。鼓励城镇空间和符合国家生态退耕条件的农业空间转为生态空间。

（三）开展全国重要生态系统保护和修复重大工程

中央全面深化改革委员会第十三次会议审议通过，国家发展改革委、自然资源部联合印发的《全国重要生态系统保护和修复重大工程总体规划（2021—2035年）》，要求坚持保护优先、自然恢复为主，统筹兼顾、突出重点难点，科学治理、推进综合施策，改革创新、完善建管机制。其目的是通过重要生态系统保护和修复重大工程，增强生态产品生产能力，开展大规模国土绿化行动，加快水土流失和荒漠化、石漠化综合治理，扩大湖泊、湿地面积，保护生物多样性，着力扩大环境容量生态空间，全面提升自然生态系统质量、稳定性和生态服务功能，筑牢生态安全屏障。全国重要生态系统保护和修复重大工程以"两屏三带"及大江大河重要水系为骨架的国家生态安全战略格局为基础，突出对京津冀协同发展、长江经济带发展、粤港澳大湾区建设、海南全面深化改革开放、长三角一体化发展、黄河流域生态保护和高质量发展等国家重大战略的生态支撑，布局包括：青藏高原生态屏障区生态保护和修复重大工程、黄河重点生态区（含黄土高原生态屏障）生态保护和修复重大工程、长江重点生态区（含川滇生态屏障）生态保护和修复重大工程、东北森林带生态保护和修复重大工程、北方防沙带生态保护和修复重大工程、南方丘陵山地带生态保护和修复重大工程、海岸带生态保护和修复重大工程、自然保护地建设及野生动植物保护重大工程。其中，尤为重要的国家生态安全屏障"两屏三带"是总体框架，因所处地理位置、生态系统特征有所区别，保护和修复的重点内容也各有侧重：建设青藏高原生态安全屏障，推进青藏高原区域生态建设与环境保护，重点保护好多样、独特的生态系统；推进黄土高原-川滇生态安全屏障建设，重点加强水土流失防治和天然植被保护，保障长江、黄河中下游地区生态安全；建设东北森林带生态安全屏障，重点保护好森林资源和生物多样性，维护东北平原生态安全；建设北方防沙带生态安全屏障，重点加强防护林建设、草原保护和防风固沙，对暂不具备治理条件的沙化土地实行封禁保护，保障"三北"地区生态安全；建设南方丘陵山地带生态安全屏障，重点加强植被修复和水土流失防治，保障华南和西南地区生态安全。

（四）构建以国家公园为主体的自然保护地体系

我国实行国家公园体制，构建以国家公园为主体的自然保护地体系，目的是实现自然资源的分类管理与保护，对具有重要生态价值的自然资源进行严格管理，保持自然生态系统的原真性和完整性，保护生物多样性，保护生态安全屏障，给子孙后代留下珍贵的自然遗产。"十三五"期间，我国自然保护地总数量达到1.18万个，约占陆域国土面积的18%，有效保护了90%的植被类型和85%的重点保护野生动物种群。"十四五"时期，我国将加快整合各类自然保护地，建立以国家公园为主体、自然保护区为基础、各类自然公园为补充的自然保护地体系。按照自然生态系统原真性、整体性、系统性及其内在规律，依据管理目标与效能并借鉴国际经验，将自然保护地按生态价值和保护强度高低依次分为国家公园、自然保护区和自然公园等3类。国家公园是指以保护具有国家代表性的自然生态系统为主要目的，实现自然资源科学保护和合理利用的特定陆域或海域，是我国自然生态系统中最重要、自然景观最独特、自然遗产最精华、生物多样性最富集的部分，保护范围大，生态过程完整，具有全球价值、国家象征，国民认同度高。自然保护区是指保护典型的自然生态系统、珍稀濒危野生动植物种的天然集中分布区、有特殊意义的自然遗迹的区域，具有较大面积，确保主要保护对象安全，维持和恢复珍稀濒危野生动植物种群数量及赖以生存的栖息环境。自然公园是指保护重要的自然生态系统、自然遗迹和自然景观，具有生态、观赏、文化和科学价值，可持续利用的区域，确保森林、海洋、湿地、水域、冰川、草原、生物等珍贵自然资源，以及所承载的景观、地质地貌和文化多样性得到有效保护。自然公园包括森林公园、地质公园、海洋公园、湿地公园等。国家公园处于维护国家生态安全关键区域的首要地位，占据保护最珍贵、最重要生物多样性集中分布区中的主导地位，其保护价值和生态功能在全国自然保护地体系中处于主体地位。自2015年12月起，我国陆续启动了一批国家公园试点。2021年10月，我国建成三江源、大熊猫、东北虎豹、海南热带雨林、武夷山等第一批国家公园。我国经过60多年的努力，已建立数量众多、类型丰富、功能多样的各级各类自然保护区，在保护生物多样性、保存自然遗产、改善生态环境质量和维护国家生态安全方面发挥了重要作用。国家公园体制试点承担着破解我国自然保护地发展过程中存在的多头管理、权责不明、保护与发展矛盾突出等问题的重要使命。

（五）系统推进流域生态保护和治理

习近平总书记十分重视流域的高水平保护与高质量发展。2016年1月、2018年4月和2020年11月，习近平总书记分别在长江流域上游的重庆、中游的武汉和下游的南京召开长江经济带发展座谈会，题目关键词从"推动"、"深入推动"演进到"全面推动"。2016年的座谈会鲜明提出"共抓大保护，不搞大开发"，强调推动长江经济带发展必须坚持生态优先、绿色发展的战略定位。2018年的座谈会上，习近平总书记作了这样的阐释："推动长江经济带发展，前提是坚持生态优先，把修复长江生态环境摆在压倒性位置，逐步解决长江生态环境透支问题。这就要从生态系统整体性和长江流域系统性着眼，统筹山水林田湖草等生态要素，实施好生态修复和环境保护工程。要坚持整体推进，增强各项措施的关联性和耦合性，防止畸重畸轻、单兵突进、顾此失彼。要坚持重点突破，在整体推进的基础上抓主要矛盾和矛盾的主要方面，采取有针对性的具体措施，努力做到全局和局部相配套、治本和治标相结合、渐进和突破相衔接，实现整体推进和重点突破相统一。"2020年的座谈会强调，要加强生态环境系统保护修复，要从生态系统整体性和流域系统性出发，追根溯源、系统治疗，防止头痛医头、脚痛医脚。要把修复长江生态环境摆在压倒性位置，构建综合治理新体系，统筹考虑水环境、水生态、水资源、水安全、水文化和岸线等多方面的有机联系，推进长江上中下游、江河湖库、左右岸、干支流协同治理，改善长江生态环境和水域生态功能，提升生态系统质量和稳定性，保持长江生态原真性和完整性。

2019年9月18日，习近平总书记在黄河流域生态保护和高质量发展座谈会上强调，要坚持山水林田湖草综合治理、系统治理、源头治理，统筹推进各项工作，加强协同配合，推动黄河流域高质量发展。要坚持"绿水青山就是金山银山"的理念，坚持生态优先、绿色发展，以水而定、量水而行，因地制宜、分类施策，上下游、干支流、左右岸统筹谋划，共同抓好大保护，协同推进大治理，着力加强生态保护治理、保障黄河长治久安、促进全流域高质量发展、改善人民群众生活、保护传承弘扬黄河文化，让黄河成为造福人民的幸福河。

2021年5月14日，习近平总书记在河南省南阳市主持召开推进南水北调后续工程高质量发展座谈会强调，按照高质量发展要求，统筹发展和安全，坚持节水优先、空间均衡、系统治理、两手发力的治水思路，遵循确有需要、生态安全、可以持续的重大水利工程论证原则，立足流域整体和水资源空间均衡配置，科学推进工程规划建设，提高水资源集约节约利用水平。尊重客观规律，科学审慎论证方案，重视生态环境保护，既讲人定胜天，也讲人水和谐。规划统筹引领，统筹长江、淮河、黄河、海河四大流域水资源情势，兼顾各有关地区和行业需求。

🎙 第七讲

用最严格制度保护生态环境

李宏伟*

引言 制度建设是生态文明建设的重要支撑。没有严格、系统、完备的制度，生态文明建设就难以顺利开展。生态文明制度建设应以建立健全生态文明制度体系为逻辑主线，以实现人与自然和谐共生的生态文明型现代化为目标，按照"源头严防、过程严管、后果严惩"的思路，实行最严格的生态环境保护制度，全面建立资源高效利用制度，健全生态保护和修复制度，严明生态环境保护责任制度；关注制度落实的三个重要主体，即政府、市场、社会组织和公众在制度创新中的作用，强调环境法治的保障作用。

　　生态文明制度是指在全社会制定或形成的一切有利于支持、推动和保障生态文明建设的各种引导性、规范性和约束性规定与准则的总和。生态文明制度是中国特色社会主义制度的重要组成部分；形成一整套系统完备的生态文明制度体系是推进生态文明建设的有效途径，也是实现国家生态环境治理体系现代化的根本保障。党的十八大以来，以习近平同志为核心的党中央提出了一系列生态文明制度建设的新理念新思想新战略，生态文明制度不断完善，生态文明制度体系加快形成。在2018年5月全国生态环境保护大会上，习近平总书记强调，要用最严格制度最严密法治保护生态环境。党的十九届四中全会指出，坚持和完善生态文明制度体系，促进人与自然和谐共生。生态文明制度建设作为习近平生态文明思想的重要内容，已经成为新时代推进生态文明建设，推进国

　　* 李宏伟，中共中央党校（国家行政学院）社会和生态文明教研部生态文明建设教研室主任、教授、博士研究生导师，国家社科基金重大项目首席专家、中央党校创新工程首席专家。主要研究领域为生态文明制度、生态产品价值实现机制。

家治理体系和治理能力现代化的重要抓手和有效保障。

一、生态文明制度创新的性质与特征

生态文明制度是国家治理体系的子系统，在社会主义制度下实现国家治理体系现代化，落实到生态文明建设上，就是要变革不适应生态文明建设的制度，通过创新实践，形成一整套系统完备的生态文明制度体系。从狭义来看，生态文明制度创新主要集中在生态文明建设的主阵地和主战场——资源环境保护领域。从广义来看，生态文明制度还包括以促进和支撑生态文明融入经济、政治、文化和社会建设各方面和全过程的体制为主要内容的"融入型制度"，这些领域的创新更能体现出制度创新的系统性和协调性。生态文明制度创新与其他领域制度创新既有共性，也具有很大的特殊性，这种特殊性是与生态文明制度建设要解决的问题相联系的。其创新体现在生态文明的价值取向、规则设定和动力机制的三维互动中。

（一）生态文明制度创新的价值取向呈现出多元性

生态文明建设核心领域的制度创新通常聚焦于管理国土空间开发、资源节约利用、生态环境保护等领域。对资源环境问题存在的不同价值取向决定了对生态文明制度的不同策略偏好。以一个水资源富集、人均收入相对较低的地区该不该修大坝建水电站为例，秉持不同的价值观的人会得出不同的结论。发展主义者认为当然应该修，把水电站建设视为利民工程；生态主义者则坚决反对，认为大坝会阻断鱼类洄游的路径，会造成生物多样性的损坏。因而，不同的价值取向一定导致决策者在制度制定和创新时作出的判断大相径庭。

（二）生态文明制度创新的规则设定具有复杂性

资源环境问题的系统性和外部性决定了生态文明制度数量庞大、结构复杂。首先，"生态是统一的自然系统，是各种自然要素相互依存而实现循环的自然链条"。这就要求生态文明制度创新要完整系统，能覆盖全部生态要素。其次，资源环境问题具有系统性，但现实的制度管理分散在不同专业部门，这就需要跨部门协作。最后，资源环境问题具有外部性，这就需要跨区域协作。由于近年我国环境污染形势的转变，跨行政区协作已成为显著特征之一。比如，大气污染的治理就要建立跨区域的长效协作机制。但存在区域性环境问题的城市之间缺乏联动，不同城市执法标准、执法尺度往往不统一，易造成污染源流动到"执法洼地"。同时还存在各地为了追求各自政治、经济利益最大化，地方政府趋向于回避相对利他的区域分工和责任，协调难度大等现象，所以过去一贯的"属地监管"模式不能有效解决跨区域性的污染问题。

（三）生态文明制度创新的动力机制表现出短缺性

与经济建设相比较，生态文明建设缺乏制度创新的自主动力。经济增长与环境成本不同步，生态系统的耐受性和自净能力使得环境污染具有累积性和迟发性特征。资源环境投入能获得经济收益，而环境破坏的后果有的在短期内难以显现。

构建动力机制需要调动三个方面的积极性：一是政府、市场、社会的积极性；二是中央政府积极性与地方政府积极性；三是领导干部的积极性。此外，他山之石可以攻玉，借鉴国外生态环境管理的成熟经验也可以让我们少走弯路。如美国20世纪80年代颁布的《超级基金法》对我国生态文明建设中的立法工作就颇有启发。该法一是严格明确了污染者必须承担污染治理全部费用的责任；二是规定企业经营者及产权拥有者的环境责任将是一种终身责任；三是要求在污染企业发展中的所有曾经获益者，都必须承担共同的连带责任。当下在很多地区，环境治理与经济发展的矛盾非常突出，如何有效借鉴《超级基金法》中的责任追究的经验，无论对企业还是政府，抑或金融系统等都是值得研究的课题。

二、改革开放以来我国生态文明制度的创新实践

改革开放以来，我国生态文明制度创新取得重大进展，环境管理基础制度

逐步确立。1973年我国召开第一次全国环境保护会议，出台《保护和改善环境若干规定》，其中提出了环境保护工作32字方针："全面规划，合理布局，综合利用，化害为利，依靠群众，大家动手，保护环境，造福人民。"32字方针奠定了我国环保工作的基础。1978年"环境保护"入宪，《中华人民共和国宪法》第十一条第3款规定："国家保护环境和自然资源，防治污染和其他公害。"

（一）我国生态文明制度建设的探索与成效

1979年9月，我国第一部环境法律——《中华人民共和国环境保护法（试行）》颁布，明确规定了环境影响评价、"三同时"和排污收费等基本法律制度，标志着我国环境保护开始步入法制轨道。该法第二条规定："在社会主义现代化建设中，合理地利用自然环境，防治环境污染和生态破坏，为人民造成清洁适宜的生活和劳动环境，保护人民健康，促进经济发展。"1981年，国务院发布《关于在国民经济调整时期加强环境保护工作的决定》，提出了"谁污染、谁治理"的原则。1982年颁布《征收排污费暂行办法》，排污收费制度正式建立。这一时期我国着力推进"三废"综合治理，环境管理基础制度逐步确立。在1983年召开的第二次全国环境保护会议上，环境保护被确定为一项基本国策。1989年4月底召开的第三次全国环境保护会议，系统地确定了环境保护三大政策和八项管理制度，即预防为主、防治结合，谁污染、谁治理和强化环境管理的三大政策，以及"三同时"制度、环境影响评价制度、排污收费制度、城市环境综合整治定量考核制度、环境目标责任制度、排污申报登记和排污许可证制度、限期治理制度和污染集中控制制度。这些政策和制度，先以国务院政令形式颁发，后进入各项污染防治的法律法规在全国实施，构成了一个较为完整的"三大政策八项管理制度"体系，有效遏制了环境状况的恶化趋势，一些制度直到今天还在发挥作用。

进入新时代，为满足人民日益增长的优质生态产品需要，党的十八大报告将生态文明建设作为中国特色社会主义事业总体布局的重要组成部分，强调要"把生态文明建设放在突出地位"，特别强调"加强生态文明制度建设"。党的十九大把"绿水青山就是金山银山"写入党章。2018年全国两会通过的宪法修正案又将建设美丽中国和生态文明写入宪法。生态文明建设上升为国家意志，绿色发展理念更加深入人心。这意味着从国家治理角度和制度层面协调生态文明建设和经济建设的关系，使保护生态环境成为硬约束，实现生态环境与经济协调发展，成为全党和全国人民的共识。《中共中央关于全面深化改革若干重大问题的决定》将"完善和发展中国特色社会主义制度，推进国家治理体系和治理能力现代化"作为全面深化改革的总目标，将深化生态文明体制改革作为具体目标，因而通过生态文明体制改革推进生态文明制度建设，增强国家治理体系现代化的动力机制、协调机制、平衡机制，成为应对"资源约束趋紧、环境污染严重、生态系统退化的严峻形势"的必由之路。

建立系统完备、科学规范、运行有效的制度体系是生态文明建设的重要保障，这是实现国家治理体系现代化的内在要求。党的十九届四中全会提出，"要实行最严格的生态环境保护制度，全面建立资源高效利用制度，健全生态保护和修复制度，严明生态环境保护责任制度"。当前，我国已经到了加快推进生态文明制度建设的关键期。习近平生态文明思想强调的"用最严密的制度保护生态环境"的严密法治观，正是基于对国情的基本判断，坚持问题导向，总揽全局，统筹兼顾，在推进国家治理体系和治理能力现代化进程中逐步形成的，体现了以习近平同志为核心的党中央对生态文明制度建设的顶层设计。

（二）党的十八大之前我国生态文明制度创新中存在的主要问题

生态文明制度创新涉及政府、市场和公众多个主体，也包括环境、资源、生态诸多领域，还关系到中央与地方、部门与部门等各个层面。由于生态文明创新的价值取向多元，体系不尽完善，体制机制不够健全，导致党的十八大之前生态文明建设存在诸多问题。

1. 政府层面：生态文明建设管理机制尚不健全

政府在生态文明建设中发挥领导和示范作用。政府机制不健全，一定会影响生态文明建设的质量和成效。比如，党的十八大以前我国没有统一的自然资源管理部门，资源是按类型分部门管理的，自然管理体制呈现横向相对分离、纵向相对统一的特点。土地、森林、水等自然资源分散在不同的管理部门，每个部门对职责范围内的自然资源实行资产管理、用途管制等对相统一的管理模式。自然资源管理部门同时承担资产管理和用途管制职责，中央与地方实行分级管理。这样的管理体制优势在于可以发挥行业主管部门的专业优势，可以针对不同资源的特点实行精细化管理，但毋庸讳言，这种管理体制存在不少问题。

第一，产权不清，自然资源资产所有者缺位。根据宪法以及相关法律规定，矿藏、水流、森林、山岭、草原、荒地、滩涂等自然资源属于国家即全民所有（法律规定属于集体所有的除外），由国务院代表国家行使所有权，但没有明确由哪个部门代理或托管，自然资源资产在法律上缺乏具体明确的代表主体。自然资源资产所有者职责由相关管理部门代行，所有者职责不清晰，产权虚置或弱化，所有权人权益不落实。国有自然资源名义上是国家所有，即全民所有，但实际上多是地方政府在行使其辖域内的国有自然资源所有权，从而演变为事实上的分级所有制，即各地区所有。而从现行法律来看，中央与地方之间的产权制度是缺失的。地方没有产权，反而拥有各项所有权权能，导致国家所有权虚置。地方在没有土地产权的情况下，却获取了土地出让收益。剖析祁连山自然保护区的问题，为什么会出现"九龙治水，层层失守"？一个很重要的原因就在于对资源的管理存在多个部门职责交叉。在实行分类管理的同时，对于同一自然资源又按照不同的管理环节或者功能用途，归口不同部门管理，造成职责交叉。

第二，自然资源管理的系统性不强。山水林田湖草是一个生命共同体，具有整体性、系统性等特点。原有的管理体制将水流、森林、草原等自然资源分别由不同的部门管理，人为地割裂了自然资源之间的有机联系，协调机制不够健全。由于以前自然资源分部门管理，对林地、草地等资源的定义和界定标准不同等原因，导致部分自然资源底数不清，甚至交叉统计。例如：新疆的林地和草原交错分布，林下有草、草中有林，"一地两证"现象极为突出，吐鲁番市80%的天然灌木林具有草原证，阿勒泰地区颁发的草原证和临时放牧证的面积含盖了林区的全部林地面积。

第三，许多地方重开发轻保护。领导干部政绩考核机制不健全，片面强调GDP的增长，环境等指标权重过低。由于我国自然资源实行中央与地方分级管理，在实际工作中，绝大部分自然资源由地方进行管理，个别自然资源的实际控制人片面追求自然资源的经济价值，忽视其生态价值和社会价值，造成自然资源的过度开发和生态环境的破坏。此外，由于自然资源管理部门兼具资产管理、行业管理、监督管理等多重职能，在自然资源开发与保护工作中，既是"运动员"又是"裁判员"，当管理目标出现冲突时，容易出现监管失灵及重开发轻保护的问题。为了当地经济利益，各地不惜代价竞相开发，造成了公地悲剧。这种制度缺失叠加到传统工业化模式之上，对生态环境的破坏就会产生"乘数效应"。

第四，多个部门职责交叉。在实行分类管理的同时，对于同一自然资源又按照不同的管理环节或者功能用途，归口不同的部门管理，造成职责交叉。例如，农业、水利、林业、环保等部门从各自角度对同一自然资源分别进行监测，监测点位重合，重复建设、资源浪费、数出多门。此外，实际工作中，多个部门分别拟订城乡规划、区域规划、主体功能区规划和土地规划等，而这些规划之间衔接不够，使得一些规划难以真正落地。

由于生态环境管理体制权责不一、令出多门，生态文明建设管理职能和监管分散，导致"九龙治水，层层失守"；没有建立统一的生态文明建设评估管理办法，也缺乏工作协同和政策协调，因此造成了资源的内耗、制度成本的上升和治理效果欠佳。

2. 市场层面：自然资源资产产权制度尚不明晰

当时关于自然资源资产产权的问题主要有以下表现：第一，排污权、碳排放权交易制度尚不成熟。第二，自然资源资产管理存在突出问题。第三，未建立有效的税收体制。第四，生态补偿机制不完善。第五，尚未形成生态环境保护的价格体系。这些问题制约着市场在资源配置中作用的发挥。由于产权主体规定不明确、收益分配机制不合理等原因，导致自然资源资产所有者主体不到位，所有者权益难落实。例如，从集体所有自然资源资产看，虽然法律规定农村土地集体所有，《中华人民共和国民法总则》也明确了农村集体经济组织和村民委员会的特别法人地位，但并未明确这个集体究竟由谁代表，造成农村土地所有权的事实缺位，这就容易导致在集体自然资源资产所有权行使过程出现生态价值被低估、代表行使主体存疑、收益分配不合理等问题。

3. 公众层面：生态文明建设监督和参与机制不完善

公众参与制度的实操性、程序性还偏弱，配套性还不足，公众参与机制尚未建立，因此在实践中公众参与程度不高，民间环保组织发育不足，参与领域窄小，容易产生邻避效应。此外，环境执法监管制度不完善，环境行政执法难以作出必要的、及时的回应。这些因素都影响了生态文明制度的有效落地。公众制度化参与渠道的知晓度、通畅性、可达性、便捷性还偏弱，制度化参与和非制度化参与并存。

（三）党的十八大以来生态文明制度创新不断完善

党的十八大报告提出"生态文明制度建设"概念，明确指出生态文明建设的主要任务："要把资源消耗、环境损害、生态效益纳入经济社会发展评价体系，建立体现生态文明要求的目标体系、考核办法、奖惩机制。建立国土空间开发保护制度，完善最严格的耕地保护制度、水资源管理制度、环境保护制度。深化资源性产品价格和税费改革，建立反映市场供求和资源稀缺程度、体现生态价值和代际补偿的资源有偿使用制度和生态补偿制度。"

党的十八大以来我国大力推进生态文明制度建设，相继出台了《大气污染防治行动计划》《关于加快推进生态文明建设的意见》《生态文明体制改革总体方案》《水污染防治行动计划》《开展领导干部自然资源资产离任审计试点方案》《全国生态保护"十三五"规划纲要》《"十三五"生态环境保护规划》《关于全面推行河长制的意见》等一系列生态环保制度，形成系统完备、科学规范、运行有效的制度体系，各方面的制度更加成熟更加定型。

党的十八届三中全会强调要注重改革的系统性、整体性、协同性，提出紧紧围绕建设美丽中国深化生态文明体制改革，加快建立生态文明制度，健全国土空间开发、资源节约利用、生态环境保护的体制机制，推动形成人与自然和谐发展现代化建设新格局。要健全自然资源资产产权制度和用途管制制度，划定生态保护红线，实行资源有偿使用制度和生态补偿制度，改革生态环境保护管理体制。"源头严防、过程严管、后果严惩"成为建立和完善生态文明制度体系的原则。

党的十八届四中全会强调用法治保护生态环境，提出用严格的法律制度保护生态环境，加快建立有效的约束开发行为和促进绿色发展、循环发展、低碳发展的生态文明法律制度，强化生产者环境保护的法律责任，大幅度提高违法成本。

2015年生态文明制度出台频度之密前所未有。当年4月，中共中央、国务院印发《关于加快推进生态文明建设的意见》，该意见以近三分之一的篇幅阐述了生态文明制度建设问题，把健全生态文明制度体系作为重点，凸显建立长效机制在推进生态文明建设中的基础地位。2015年7月，习近平总书记主持召开的中央全面深化改革领导小组第十四次会议，审议通过生态文明体制"1+6"改革方案，构建了生态文明体制改革的"四梁八柱"。"1"是《生态文明体制改革总体方案》，提出生态文明体制改革总体目标。2015年9月，《生态文明体制改革总体方案》正式印发，提出到2020年构建起八项重要制度。2016年，党的十八届五中全会强调加大环境治理力度，实行最严格的环境保护制度，深入实施大气、水、土壤污染防治行动计划，实行省以下环保机构监测监察执法垂直管理制度。

党的十九大以来，我国印发了《关于统筹推进自然资源资产产权制度改革的指导意见》《中共中央　国务院关于建立国土空间规划体系并监督实施的若干意见》《中央生态环境保护督察工作规定》《关于建立以国家公园为主体的自然保护地体系的指导意见》等文件，生态文明制度体系日臻完善。特别是中央生态环境保护督察制度，通过督察强化落实"党政同责"和"一岗双责"。

总之，党的十八大以来生态文明建设的重大制度创新主要集中体现在建立了生态文明建设的法制体系，健全了严格资源环境管理制度，推进了生态文明建设的经济制度建设进程，完善了生态文明建设的评价考核奖惩制度，加强了生态文明建设的社会治理机制。

三、生态文明制度创新的原则与路径

为实现人与自然和谐共生的现代化目标，生态文明制度创新应以建立健全生态文明制度体系为逻辑主线，沿着党的十八届三中全会提出的"源头严防、过程严管、后果严惩"的创新思路，按照党的十九届四中全会提出的制度建设和创新的四个重要方面展开研究：实行最严格的生态环境保护制度、全面建立资源高效利用制度、健全生态保护和修复制度、严明生态环境保护责任制度。同时，还要探讨生态文明建设的法治保障，从立法、执法和司法三个环节研究完善生态文明的法律体系的创新路径，并且发挥好生态环境治理的市场经济诸种手段，倡导和推动美丽中国的全民行动制度。

（一）生态文明制度创新应遵循的原则

生态文明制度创新应遵循系统治理、综合治理和依法治理的原则，体现与经济建设、政治建设、文化建设和社会建设诸方面制度变革的融入与互动。

1. 融入性："五位一体"中的生态文明制度

生态文明制度创新不是孤立的，必须融入经济、政治、文化、社会建设全过程。生态文明制度建设对既有的经济、政治、文化、社会制度进行必要的完善与修正，生态文明制度建设的顺利推进离不开其他四个建设体制机制的转变。生态文明制度建设必须既能够推动经济建设、政治建设、社会建设、文化建设的快速发展，与之同时，也需要经济、政治、文化、社会等各个方面的制度作出相应的调整，构建起适合新时代特点和规律的生态文明制度体系。在经济领域，建立环境与发展综合决策机制；在政治领域，建立生态文明建设考核和监督机制；在文化领域，建立生态文明建设宣传机制；在社会领域，建立生态文明建设全民参与机制。

2. 互动性：政府、市场、公众三个主体的良性互动

在政府层面，应创新科层制下的生态文明制度体系。党的十九大报告明确指出，建设美丽中国，必须加快生态文明体制改革，为完善我国国有自然资源资产产权制度指明了方向。2018年3月通过的国务院机构改革方案中，与生态文明建设密切相关的自然资源部和生态环境部的组建受到广泛关注，这一改革为构建生态文明的联动和长效工作机制奠定了良好基础。在市场层面，应建立和完善基于市场手段的生态文明制度体系。在公众层面，应完善公民参与的生态文明制度。

（二）加大生态文明建设重要领域制度创新的力度

党的十九届四中全会围绕"坚持和完善生态文明制度体系"，进一步明确了最需要坚持与落实的制度、最需要建立与完善的制度，为生态文明建设指明了方向，明确了路径。"十四五"时期及更远的将来，仍需加大生态文明建设重要领域制度创新的力度。

生态环境问题归根到底是经济发展方式问题，经济发展方式转变的关键在于将环境规制与管理融入和贯穿从经济建设项目的论证、可行性报告分析，到项目立项、开工建设、竣工投产、生产运营和项目结束的全周期。如环境影响评价领域以"放管服"改革为起点，以污染排放总量控制和排污许可证制度的深入推进为抓手，行政、经济手段并举，以危险废物管理和污染责任追究为保障的覆盖建设项目全周期的生态环境保护制度创新，为我国从环境管理到环境治理，从注重环境管制到关注环境服务的转变提供了助力，开创了我国环境治理体系和治理能力现代化的新局面。

1. 全面建立资源高效利用制度

全面建立资源高效利用制度，根本目的在于改善资源约束趋紧的局面，以资源的可持续利用支撑经济社会可持续发展。2018年国家机构改革中确立了统一行使全民所有与自然资源资产所有者职责及所有国土空间用途管制和生态保护修复职责，实现对山水林田湖草等自然要素及生态系统的用途管制和综合治理，为明晰资源产权权益、统筹国土空间开发和保护提供了体制保障。下一步应从自然资源资产产权制度、国土空间规划体系、自然资源资产管理和监管体制、资源总量管理和全面节约利用制度等方面完善自然资源管理制度体系，明确自然资源管理中的理论创新、实践创新、现实成效和改进方向，破解资源约束，提高资源保护和利用水平。

2. 健全生态保护和修复制度

健全生态保护与修复制度，其核心在于通过有效的保护、治理与修复措施促使我国生态系统尽快恢复自我运行。应进一步加强对山水林田湖草是生命共同体的认识，从全局角度寻求新的治理之道，坚持用系统思维统筹生态环境问题的治理与修复，实现"多规合一"，以筑牢生态安全屏障。从山水林田湖草的保护与修复的角度，建立以国家公园为主体的自然保护地体系，完善生物多样性保护制度。

3. 严明生态环境保护责任制度

我国在生态环境保护责任制度方面已经进行了一系列改革创新探索，完善了生态文明目标考核制度，健全环境保护制度，实行生态环境损害责任终身追究制度，完善自然资源资产负债表的编制与运用，开展领导干部自然资源资产离任审计，特别是通过开展中央生态环境保护督察，加强了党对生态文明建设的领导。生态文明目标考核体系创新旨在建立体现生态文明的目标体系、考核办法、奖惩机制，有利于促进党政领导干部树立绿色的政绩观和发展观。健全环境保护管理制度则是为了适应人民群众日益增长的优美生态环境需要和爆发式增长的环境监管执法任务而出台，是各项生态环境保护责任制度推出的坚实保障。实行生态环境损害责任终身追究制则能使领导干部树立权责一致的意识，规范领导干部环境决策行为，最终推动环境决策科学化和法治化。探索编制自然资源资产负债表可为生态环境损害责任终身追究制和领导干部自然资源资产离任审计的实行提供技术支撑，也可为生态文明目标考核体系提供依据。开展领导干部自然资源资产离任审计可促进自然资源节能集约利用和生态环境安全，是完善我国自然资源和生态环境监管体制的保障。中央生态环境保护督察制度指的是中央设立专职督察机构，对省、自治区、直辖市党委和政府、国务院有关部门以及有关中央企业等组织开展生态环境保护督察的制度，包括例行督察、专项督察和"回头看"等。《中共中央 国务院关于全面加强生态环境保护 坚决打好污染防治攻坚战的意见》提出，健全环境保护督察机制，完善中央和省级环境保护督察体系，制定环境保护督察工作规定，以解决突出生态环境问题、改善生态环境质量、推动高质量发展为重点，夯实生态文明建设和生态环境保护政治责任，推动环境保护督察向纵深发展。

（三）加强生态环境治理的市场经济手段

生态环境治理是一项系统工程，厘清政府和市场职能边界是提高生态环境治理效能的关键。这需要发挥市场机制的调节作用，形成合理的激励约束机制，改变市场主体的社会经济行为，从源头上减少资源消耗和污染排放。按照不同的实施主体和目的，可将生态环境治理市场经济手段概括为四类：以金融机构为主体的绿色金融体系；以政府为主体克服"市场失灵"的绿色税收、专项费用、价格补贴和阶梯定价绿色价格政策；以企业和社会公众为主体，围绕资源环境权益形成的市场交易机制；立足于解决资源开发负外部性问题、以多元化市场化为方向的生态补偿制度。各类市场经济政策各有侧重各有优劣，应注意协调联动、相互配合，以便形成合力。

（四）完善生态文明建设的法治保障

生态文明制度的建设与创新离不开完善的生态文明法治保障制度。科学立法、严格执法、公正司法三个方面是我国法治保障制度建设取得辉煌成就的保障。在生态法治化的道路上，急需实现科学立法，不断健全生态文明法律保障制度。同时，应不断强化生态文明严格执法，持续落实生态文明公正司法。我国未来生态文明立法需要建立健全生态文明立法的体制机制，促进我国相关法律的生态化，更加完善生态文明法律保障制度；生态文明执法要不断完善生态文明严格执法的体制机制，继续创新生态文明执法方式和执法手段，持续提升生态文明执法能力和执法水平；生态文明司法要不断提升司法专门化和专业化水平，继续支持和完善环境公益诉讼制度建设，持续发挥司法在生态文明建设中的积极促进作用。

（五）美丽中国全民行动制度

美丽中国全民行动制度旨在积极鼓励公众投身环境保护。环境治理信息公开是基础，通过环境污染和保护信息的公开，尤其是建设项目污染物排放物质、强度和时间的公开，环境质量、重点污染源、重点城市饮用水水质企业环境信息的公开，满足公众环境知情权；在知悉环境信息的前提下，需要拓宽公众参与环境保护的渠道。通过政府授权和分权，将目前"自上而下"的环境管理与"自下而上"的公众参与环境治理相结合。企业在环境治理信息披露、治理技术和方案的提供等方面具有重要作用。公众参与的成果应该通过制度性的渠道运用于治理决策，形成公众参与决策实施的良性循环与互动。这是环境治理的出发点和落脚点。生态文明建设的目标是建设资源节约型和环境友好型社会，关键在于在全社会形成简约适度、文明健康、绿色低碳的生活与消费模式。按照系统推进、广泛参与、突出重点、分类施策的原则系统推进绿色低碳的公民生活方式是制度创新的另一个关键所在。

总之，制度是关乎党和国家事业发展的根本性、全局性、稳定性和长期性的问题，生态环境治理能力的核心就是生态环境制度的执行能力，不仅包括政府主导能力，也包括企业等市场主体治理生态环境的行动力，以及社会组织和公众的参与能力。生态文明制度优势转化为生态治理效能是一个理论性、政策性和实践性都很强的课题。在理论层面，还需在进一步厘清生态文明制度、生态治理效能有关概念内涵的基础上，着力推进新时代生态文明理论建构。在实践层面，有效的生态环境治理需要政府、非政府组织、私营部门、社会、社区团体、普通公民等多主体的共同参与和合作，在党的领导下推动生态文明制度创新，评估制约不同治理主体发挥作用的关键影响因素，优化社会与企业资源的撬动机制，促进制度优势转化为生态治理的效能。

🎙 第八讲

全社会共同建设美丽中国

张云飞[*]

张云飞[*]

引言 2018年5月18日，习近平总书记在全国生态环境保护大会上指出："生态文明是人民群众共同参与共同建设共同享有的事业，要把建设美丽中国转化为全体人民自觉行动。每个人都是生态环境的保护者、建设者、受益者，没有哪个人是旁观者、局外人、批评家，谁也不能只说不做、置身事外。"2018年6月16日，《中共中央　国务院关于全面加强生态环境保护　坚决打好污染防治攻坚战的意见》将"坚持建设美丽中国全民行动"作为习近平生态文明思想的核心要义之一，并将"构建生态环境保护社会行动体系"作为"改革完善生态环境治理体系"的重要任务之一。2020年3月，中共中央办公厅、国务院办公厅印发《关于构建现代环境治理体系的指导意见》，提出"构建党委领导、政府主导、企业主体、社会组织和公众共同参与的现代环境治理体系"。可见，"坚持建设美丽中国全民行动""全社会共同建设美丽中国"是习近平生态文明思想关于生态文明建设的社会动员观，本讲对此问题进行初步探讨。

习近平总书记指出，加强生态环境保护和生态文明建设是全社会的大事，必须坚持全社会共同建设美丽中国，形成和强化生态文明建设的社会行动体系。^①"全社会共同建设美丽中国"就是要"坚持建设美丽中国全民行动"，其在生态环境领域当中的社会组织形态为包括"现代环境治理体系"在内的"生态环境保护社会行动体系"。

---

* 张云飞，中国人民大学马克思主义学院教授、博士研究生导师。主要研究领域为马克思主义与生态文明。

① 习近平：《推动我国生态文明建设迈上新台阶》，《求是》2019年第3期。

一、全社会共同建设美丽中国的科学探索

在西方社会，由资本主义内在矛盾所造成的生态危机引发了民众自发的环境运动和环境非政府组织（NGO）的强烈抗议，影响到剩余价值的实现和资本秩序的稳定。因此，西方社会对环境运动和环境NGO采用了"招安"（合作）策略，被迫确立了"多元"的生态环境治理模式。与之截然不同，我国生态环境保护和生态文明建设具有预防性和前瞻性特征，其社会动员和社会组织模式是"坚持建设美丽中国全民行动"。

（一）强化党的群众路线在生态环境建设中的作用

新中国成立初期，中国共产党人就创造性地开展过植树造林、公共卫生、水利建设等具有生态环境保护性质的群众运动。在20世纪70年代初期，当我国环境问题刚露端倪的时候，党和政府就科学地意识到了问题的严重性，适时地启动了环境保护工作，将党的群众路线创造性地运用到这一工作当中。1973年，我国正式确立了"全面规划，合理布局，综合利用，化害为利，依靠群众，大家动手，保护环境，造福人民"的环境保护工作方针。这样，"依靠群众，大家动手"就成为中国特色环境保护的全社会动员和全社会组织的优良传统。改革开放以来，我们党发动的全民义务植树运动进一步弘扬了这一传统和模式，成为推动中国绿化和世界绿化的重要力量。党的群众路线在进行生态环境建设社会动员方面作出了突出贡献。

（二）突出公众参与在可持续发展战略中的作用

1992年之后，在社会主义市场经济的背景下，顺应可持续发展的国际潮流，我国将"公众参与"引入了贯彻和落实可持续发展战略中。1992年，联合国《里约环境与发展宣言》提出："环境问题最好是在全体有关市民的参与下，在

有关级别上加以处理。"①"三个代表"重要思想强调，必须建立和完善公众参与制度，鼓励群众参与改善和保护环境。科学发展观进一步强调，要为公众参与环境保护创造条件。2005 年 12 月 3 日，《国务院关于落实科学发展观加强环境保护的决定》提出，要发挥社会团体和公众参与的作用，鼓励检举和揭发各种环境违法行为，推动环境公益诉讼。在此基础上，2015 年 7 月 13 日，环境保护部发布《环境保护公众参与办法》。

（三）突出全社会共同行动在生态文明建设中的作用

党的十八大以来，以习近平同志为核心的党中央大力推动生态环境领域的国家治理体系和治理能力现代化，十分注重全社会的共同行动。我国将公众参与进一步确立为我国生态环境治理的重要制度和重要政策，逐渐形成了政府、企业、社会构成的三元社会主体结构。这是社会主义市场经济发展的自然社会结果。上述三者不仅都是社会治理的重要主体，而且都是生态环境治理的重要主体。因此，2015 年 10 月 29 日，党的十八届五中全会要求形成政府、企业、公众共治的环境治理体系，明确提出了环境治理体系的概念，确立了三方共治的结构。2017 年 10 月 18 日，党的十九大要求构建政府为主导、企业为主体、社会组织和公众共同参与的环境治理体系，进一步明确了三方在共治格局中的不同作用。东西南北中，党政军民学，党是领导一切的核心力量。因此，必须坚持党对生态环境领域国家治理现代化的领导。2018 年 5 月 18 日，习近平总书记在全国生态环境保护大会上提出，环境保护和生态文明建设必须坚持党委领导、政府主导、企业主体、公众参与。进而，党中央和国务院提出："坚持建设美丽中国全民行动。美丽中国是人民群众共同参与共同建设共同享有的事业。必须加强生态文明宣传教育，牢固树立生态文明价值观念和行为准则，把建设美丽中国化为全民自觉行动。"②根据上述精神，《关于构建现代环境治理体系的指导意见》进一步提出，"坚持多方共治。明晰政府、企业、公众等各类主体权责，

---

① 《迈向21世纪——联合国环境与发展大会文献汇编》，中国环境科学出版社1992年版，第30页。
② 《中共中央　国务院关于全面加强生态环境保护　坚决打好污染防治攻坚战的意见》，《人民日报》2018年6月25日。

畅通参与渠道，形成全社会共同推进环境治理的良好格局"。这样，习近平生态文明思想明确将全社会共同行动作为我国社会主义生态文明建设的社会动员方式和社会组织的制度支撑。

总之，新中国成立以来，经过长期探索和实践，"全社会共同建设美丽中国"成为我国生态文明建设的重要原则之一，"坚持建设美丽中国全民行动"成为习近平生态文明思想的核心要义之一。

二、全社会共同建设美丽中国的科学依据

全社会共同建设美丽中国，就是要在党的领导下，使政府、企业、社会、公众共同发挥作用，须从政治高度认识社会参与和公众参与生态环境治理的必要性和重要性。

（一）全社会共同建设美丽中国的理论依据

群众观点是马克思主义的基本观点。在马克思主义看来，人民群众是物质财富和精神财富的创造者，是社会变革的推动力量，是社会历史的创造者，是国家和社会的主人。我们党将马克思主义群众观点创造性地发展为群众路线，要求党的全部工作都要坚持一切相信群众、一切为了群众，坚持从群众中来、到群众中去。以马克思主义群众观点和党的群众路线为基础，党的十八届五中全会创造性地提出了以人民为中心的发展思想。习近平总书记指出，坚持以人民为中心的发展思想，要求我们努力做到：一方面，要坚持人民主体地位，顺应人民群众对美好生活的向往，不断实现好、维护好、发展好最广大人民根本利益，做到发展为了人民、发展依靠人民、发展成果由人民共享；另一方面，要全面调动人的积极性、主动性、创造性，为各行业各方面的劳动者、企业家、创新人才、各级干部创造发挥作用的舞台和环境。由此来看，人民群众是一切治理的主体。治理的实质应该是以人民为主体的管理，善治的实质应该是人民治理。将之贯彻在生态文明建设中，就要坚持人民群众在生态文明建设中的主体地位；将之贯彻在生态环境治理中，就要坚持人民群众在生态环境治理中的

主体地位。显然，全社会共同建设美丽中国，就是这一要求的集中而具体的体现。

（二）全社会共同建设美丽中国的现实依据

政府不可能无所不能，市场有时会失灵，因此，生态文明建设必须允许社会参与和公众参与。人民群众参与治理总要通过一定的组织形式来展开。除了工会、共青团、妇联等人民团体之外，NGO 是人民群众参与治理的重要的组织形式。在以往相当长一段时期内，我国的环境群体性事件之所以一度呈现出抬头的趋势，就在于当人民群众的生态环境权益受到侵犯时，不仅正常的行政救济渠道和法律救济渠道不畅，而且正常的社会救济渠道也会遇阻，这是缺乏人民立场和人民情怀的表现。其实，毛泽东早就指出："许多人，许多事，可以由社会团体想办法，可以由群众直接想办法，他们是能够想出很多好的办法来的。而这也就包括在统筹兼顾、适当安排的方针之内，我们应当指导社会团体和各地群众这样做。"[1] 这里，关键是要将社会参与、公众参与纳入到社会主义法治的框架当中。从国际经验来看，民间组织参与社会治理是治理取得预期成效的重要保证。正如习近平总书记所指出的："民间社会组织是各国民众参与公共事务、推动经济社会发展的重要力量。"[2] 因此，我们共产党人不仅不应该害怕和阻止社会参与和民众参与，而且要积极鼓励他们依法积极参与包括生态环境治理在内的一切公共事务和社会事务。我们共产党人不仅不应该害怕民间组织，而且要在社会主义法治的框架中规范其发展，发挥其固有的作用。

显然，公众参与实质上就是充分发挥人民群众在国家治理中的主体地位，NGO 参与也是公众参与的重要形式。生态环境治理领域由于涉及的问题具有公共性、复杂性和滞后性等特征，更需要社会力量和公众力量的介入和参与。全社会共同建设美丽中国，就是这一经验的集中而具体的体现。坚持这一举措，有马克思主义理论依据和社会主义建设经验的支撑，在这个问题上我们应

---

[1] 《毛泽东文集》第7卷，人民出版社1999年版，第228页。
[2] 《习近平致2016年二十国集团民间社会会议的贺信》，《人民日报》2016年7月6日。

具有高度自信。

三、全社会共同建设美丽中国的系统要求

习近平生态文明思想为全社会共同建设美丽中国奠定了科学的理论基础。从生态文明建设对于全体人民的价值来看，生态文明是人民群众共同所有、共同建设、共同治理、共同享有的事业，必须把建设美丽中国转化为全体人民的自觉行动，形成全社会共同建设美丽中国的局面。从全体人民对于生态文明建设的责权利来看，每个人都是生态环境的保护者、建设者、受益者，没有谁是生态文明建设的旁观者、局外人、批评家。根据这一精神，我们必须将全社会共同建设美丽中国转化为制度设计和制度安排。

（一）全社会共同建设美丽中国的主要原则

习近平总书记指出，共享发展是全民共享、全面共享、共建共享、渐进共享的统一。按照新发展理念，我们必须将绿色发展和共享发展统一起来，按照以下原则推进全民行动。第一，坚持共有。只有坚持资源共有，才能保证生态环境保护成为一项普遍性的社会公益事业，才能确保人民群众平等地享有生态环境权益。2015年9月，中共中央、国务院印发的《生态文明体制改革总体方案》提出，必须"坚持自然资源资产的公有性质"。2020年4月3日，习近平总书记指出，"社会主义是人民群众做主人，良好生态环境是全面建成小康社会的重要体现，是人民群众的共有财富"[1]。在坚持这一制度的前提下，我们可以探索所有权、承包权、经营权的分置问题。第二，坚持共建。在国家为全体人民大力提供生态产品和生态服务的前提下，所有社会主体和社会成员都有责任和义务参与生态环境保护和生态文明建设。第三，坚持共治。在市场经济条件下，政府和市场都存在着失灵的可能性，因此，实现生态环境领域国家治理现代化必须调动全社会的力量，形成政府、市场、社会、公众合作共治的局面。第四，

---

[1] 《牢固树立绿水青山就是金山银山理念 打造青山常在绿水长流空气常新美丽中国》，《人民日报》2020年4月4日。

坚持共享。在坚持共建共治的前提下，全体人民有权分享全民所有自然资源资产收益，有权分享生态环境保护的成果，有权共享生态文明建设的成果。例如，我们要"完善按要素分配政策制度，健全各类生产要素由市场决定报酬的机制，探索通过土地、资本等要素使用权、收益权增加中低收入群体要素收入"①。在全面开启建设社会主义现代化国家新征程中，我们尤其要将共同富裕和共享发展体现在生态文明建设上。

（二）全社会共同建设美丽中国的主体

按照《环境保护公众参与办法》，参与环境保护的主体包括公民、法人和其他组织。由于专门突出了企业主体的作用，按照《关于构建现代环境治理体系的指导意见》，全民行动主体主要包括两个层次：一是从群体层次来看，必须发挥各类社会团体的作用。在发挥各自作用的基础上，应该形成人民团体、中介组织和环保组织共同行动的社会合力。二是从个体层次来看，全体人民或所有公民都必须提高自身的环保素养，践行绿色生活方式。在这方面，各级党政干部必须发挥模范带头作用。

（三）全社会共同建设美丽中国的权益保障

责权利是不可分割的整体，在促进全体公民切实履行生态环境保护的责任和义务的同时，国家必须切实保障全体人民的生态环境权益。习近平总书记指出：必须把党的群众路线贯彻到治国理政的全部活动中，坚持科学决策、民主决策、依法决策；必须切实保障人民当家作主的权利，切实保障其知情权、参与权、表达权、监督权。1972年，联合国《人类环境宣言》声明，"人类有权在一种能够过尊严和福利的生活的环境中，享有自由、平等和充足的生活条件的基本权利，并且负有保护和改善这一代和将来的世世代代的环境的庄严责任"②。因此，我们必须将"环境权"或"生态环境权益"的理念引入到全社会共同建

---

① 《中共中央关于制定国民经济和社会发展第十四个五年规划和二〇三五年远景目标的建议》，《人民日报》2020年11月4日。

② 《迈向21世纪——联合国环境与发展大会文献汇编》，中国环境科学出版社1992年版，第157页。

设美丽中国的行动当中。这样，才能为生态环境公益诉讼等公众参与的方式提供法理依据，才能真正调动起全体人民参与生态环境治理的能动性、积极性和创造性。

将社会主义人权事业和生态文明建设事业统一起来，我们必须切实保障全体人民的下述权益：第一，绿色知情权。全体人民享有了解政府生态环境政务信息和企业生态环境治理信息的权利，政府和企业有责任和义务向全体公民公开披露生态环境信息，并对信息的真实性负责。第二，绿色决策权。按照决策民主化的原则，全体人民在生态环境治理中具有献计献策的权利，具有全程参与决策的权利。政府在作出生态环境决策时必须集思广益，形成调节反馈机制，能够及时有效将公众合理性意见转化为政府实质性的生态环境政策。第三，绿色参与权。全体人民有参与生态环境保护和生态环境治理的权利，国家必须切实保证和推动公众的依法参与。第四，绿色表达权。全体人民具有评议国家生态环境政策尤其是涉及自身合法权益的政策的权利，具有表达不同意见甚至是反对意见的权利。国家应该拓宽公民表达的渠道，从善如流，积极维护人民群众的表达权利。第五，绿色监督权。全体人民有监督国家行政部门生态环境执法尤其是不作为和乱作为的权利，有检举和控告生态环境事件和生态环境事故的权利。国家必须切实保障人民群众的监督权，保护参与监督的公众的隐私和权益。

当然，在国家切实保证人民群众各项生态环境权益的同时，任何公民不能以维护生态环境权益的名义谋取个人私利尤其是不当私利，不能使生态环境维权行为成为敌对势力危害社会稳定和国家安全的工具。

（四）全社会共同建设美丽中国的方式

在国家层面，生态环境行政管理部门可以通过征求意见、问卷调查、座谈会、论证会、听证会等方式鼓励和支持全民行动，应该通过奖励和表彰、项目资助、购买服务等方式鼓励和支持全民行动。在社团和个人层面，可以通过提出意见、举报、控告等方式参与环境治理，可以通过参与环保公益活动、践行绿色生活方式等方式参与环境治理。现在，生态环境公益诉讼已经成为生态环境治理全社会共同行动的重要方式。全社会共同建设美丽中国，已成为实现国家生态环境治理体系和生态环境治理能力现代化的重要任务。

四、全社会共同建设美丽中国的主要框架

坚持全社会共同建设美丽中国，就是要在坚持党的领导的前提下，在建设社会主义法治国家的框架中，构建以"共治"为内容和特征的中国特色的生态环境治理体系，把全社会的力量都调动起来，形成生态文明建设的强大社会合力。

（一）坚持党的领导

在美丽中国建设中，必须始终坚持党的领导作用。第一，这是保证良好的生态环境的最普惠的民生福祉和最公平的公共产品之性质的必然要求。现在，人民群众的需要已经从"求温饱"转向"求环保"，优美生态环境需要已经成为人民群众美好生活需要的表现和表征。习近平总书记指出，良好的生态环境是最普惠的民生福祉和最公平的公共产品。因此，只有在代表中国最广大人民根本利益的中国共产党的领导下，我们才能有效防止特殊利益集团和既得利益集团对生态文明建设的绑架，才能保证良好生态环境的"最普惠"和"最公平"的性质。第二，这是实现中华民族伟大复兴中国梦的必然要求。建设生态文明是实现中华民族永续发展的千年大计，建设美丽中国是实现中华民族伟大复兴中国梦的重要组成部分。近代以来的中国历史雄辩地表明和证明，只有社会主义才能拯救中国、发展中国、壮大中国。社会主义是中国共产党领导下的伟大事业。只有坚持党的领导，我们才能在站起来、富起来、强起来的基础上，使我国以经济富强、政治民主、文化繁荣、社会和谐、山川秀美、民族团结、祖国统一的形象屹立于世界东方。第三，这是巩固和发展社会主义的必然要求。社会主义是全面发展、全面进步的社会，中国特色社会主义事业是全面发展、全面进步的事业。在科学把握上述全面性要求的基础上，党的十八大将"中国共产党领导中国人民建设社会主义生态文明"的内容明确写入了党章，党的

十九大进一步丰富了这一内容:"中国共产党领导人民建设社会主义生态文明。树立尊重自然、顺应自然、保护自然的生态文明理念,增强绿水青山就是金山银山的意识,坚持节约资源和保护环境的基本国策,坚持节约优先、保护优先、自然恢复为主的方针,坚持生产发展、生活富裕、生态良好的文明发展道路。着力建设资源节约型、环境友好型社会,实行最严格的生态环境保护制度,形成节约资源和保护环境的空间格局、产业结构、生产方式、生活方式,为人民创造良好生产生活环境,实现中华民族永续发展。"只有坚持党的领导,我们才能搞好生态文明建设,巩固和发展中国特色社会主义事业和社会主义建设事业。

在加强党的领导的同时,还必须提高各级党委领导生态文明建设的能力和水平。我们要坚持贯彻党中央和国务院关于生态环境保护的总体要求,实行生态环境保护党政同责、一岗双责的原则,健全生态环境治理领导责任体系。第一,完善中央统筹、省负总责、市县抓落实的工作机制。各级党委和政府要严格执行党中央和国务院关于生态文明建设的战略部署,坚决贯彻和落实习近平生态文明思想,不能在这个问题上打折扣,而要咬定青山不放松。要增强"四个意识",树立正确政绩观,把生态文明建设重大部署和重要任务落到实处,让良好生态环境成为人民幸福生活的增长点,成为经济社会持续健康发展的支撑点,成为展现我国良好形象的发力点。第二,明确中央和地方财政支出责任。我们要建立健全常态化、稳定的中央和地方环境治理财政资金投入机制,确保生态文明建设方面的投入;同时,要大力发展生态金融。第三,完善生态文明建设目标评价考核体系,开展目标评价考核。"对不顾生态环境盲目决策、违法违规审批开发利用规划和建设项目的,对造成生态环境质量恶化、生态严重破坏的,对生态环境事件多发高发、应对不力、群众反映强烈的,对生态环境保护责任没有落实、推诿扯皮、没有完成工作任务的,依纪依法严格问责、终身追责。"[①] 只有强化考核问责、严格责任追究,才能落实党政主体责任,夯实生态文明建设和生态环境保护的政治责任。第四,继续深化生态环境保护督察。要坚持把运动式督察和常态化督察统一起来。第五,建设好生态环境保护铁军。

---

① 《中共中央　国务院关于全面加强生态环境保护　坚决打好污染防治攻坚战的意见》,《人民日报》2018年6月25日。

在确定正确的路线、方针、政策的前提下，干部队伍具有至关重要的作用，要"落实全面从严治党要求，建设规范化、标准化、专业化的生态环境保护人才队伍，打造政治强、本领高、作风硬、敢担当，特别能吃苦、特别能战斗、特别能奉献的生态环境保护铁军"①。各级党委和政府要关心、支持生态环境保护队伍建设，主动为敢干事、能干事的干部撑腰打气。

（二）发挥政府的主导作用

建设美丽中国，政府必须发挥主导作用。首先，这是解决环境污染问题的必然要求。环境污染是典型的外部不经济性问题，单纯依赖市场或企业均无法解决，必须发挥政府的主导作用。其次，这是提供生态环境产品的必然要求。生态环境产品是典型的公共产品或准公共产品，单纯市场和社会都不可能得到提供，必须发挥政府的主导作用。在我国社会主要矛盾发生变化的情况下，这一点尤为重要。最后，这是建设服务型政府的必然要求。经过长期实践探索，我们现在明确经济调节、市场监管、社会治理、公共服务、环境保护是政府的基本职能。明确政府在美丽中国建设中的主导地位，有助于转变政府的职能，是建设服务型政府的重要体现。

从维护公共利益和人民群众利益的高度出发，政府要善于综合运用各种政策手段，推动美丽中国建设。第一，坚持行政手段和市场手段的统一。为了有效防范外部不经济性问题，政府既要利用环境规划、公共财政等行政手段促进环境治理，也要依据环境损害成本等方面的情况运用市场手段促进生态环境治理。政府运用市场手段进行生态环境治理，可以促进外部问题的内部化，增强企业生态环境治理的自觉性和创造性。第二，坚持环境手段和社会手段的统一。政府在出台生态环境政策的同时，必须考虑到生态环境治理可能带来的民生问题，要预防由此引发的社会稳定问题。只有以社会政策为托底，才能有效地推进生态环境治理。第三，坚持德治手段和法治手段的统一。在运用法治手段推进生态环境治理的同时，政府必须推动生态文明成为社会主流价值观，推动全

---

① 《中共中央　国务院关于全面加强生态环境保护　坚决打好污染防治攻坚战的意见》，《人民日报》2018年6月25日。

社会牢固树立和大力践行社会主义生态文明观，要在法律中确定树立和践行社会主义生态文明观的原则和要求。此外，政府的所有行政行为都要严格遵循绿色化的原则和要求，努力将自身打造成为生态型政府，发挥生态文明建设的表率作用。

在此基础上，我们还要做好以下工作：第一，健全环境治理监管体系。我们要整合相关部门污染防治和生态环境保护执法职责、队伍，统一实行生态环境保护执法，要建立生态环境保护综合行政执法机关，加快构建陆海统筹、天地一体、上下协同、信息共享的生态环境监测网络，实现环境质量、污染源和生态状况监测全覆盖。这样，我们才能完善监管体制，加强司法保障，强化监测能力建设。第二，健全环境治理市场体系。我们要加快形成公开透明、规范有序的环境治理市场环境，加强关键环保技术产品自主创新，积极推行环境污染第三方治理，严格落实"谁污染、谁付费"的政策导向，建立健全"污染者付费＋第三方治理"等机制。第三，健全环境治理法律法规政策体系。我们要完善法律法规和环境保护标准，加强生态文明建设方面法财税支持，完善生态文明建设方面的金融扶持。

（三）发挥企业的主体作用

在国家治理中，必须形成风清气正的新型政企关系、政商关系，充分发挥企业在美丽中国建设中的主体作用。第一，在市场经济条件下，企业是与政府、社会并列的重要主体，不仅是经济行为的主体，而且是环境行为、社会行为的主体；企业的环境行为和社会行为对全社会的环境行为和社会行为具有重要影响。第二，企业环境行为是影响可持续发展的关键变量，企业的环境污染行为是造成环境污染的主要原因之一，企业的环境友好行为是实现绿色发展的重要动力机制之一。现在，绿色已经成为影响企业竞争力的关键因素。第三，企业的社会行为是影响企业可持续生存和发展的重要因素，企业不仅要履行一般的社会责任，而且要履行生态环境责任；企业履行环境责任的情况是评判企业社会形象的重要标尺。

企业生产和经营必须坚持经济效益、社会责任、环境保护的统一，通过促进自身的可持续发展带动全社会的可持续发展。第一，引入环境会计和环境审计等绿色管理方式，促进企业生产和经营的绿色化，降低外部不经济性给企业带来的各种风险。第二，做好劳动保护和安全生产等方面的工作，切实保护劳动者的生态环境权益，全力避免企业生产造成的生态环境问题对劳动者人身安全和身体健康造成的威胁和危害。第三，不断推动企业的技术创新和制度创新，构建市场导向的绿色技术创新体系，带动全社会实现产业结构、生产方式和发展方式的绿色化。第四，充分发挥国有企业的示范作用。习近平总书记指出："国有企业要有社会责任，节能减排做得如何就是对国有企业承担社会责任的检验。"[①] 推而广之，国有企业在生态环境治理中的示范作用，直接关系着在生态文明领域中能否实现共有、共建、共治、共享，直接关系着我们建设的生态文明的社会主义性质。

在此基础上，我们要健全环境治理企业责任体系。第一，依法实行排污许可管理制度。我们要加快排污许可管理条例立法进程，进一步完善排污许可制度，加强对企业排污行为的监督检查。第二，推进生产服务绿色化。我们要积极推动企业践行绿色生产方式，大力开展绿色技术创新，加大清洁生产推行力度，加强全过程管理，减少污染物排放。第三，提高治污能力和水平。我们加强企业环境治理责任制度建设，督促企业严格执行法律法规，接受社会监督。第四，公开环境治理信息。企业要公开披露自己的环境信息，虚心接受政府、社会和民众的批评和监督，完善企业内部的环境治理。

同时，在健全环境治理信用体系中，我们要"健全企业信用建设。完善企业环保信用评价制度，依据评价结果实施分级分类监管。建立排污企业黑名单制度，将环境违法企业依法依规纳入失信联合惩戒对象名单，将其违法信息记入信用记录，并按照国家有关规定纳入全国信用信息共享平台，依法向社会公开。建立完善上市公司和发债企业强制性环境治理信息披露制度"[②]。当然，我们也要加强政务诚信建设。

---

① 《习近平关于社会主义生态文明建设论述摘编》，中央文献出版社2017年版，第118页。

② 《中共中央办公厅　国务院办公厅印发〈关于构建现代环境治理体系的指导意见〉》，中国政府网2020年3月3日。

（四）发挥社会的协同作用

在美丽中国建设中，必须发挥社会的协同作用。第一，在市场经济的条件下，随着政企分开进程的推进，在政府和企业之间自然会留出一个中间地带，而执政党不可能包揽这个领域的一切事务，这样，就为社会自治留下了空间。第二，生态环境治理领域涉及的问题具有公共性、复杂性和滞后性等特征，任何一种单一社会力量都难以独自解决这一领域的问题，需要发挥全社会的积极性、能动性和创造性，为社会力量的介入和参与提供可能。第三，"中国共产党领导人民构建社会主义和谐社会"仍然是党的十九大修改以后的党章所强调的内容，因此，必须将构建和谐社会的"人与自然和谐相处"的要求与构建和谐社会的"共同建设、共同享有"的原则统一起来，这样，就要求以社会协同的方式推进生态环境治理。

在美丽中国建设中，必须形成广泛的社会动员。第一，充分发挥基层民主的作用。基层民主是社会主义民主最广泛的实践，是发展社会主义民主的基础性工作。我们既要充分发挥工会、共青团、妇联等人民团体在生态环境治理中的作用，也要充分发挥村委会、居委会和职代会在生态环境治理中的作用。第二，充分发挥行业协会的作用。作为行业自治组织形式的行业协会，是一种重要的社会组织。行业协会在制定行业环境标准、监督企业环境行为、促进企业可持续发展等方面可以发挥独特的作用。第三，充分发挥环境民间组织的作用。环境民间组织是社会力量介入和参与环境治理的重要组织形式，可以弥补国家和市场的不足。我们要引导环境民间组织参与到环境治理中来，发挥它们在开展社会环境教育、推动社区环境整治、倡导绿色生活方式等方面的作用。

在此基础上，我们要进一步强化社会监督。按照发展社会主义民主政治的要求，我们要进一步完善公众监督和举报反馈机制，充分发挥"12369"环保举报热线作用，畅通环保监督渠道。同时，我们要进一步加强舆论监督，鼓励新闻媒体对各类破坏生态环境问题、突发生态环境事件、生态环境违法行为进行曝光。我们要放松主体适格，科学引导具备资格的环保组织依法开展生态环境公益诉讼等活动。

当然，任何一种社会力量都必须在依法治国的框架中参与环境治理，必须加强内部治理，全力避免和有效防范"社会失灵"，尤其是不能成为敌对势力利用的工具。

（五）发挥公众的参与作用

在美丽中国建设中，必须充分发挥公众的参与作用。第一，没有每个个体作用的发挥，就形成不了强大的社会合力。尽管社会是一种群体性的存在，但是每个个体的行为尤其是所有个体的行为对整个社会行为具有重要影响。第二，生态环境治理需要每个人的介入和参与。习近平总书记指出："生态文明建设同每个人息息相关，每个人都应该做践行者、推动者。"[①]因此，生态环境治理必须重视每个人的主体作用。第三，在生态环境治理中坚持党的群众路线的必然要求。群众路线是党的根本的政治路线，要求我们在一切工作中都要坚持从群众中来、到群众中去。将之贯彻在环境治理中，就是要注重发挥公众在环境治理中的参与作用。

人民群众是历史、国家和社会的主人，发挥公众参与生态环境治理的作用，必须从满足人民群众的生态环境需要出发，在充分保障其环境权的前提下，健全环境治理全民行动体系。第一，提高公民生态文明素养。我们要坚持把生态文明纳入国民教育体系和党政领导干部培训体系，组织编写生态文明读本，推进生态文明宣传教育进学校、进家庭、进社区、进工厂、进机关。加大生态环境公益广告宣传力度，研发推广生态环境文化产品。为此，我们要充分发挥各种社会力量的作用，有效利用现代教育和传播手段，加强生态环保和生态文明宣传和教育工作，为全体人民提供生态环保和生态文明方面的精神文化产品和精神文化服务。第二，引导公民自觉履行生态文明建设责任。在统筹疫情防控、社会经济发展、生态文明建设的过程中，我们尤其要科学引导公众积极投身爱国卫生运动当中。"这不是简单的清扫卫生，更多应该从人居环境改善、饮食习惯、社会心理健康、公共卫生设施等多个方面开展工作，特别是要坚决杜绝食用野生动物

---

① 《习近平关于社会主义生态文明建设论述摘编》，中央文献出版社2017年版，第122页。

的陋习，提倡文明健康、绿色环保的生活方式。"①同时，公众要积极参与垃圾分类活动，坚持绿色出行、绿色消费，积极投身到生态文明志愿活动当中。

当然，每个人都要遵纪守法，努力做社会主义生态文明观的践行者和推动者。这样，才能做好参与环境治理的工作。

总之，在中国共产党的领导下，按照依法治国的基本方略，中国的生态环境治理以"共治"为内容和特征。在社会主义法治框架中，中国共产党理应充当起政府、企业、社会、公众四方共治的发起者、召集人和监督者的角色，充分发挥党在生态环境治理中的领导作用。

五、全社会共同建设美丽中国的现实选择

由于公民个体是社会的微观基础，其言行直接影响着环境治理的成效，因此，我们必须将提升公民的生态环保综合素养、能力和水平作为工作重点。围绕着这一重点，不断强化社会监督的作用，发挥各类社会团体的作用。

（一）坚持用习近平生态文明思想武装全体人民头脑

现在，我国公民的生态文明素养普遍提高，但由于一系列复杂因素的影响，"邻避情节"仍严重影响着环境治理全民参与及其实际成效。因此，亟须用习近平生态文明思想进一步武装全体人民的头脑。第一，在人与自然关系方面，应该引导全体人民牢固树立"人与自然是生命共同体"的科学理念，学会敬畏自然、尊重自然、顺应自然、保护自然，实现人与自然和谐共生。第二，在人与他人关系方面，应该引导全体人民牢固树立社会主义大家庭的科学理念，学会关心和关爱他人，承认和尊重他人的生态环境权益，努力维护生态环境领域的公平正义。第三，在人与国家关系方面，应该引导全体人民牢固树立建设美丽中国的科学理念，热爱祖国的大好河山，为把我国建设成为富强民主文明和谐美丽的社会主义现代化强国而努力奋斗。第四，在人与世界关系方面，按照人类命运共同体的科

---

① 习近平：《为打赢疫情防控阻击战提供强大科技支撑》，《求是》2020年第6期。

学理念，应该引导全体人民牢固树立建设"清洁美丽的世界"的科学理念，形成建设持久和平、普遍安全、共同繁荣、开放包容、清洁美丽的世界的国际主义情怀。这样，我们才能全面提升全体人民的生态文明思想道德境界。

（二）促进全体人民献身社会主义生态文明建设事业

根据党的十九大精神，按照《关于构建现代环境治理体系的指导意见》、《关于加快推动生活方式绿色化的实施意见》及《公民生态环境行为规范（试行）》，我们应该从以下几方面促进公民投身于生态文明建设。第一，必须在全社会大力倡导和践行简约适度、绿色低碳的生活方式，积极开展垃圾分类，政府和企业应该促进生产、流通、消费、回收等环节的绿色化，公民个人应该在衣食住行等方面都实现绿色化，社会应该搭建促进生活方式绿色化的网络、平台和环境，坚持用生活方式的绿色化倒逼生产方式的绿色化。第二，各种社会力量应该大力组织开展各种生态环境保护和生态文明建设公益活动，如植树造林、垃圾分类、节能减排等，公民个人应该将雷锋精神和志愿精神统一起来，努力做生态文明建设的志愿者。第三，各类生态环境治理应该向社会和公众积极开放，如中央生态环境保护督查工作要坚持党的群众路线，构建绿色导向的绿色技术创新体系要大力推进绿色技术众创，生态环境公益诉讼活动要扩大主体适格以吸收公众参与，环境新闻舆论监督要积极听取群众意见，公民个体要积极参与这些治理活动。第四，各类工作单位要结合自身的工作实际促进绿色发展和生态环境治理，公民个体要立足于工作岗位积极参与单位的绿色发展和生态环境治理，为创建绿色机关、绿色企业、绿色学校、绿色社团作出自己的贡献。第五，家庭应该形成崇尚绿色生活的氛围，家长应该通过自己的言传身教给子女以潜移默化的影响，教育和引导孩子从小形成简约适度、绿色低碳的生活方式，杜绝和避免奢华和浪费等落后的生活习惯。

总之，只有将社会主义生态文明观尤其是习近平生态文明思想内化于心、外化于行，知行合一，提高全体人民的生态环保和生态文明综合素养、能力和水平，我们才能有效建立健全环境治理全民行动体系，形成建设美丽中国全社会行动的态势。

🎤 第九讲

共谋全球生态文明建设

韩 融[*]

引言 习近平总书记指出，建设绿色家园是人类的共同梦想，国际社会应该携手同行，共建清洁美丽的世界。全球处于同一个有机生态系统之中，建立一个有利于各国发展的生态共同体，是人类命运共同体的题中应有之义。我国对生态文明及其建设的界定或理解超出了国内视域，具有国际维度和全球视野。作为全球生态文明建设的重要参与者、贡献者，尤其是引领者，我们从构建人类命运共同体的高度出发，倡导人与自然和谐共生。我国不仅坚持走绿色发展、可持续发展的道路，同时也深度参与全球环境治理，为推进全球生态文明建设提供理论支撑和方法指引，引导各方力量积极应对气候变化、生物多样性减损、海洋污染等全球环境问题，推动形成世界环境保护和可持续发展的解决方案。

工业革命以来，人类无节制的活动对自然环境造成了深刻影响。正如马克思在《共产党宣言》中指出的，资产阶级创造出超过以往世代总和的生产力，推进资本主义历史进程，促进了社会变革发展，与此同时也快速地推倒了"田园诗"般的生活画面。在过去半个世纪，世界发生了巨大变革，社会经济水平、人口规模产生了爆炸式增长，人均寿命、城镇化水平大幅度提高（如图9-1所示）。但是这种改变是以破坏自然为巨大代价的（图9-1B）。1990年以来，全球

* 韩融，中共中央党校（国家行政学院）社会和生态文明教研部生态文明建设教研室讲师，联合国气候变化专门委员会（IPCC）第六次评估报告专家。主要研究领域为生态文明范式下的气候治理、能源与气候经济、碳中和实现路径等。

自然资本的存量下降了近40%。[①]从自然层面看，无限制的开发、有限度的保护动摇了地球运行系统的稳定性。从社会层面看，少数人使用了绝大部分资源，经济收益和生态负担在国家之间存在严重的不平等。最富裕的10%人口制造了全球约一半的碳排放量，最贫困的35亿人仅仅产生10%的碳排放量，然而后者的生活却饱受超级风暴、干旱以及其他与气候变化相关的极端天气事件威胁。生态危机与经济不平等叠加，给全球21世纪经济社会发展带来严峻挑战。

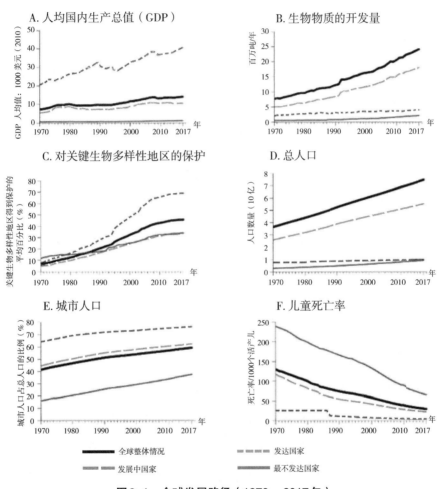

图9-1　全球发展路径（1970—2017年）

资料来源：世界银行（2018），IPBES（2019）。

工业化以来，人类已经改变了地球上75%的土地。根据现有数据，全球近

---

① UNEP, Inclusive Wealth Report 2018: Measuring Sustainability and Wellbeing, UNEP Programme.

90%的湿地已经消失。自1990年以来，世界森林面积减少了1.78亿公顷，几乎相当于整个利比亚国土面积。目前，全球沙漠化面积已达到陆地总面积的1/4，并以每年5万至7万平方千米的速度扩张。20世纪70年代以来，在不到半个世纪的时间里，全球监测到的哺乳动物、鸟类、两栖动物、爬行动物和鱼类的种群数量平均下降了68%，其中90%的大型鱼类种群消失、50%的珊瑚礁遭到破坏；20世纪末每天约有50至100种动物灭绝。物种种群规模的快速下降，说明地球自然环境正在遭受严重破坏。由于发展不当或发展不足，近100多年，全球已经发生60多起因环境污染造成人群非正常死亡、残疾、患病的公害事件。除了传统的生态环境问题之外，气候变化、重大传染性疾病等非传统安全威胁持续蔓延。2018年，联合国气候变化专门委员会（以下简称IPCC）发布《全球升温1.5℃特别报告》，指出如果按照目前每10年平均约0.2℃的升温趋势，全球地表平均气温最快可能在2030年升温1.5℃。一旦突破1.5℃临界点，气候灾害发生的频率和强度将大幅上升，带来水资源短缺、旱涝灾害、极端高温、生物多样性丧失和海平面上升等长期不可逆的风险。极端气候事件和严重自然灾害将导致巨大的经济损失和人员伤亡，影响地区乃至世界的稳定和安全，给人类的生存和发展带来严峻挑战。

一、全球生态文明建设的科学探索

生态危机、环境危机成为全球挑战，没有哪个国家可以置身事外，独善其身。人们不得不重新审视人与生态之间的关系，为了可持续发展，不断从理论层面和实践层面共同探寻破解全球性生态问题的对策。《人类处于转折点——给罗马俱乐部的第二个报告》指出，"地球上所有的生命，包括我们自己的生存，都有赖于生态系统的稳定"。人与自然和谐共生，是全人类共同幸福的前提条件。罗马俱乐部创建人奥雷利奥·佩西认为："如果世界只有一个命运，整个人类只有一个命运……我们不仅要关心本国的未来，也要关心其他国家的未来，不论别的国家同我们有什么分歧，但大家毕竟面临着一个共同的命运。"[①] 20世纪60年代以来，随着可持续发展思想的萌发，国际社会对"人与自然""国家与世界"的关系已经达成了基本共识。

（一）全球绿色运动的演进

20世纪60年代以来，绿色浪潮开启，由于时代背景不同、认识程度差异，其反映出来的价值导向和理论内核不尽相同。从学术角度看，生态文明观的反思，起源于1962年美国科学家蕾切尔·卡逊发表的《寂静的春天》。此后诸如罗马俱乐部等非政府性学术团体以及学派涌现，绿色发展和环境保护逐渐成为社会意识和热点科学话题。从《寂静的春天》（1962年）到《只有一个地球》（1972年）、《我们共同的未来》（1987年），再到《迈向绿色经济》（2011年），全球绿色浪潮经历了三个重要阶段，形成了一系列制度性成果和重要理论。三个阶段讨论的重点是经济、社会、环境三者描述的关系，以及由此引发的环境和生态相关的理论探讨和政策方向。当前的绿色发展理念特别强调尊重生态极限和社会公平。

20世纪60年代，全球流行对发展的极度崇拜，各国注意力都集中在经济增长上。第二次世界大战后，第三次科技革命兴起，新科技的研发提高了劳动生产效率，从20世纪50年代到70年代，发达资本主义国家经历了第二个"黄金时代"，经济盛况空前，年均增长率高达5.5%。20世纪70年代，群众性的绿色生态保护运动在西方发达国家大规模开展，千百万人游行示威，要求政府治理和控制环境污染，保护自然资源。

20世纪80年代到90年代，联合国和各国政府开始重视并有所行动。此阶段学术上逐渐深化研究，侧重于环境问题产生的社会经济原因，寻找达到经济和环境双赢的途径，体现出来的是可持续发展的积极态度。这一阶段所主张的预防性方案，强调前端和生产过程的治理，重点是提高资源环境生产效率，没有考虑经济模式本身需要变革。

21世纪以来是第三次绿色浪潮，强调可持续，要求环境非下降的经济增长，

[①] 奥雷利奥·佩西：《未来的一百页——罗马俱乐部总裁的报告》，汪帼君译，中国展望出版社1984年版。

此阶段关注的重点是气候问题和低碳经济，核心是经济模式的变革。2008年以来的全球金融危机加上气候危机，预示着以追求无限增长为目标的旧的经济模式正式进入终结阶段。

（二）制度性成果和重要理论

生态问题的普适性和国际合作在解决人类共同面对的危机过程中扮演着重要角色。1972年以来的一系列基于可持续发展与环境合作的国际性公约和宣言，表明了这一问题。以联合国为代表的国际机构，多从可持续发展、绿色发展、低碳发展等角度出发制定了一系列的报告、宣言、国际规则等。1972年6月16日斯德哥尔摩联合国人类环境会议通过的《人类环境宣言》(也就是《斯德哥尔摩宣言》)，是人类历史上第一个保护环境的全球性宣言，第一次将环境权作为人权的基本组成部分来看待，第一次将环境、和平和发展联系在一起，其中孕育了可持续发展的萌芽，既强调了保护环境和资源的迫切性，也认同了发展经济的重要性，对于激励和引导全世界人民奋起保护环境起到了积极作用，为各国国内环境法的发展指出了方向，具有重大历史意义。宣言的内容由各国在会议上取得的7项共同观点和26项原则组成。《里约环境与发展宣言》是继《人类环境宣言》和《内罗毕宣言》以后又一个关于环境保护的世界性宣言，体现了冷战后新的国际体系下，各国对环境与发展问题的新认识。《里约环境与发展宣言》是1992年在巴西里约热内卢召开的联合国环境与发展大会上通过的，这个宣言又被称为《地球宪章》，总共提出了27项原则。中国代表团在此次大会上强调，中国愿意承担与本国发展水平相适应的国际责任和义务，并愿意为解决世界环境与发展问题进一步加强国际合作，同时强调，解决环境问题，发达国家和发展中国家都应当承担义务，发达国家负有更大责任。《约翰内斯堡可持续发展宣言》是2002年在约翰内斯堡可持续发展世界首脑会议上通过的重要宣言。其目的是讨论里约会议以来环境与发展情况、《21世纪议程》的实施情况以及未来的进一步行动计划，敦促各国在可持续发展领域采取实际行动。1987年，世界环境与发展委员会完成的报告——《我们共同的未来》指出，要摆脱人类面临的危机，必须打破"旧的发展模式"，建立一个新的发展模式——一个持续发展的社会，提出了"可持续发展"原则。所谓持续发展，包括两个方面的意思：一个是发展，一个是持续。报告认为，"人类社会的持续发展只能以生态环境和自然资源的持久、稳定的支撑能力为基础；而环境问题也只能在社会和经济的持续发展中才能得到解决"。报告对可持续发展作了经典定义：既满足当代人的需要，又不对后代人满足其需要的能力构成危害的发展。《我们共同的未来》作为提交联合国大会的报告，世界环境与发展委员会在其中虽然没有提出行动的详细蓝图，但是指出了一条通往未来的道路。可以说，无论是从思想深度还是涉及的范围，《我们共同的未来》都是迄今为止关于世界的现状与未来问题最重要的报告。2012年6月，联合国可持续发展大会（"里约+20"峰会）在里约热内卢召开。这次会议是继千年峰会之后联合国围绕发展问题所召开的最为重要的会议，为重建发展问题全球进程奠定了良好基础。大会主要围绕绿色经济在可持续发展和消除贫困方面的作用以及可持续发展的体制框架两大主题展开讨论，最终通过了报告——《我们希望的未来》，各国承诺将继续致力于可持续发展目标的实现。会议最重要的成果是会员国统一制定出一套未来可期的可持续发展目标以在可持续发展方面采取集中统一行动。

由工业文明向生态文明转型是涉及人类公平正义和永续发展的重大战略问题，在环境容量有限、生态系统脆弱的形势下，建设生态文明，提供清新空气、清洁水源、宜人气候等生态产品，惠及民生，是社会公平最直接、最明显的体现。2017年10月18日，习近平总书记在党的十九大报告中强调世界面临的不稳定性不确定性突出，世界经济增长动能不足，贫富分化日益严重，地区热点问题此起彼伏，恐怖主义、网络安全、重大传染性疾病、气候变化等非传统安全威胁持续蔓延，人类面临许多共同挑战。人类命运共同体倡导的"携手合作、互利共赢"是解决全球性问题的唯一正确选择。生态危机面前，没有哪个国家能独善其身。我国的生态文明概念在国际社会得到了重要关注，被联合国认为是全球可持续发展的中国方式。2016年5月，联合国环境规划署发布了两份报告，一是《可持续发展多重途径》，二是《绿水青山就是金山银山：中国生态文明战略与行动》。联合国原副秘书长、环境规划署执行主任施泰纳指出，可持续发展的内涵丰富，实现路径具有多样性，不同国家应根据各自的国情选择最佳实施路径。生态文明建设是对可持续发展理念的有益探索和具体实践，为其他国家应对类似的经济、环境和社会挑战提供了经验借鉴。

二、全球生态文明建设的科学依据

人类生活在同一个地球生态圈，维护生态系统的完好性是共同目标，守护自然界是共同的责任。在这样的客观现实条件下，自然形成了你中有我、我中有你的共生共存共荣的命运共同体。马克思将人类社会的发展历程描述为由"天然共同体"转化为"虚幻共同体"，进而再发展为"真正共同体"的过程。"和平、和睦、和谐是中华民族5000多年来一直追求和传承的理念"[1]，正是尊重"共同性"的存在以及维护"完好性"的追求，中华民族历来讲求"天下一家"，主张民胞物与、协和万邦、天下大同，憧憬"大道之行也，天下为公"的美好世界，并以和合理念处理人与人、国与国的关系。这种"协和万邦的国际观"[2]，实质上是承认"天下"的利益高于"家国"的利益。世界上很多国家和地区也都倡导类似的思想理念，比如亚里士多德主张的"人类必须互相保持和谐而生活"，印度前总理尼赫鲁倡导的"世界一家"等都从不同角度体现了"天下一家"的思想。[3]

地球生态系统与人类同处于"共同体"中，"人与自然共生共存，伤害自然最终将伤及人类"[4]。良好的生态环境是"真正的共同体"中不可忽略的一部分，与自然对立导致"真正的共同体"的构建只能沦为虚幻，实现人的自由全面发展遥不可及。[5] 2017年1月，习近平在联合国日内瓦总部发表题为《共同构建人类命运共同体》的演讲时，向全世界明确提出建设一个"清洁美丽世界"的倡议。党的十九大报告进一步强调"人与自然是生命共同体"，要"构建人类命运

---

① 习近平：《在庆祝中国共产党成立100周年大会上的讲话》，《人民日报》2021年7月2日。

② 习近平：《在中国国际友好大会暨中国人民对外友好协会成立60周年纪念活动上的讲话》，《人民日报》2014年5月16日。

③ 参见滕文生《为实现新型国际合作开辟新道路》，《人民日报》2018年3月8日。

④ 习近平：《共同构建人类命运共同体》，《求是》2021年第1期。

⑤ 参见裴士军、徐朝旭《"人类命运共同体"理念的生态之维——基于罗马俱乐部研究报告的反思与展望》，《云南社会科学》2018第1期。

共同体，建设持久和平、普遍安全、共同繁荣、开放包容、清洁美丽的世界"。可以说，"共建清洁美丽的世界"目标为生态文明建设和人类命运共同体的构建找到了契合点。我们不仅要做好国内生态环境治理，寻求建设美丽中国，而且要积极协同推进国内、国际环境治理，"合作应对气候变化，保护好人类赖以生存的地球家园"。2021年5月，习近平在领导人气候峰会上发表题为《共同构建人与自然生命共同体》的重要讲话，提出了"坚持人与自然和谐共生"的气候变化全球治理新格局。"命运共同体"和"生命共同体"理念有助于推动建立互相尊重、合作共赢的全球生态治理体系，不仅为实现中华民族永续发展提供了更科学的理念和方法论指导，也是对世界可持续发展理论和实践的巨大贡献。

（一）人类命运共同体理念的发展演进

"共同体"这一概念出现得比较早，西方社会学家通常将其理解为人类在"社会"之前形成的组织形式。当形容共同的利益高于各组成部分的利益时，常常会在具体语境中冠以"共同体"。比如："地缘共同体""经济共同体""政治共同体"等，侧重强调某一方面的共同利益；"欧洲共同体""东亚共同体"等，侧重强调某一区域的共同利益。20世纪80年代到90年代，在西方第二次环境运动影响下，国际组织、学术团体等开始探索环境问题产生的社会经济原因，寻找实现经济和环境双赢的途径。罗马俱乐部对盲目追求经济增长的发展模式进行深刻批判，在《人类处于转折点——给罗马俱乐部的第二个报告》中提出各国应积极构建"世界共同体"来应对全球生态危机。[①]1995—1999年，丹麦组织了"哥本哈根社会进步论坛"，集中探讨世界共同体的构建问题。"世界共同体"理念的出现，表明国际社会已经有了要开展全球联合行动的意识，但是仍停留在讨论"世界为什么是共同体""人类要开展全球行动"等问题的层面上，没有对其科学内涵和价值意蕴给出清晰界定，也没有继续探讨如何开展全球生态行动。

进入21世纪以来，全球治理陷入集体行动的困境。英国脱欧、美国退出《巴黎协定》和发起贸易战等一系列地缘政治事件凸显了逆全球化趋势，提高了

---

① 梅萨罗维克、佩斯特尔：《人类处于转折点——给罗马俱乐部的第二个报告》，生活·读书·新知三联书店1987年版。

全球社会治理成本。"世界怎么了，我们怎么办"已成为困扰全世界的难题。基于对"和平、发展、公平、正义、民主、自由，是全人类的共同价值"的准确把握和科学判断，习近平总书记强调要站在全人类视角思考人类的生存和发展问题，提出"构建人类命运共同体"理念，并对其科学内涵给出了明确界定：人类命运共同体，顾名思义，就是每个民族、每个国家的前途命运都紧紧联系在一起，应该风雨同舟，荣辱与共，努力把我们生于斯、长于斯的这个星球建成一个和睦的大家庭，把世界各国人民对美好生活的向往变成现实。[①]其核心内容是：实现共赢共享，建设一个持久和平、普遍安全、共同繁荣、开放包容、绿色低碳的世界。习近平总书记用和谐共生形象描述了各国共生共存的关系，指明了命运共同体发展的目标。

（二）人类命运共同体理念的价值意蕴

构建人类命运共同体理念基于"地球是人类唯一赖以生存的家园，珍爱和呵护地球是人类的唯一选择"，反映了人类社会前行的最基本精神诉求、理论遵循和主流向往。[②]自2013年首次提出人类命运共同体理念以来，习近平总书记在多个国内、国际重要场合阐述并丰富人类命运共同体这一重要理念，把各方的认知不断引向深入。国内国际社会对构建人类命运共同体理念的高度认同，体现在三个方面：一是构建人类命运共同体已成为全党、全国人民的集体意志和奋斗目标。2017年党的十九大报告把"坚持推动构建人类命运共同体"作为新时代坚持和发展中国特色社会主义的基本方略之一，并写入党章；2018年十三届全国人民代表大会第一次会议通过宪法修正案，将"推动构建人类命运共同体"写入宪法序言。二是国际影响力和感召力逐渐增强。2017年"构建人类命运共同体"被写入联合国社会发展委员会决议、联合国安理会、联合国人权理事会决议。三是人类命运共同体理念体现出了强大的实践伟力。党的十八大以来，中国与越来越多的周边国家和地区构建起双边或多边命运共同体，比如，

---

① 习近平：《携手建设更加美好的世界——在中国共产党与世界政党高层对话上的主旨讲话》，《人民日报》2017年12月2日。

② 李瑞琴：《构建人类命运共同体是时代赋予的历史使命》，《红旗文稿》2021年第11期（总第443期）。

"中国-东盟命运共同体""周边命运共同体"等。在全球领域,中方倡议构建网络空间、核安全、海洋等命运共同体和人类卫生健康共同体,得到国际社会积极呼应。学界普遍认为,人类命运共同体理念是基于实践经验的总结,体现出鲜明的问题导向,在道路、理念、制度、文化等方面的创新实现了对近代西方文明的超越。其中蕴含的国际权力观、整体安全观、共同利益观、新型文明观、全球生态观,是对传统绝对的国家权力观、片面的个体安全观、狭隘的国家利益观、偏执的普世文明观、功利的生态逆持续观的多重超越,是一种崭新的全球治理观。[①]

三、全球生态文明建设的中国贡献

联合国秘书长古特雷斯表示,中国的支持对多边主义至关重要,期待中国在国际事务中发挥重要领导力。联合国环境规划署前执行主任多德斯韦尔指出:"若没有中国的参与,解决任何全球性环境问题都是不可能的。"正如习近平总书记所强调的那样:"中国始终是世界和平的建设者、全球发展的贡献者、国际秩序的维护者,愿扩大同各国的利益交汇点,推动构建以合作共赢为核心的新型国际关系,推动形成人类命运共同体和利益共同体。"构建人类命运共同体在国际社会迅速取得广泛共识,联合国在2017年2月10日将其写入联合国决议,在2017年3月17日又将其载入安理会决议,在2017年3月23日再将其载入人权理事会决议。

(一)建立"一带一路"绿色发展国际联盟

2016年4月29日,习近平总书记在主持十八届中央政治局第三十一次集体学习时指出,"一带一路"建设是我国在新的历史条件下实行全方位对外开放的重大举措、推行互利共赢的重要平台。我们必须以更高的站位、更广的视野,在吸取和借鉴历史经验的基础上,以创新的理念和创新的思维,扎扎实实做好

---

① 陈明琨:《人类命运共同体思想的多重超越》,《经济社会体制比较》2018年第6期。

各项工作，使沿线各国人民实实在在感受到"一带一路"给他们带来的好处。

"一带一路"沿线国家和地区的生态环境大多敏感脆弱。"一带一路"倡议提出以来，中国就特别强调项目建设要注重可持续发展理念，把中国和沿线国家的环境治理目标连接在一起。2015年3月，国家发展改革委、外交部、商务部联合发布《推动共建丝绸之路经济带和21世纪海上丝绸之路的愿景与行动》，明确提出了"绿色丝绸之路"的理念，其中，特别强调"强化基础设施绿色低碳化建设和运营管理，在建设中充分考虑气候变化影响"，"在投资贸易中突出生态文明理念，加强生态环境、生物多样性和应对气候变化合作，共建绿色丝绸之路"。习近平总书记强调，要着力深化环保合作，践行绿色发展理念，加大生态环境保护力度，携手打造"绿色丝绸之路"。两年后，环境保护部、外交部、国家发展改革委、商务部联合发布《关于推进绿色"一带一路"建设的指导意见》，正式明确提出绿色"一带一路"理念，阐述了建设绿色"一带一路"的重要意义，并提出了"用5—10年时间，建成较为完善的生态环保服务、支撑、保障体系，实施一批重要生态环保项目，并取得良好效果"。2022年3月，国家发展改革委、外交部、生态环境部、商务部联合发布《关于推进共建"一带一路"绿色发展的意见》，提出了进一步推进共建"一带一路"绿色发展，让绿色切实成为共建"一带一路"底色的总体要求。可以说，共建绿色"一带一路"是"一带一路"顶层设计中的重要内容。"一带一路"沿线国家大多正处于经济转型期或者新兴经济体，存在基础设施落后、生态环境脆弱、可持续发展能力薄弱的问题。绿色发展应该成为题中应有之义。

据统计，除中国外，目前126个"一带一路"沿线国家碳排放总量占全球总排放量的28%。未来20年，若延续高碳发展模式，这一比重将会进一步增大，不仅影响全球温控目标的实现，还有可能带来政治、经济、金融、能源等风险和挑战。目前，中国已在"一带一路"框架下采取了多项措施推动沿线国家开展气候治理方面的合作，把绿色"一带一路"打造成落实全球气候治理目标的重要平台。比如，中国倡导成立的亚洲基础设施投资银行专门发布了"环境与社会框架"和"环境与社会政策指令"，明确支持《巴黎协定》减缓、适应和金融再定向三大目标。近年来，以气候变化国际合作为契机，中国全面推动与

"一带一路"国家的交流合作，共同推进全球气候治理体系建设，为获得长期话语权奠定了基础。这一点也得到了国际社会的认可："通过双边和多边关系，中国有望在有意维持优势的技术、经济和软实力方面保持积极的气候合作。"

守护南美绿水青山——"一带一路"绿色基础设施建设的实践

2019年10月25日，在中国国家主席习近平和巴西总统博索纳罗的共同见证下，中国国家电网公司和巴西矿产能源部共同签署了巴西美丽山二期工程运行许可，标志着从亚马逊到里约的特高压直流送出工程正式投入商业运行。

项目的成功实施得益于国家电网对巴西当地环境法规的高度重视和严格落实。巴西是世界上环保法规最多的国家，法律规定工程开工前都必须通过环境评价。美丽山二期特高压输电网北起亚马逊，南至里约，中途要经过20个自然保护区、860余条河流。2015年国家电网中标后，聘请了多名动植物专家和环保专家，实施项目全过程环境管理。在施工过程中，国网坚持生态优先、保护优先原则，不惜增加千余吨塔材，先后进行了20多次输电线路优化设计。对自然的尊重换来了可喜的生态效益。据统计，国网工程团队发现并保护动植物1700多种，并且为当地提出了有关地理环境保护、动植物保护等19个方案。这是中国企业积极服务"一带一路"基础设施建设、有力回击西方"环境威胁论"的生动实践。项目既推动了中国特高压技术走入巴西，以清洁水电满足当地2200万人的用电需求，又在基础设施建设过程中，守护了南美的青山绿水，为中国在巴西乃至拉美推进"一带一路"倡议提供了重要经验借鉴。

（二）开创合作共赢气候治理新局面

我国作为排放大国和发展中国家的代表，既是全球气候治理的参与者，也是构建全球治理机制和体系的重要成员。哥本哈根气候大会后，我国在气候谈判领域中的重要地位日益凸显。党的十九大报告指出，"中国将继续发挥负责任大国作用，积极参与全球治理体系改革和建设，不断贡献中国智慧和力量"。新时代，中国特色大国外交推动构建新型国际关系，推动构建人类命运共同体，就全人类面对的共同问题提出中国方案。参与气候治理，从全球秩序的"接受者"转变为"塑造者""贡献者"，也是我国外交努力发展的新定位、新方向。

2007年6月，国务院印发《中国应对气候变化国家方案》，明确了中国应对气候变化的指导思想、原则和目标。同年，科技部、国家发展改革委、外交部等14个部门联合发布《中国应对气候变化科技专项行动》，展示了中国政府促进科技进步应对气候变化的态度和决心，确定了到2020年我国气候变化科技工作将实现的目标以及重点研究方向，将应对气候变化作为政府工作的长期目标。2009年哥本哈根大会前夕，中国联合印度、巴西和南非共同召开新闻发布会，提出了在2020年实现碳排放强度下降40%～45%的目标。2014年，国家主席习近平和美国时任总统奥巴马联合发布《中美气候变化联合声明》，宣布了两国2020年后应对气候变化的相关行动，中国再次提出努力实现二氧化碳排放在2030年左右达到峰值，并计划到2030年，非化石能源占一次能源消费比重提高到20%左右。2017年12月19日，全国统一碳市场正式启动，这是我国利用市场机制控制温室气体排放、切实履行《巴黎协定》承诺的重大举措。2020年12月12日，在气候雄心峰会上，习近平提出中国将"努力争取2060年前实现碳中和"。2020年12月18日闭幕的中央经济工作会议将"做好碳达峰、碳中和工作"作为2021年要抓好的八大重点任务之一，应对气候变化全面融入了国家发展的总战略。为落实党中央、国务院的各项部署，国家发展改革委自2021年上半年开始，会同有关部门研究制定碳达峰、碳中和顶层设计文件，编制2030年前碳排放达峰行动方案，制定行业碳达峰实施方案，构建碳达峰碳中和"1+N"政策体系，使碳达峰、碳中和的时间表、路线图、施工图进一步清晰。在地方政府层面，在31个省（自治区、直辖市）的"十四五"规划和2035年规划纲要中，碳达峰、碳中和工作都被列入本地区的发展蓝图。推进碳达峰、碳中和，对我国现代化建设、对全球气候治理、对人类命运共同体建设，具有极其重要的理论与实践意义。

第二部分

生态文化篇

马克思主义生态观

郇庆治*

引言 马克思主义生态观是马克思主义理论体系的重要组成部分，是马克思主义关于人、自然与社会之间相互作用关系及其历史发展规律的基本观点和整体理解。马克思主义生态观致力于从社会历史视角系统性分析社会中生态环境问题的形成原因，并阐明基于人与自然和谐共生原则的社会主义社会构想和实现路径。它既包括马克思和恩格斯的生态思想，也包括在马克思主义时代化过程中不断发展着的生态理论。习近平总书记指出，"加快解决历史交汇期的生态环境问题，必须加快建立健全以生态价值观念为准则的生态文化体系"。马克思主义生态观以其辩证和历史的唯物主义的原理方法、根植于社会大众生活实践的人民立场及实现人与自然矛盾和解的理想追求，在综合性生态文化体系中无疑具有前瞻性与引领性意义，为我们正确认识人与自然关系、推进社会主义生态文明建设、实现人类的共同可持续发展指明了科学方向。

习近平总书记在纪念马克思诞辰200周年大会上强调："学习马克思，就要学习和实践马克思主义关于人与自然关系的思想。"[①]马克思和恩格斯运用实践的唯物论与辩证法相统一的哲学方法论，一方面科学地揭示了自然界与人类社会发展的客观规律，另一方面关注社会历史进程中人与自然之间的辩证作用与矛盾运动，坚持通过对资本主义物质生产方式和制度文化的批

---

* 郇庆治，北京大学马克思主义学院教授、博士研究生导师，北京大学习近平生态文明思想研究中心主任，国务院政府特殊津贴专家，教育部长江学者特聘教授。主要研究领域为国外马克思主义、环境政治和比较政治。

判变革，追求一种全新的人与自然和谐统一的人类新文明。马克思和恩格斯关于人与自然关系的生态思想是我们建设社会主义生态文明的重要思想文化基础。

一、马克思恩格斯生态思想的基本内容

马克思和恩格斯毕生都在为人类的前途和命运思考与工作，他们对人与自然的辩证统一关系、社会与自然的物质变换运动、人与自然关系异化的社会制度根源、人与自然矛盾和解的实现途径等问题的分析探索，都体现着丰富而深刻的生态思想。他们所创立的马克思主义生态观包括四个方面。

（一）唯物主义的生态自然观

1.自然界是客观存在和相互联系的先在有序整体

承认自然界的客观性、先在性和规律性，是唯物主义的基本前提。首先，人与自然界都是客观现实的存在。"人和自然界的实在性，即人对人来说作为自然界的存在以及自然界对人来说作为人的存在，已经成为实际的、可以通过感觉直观的。"①其次，自然是先于人的客观存在。人"所以创造或设定对象，只是因为它是被对象设定的，因为它本来就是自然界"②。离开了自然，人类便无法从事任何意义上的创造性活动。最后，自然界是一个"各种物体相联系的总体"③，其中"一切都在运动、变化、生成和消逝"④，并逐步向更复杂生命形态演化。恩格斯指出，"人本身是自然界的产物，是在自己所处的环境中并且和这个环境一起发展起来的"⑤，表明自然界相对于人类社会的根源性和整体性，有着强烈的自然唯物论或生态系统论意蕴。

至关重要的是，恩格斯多次指出，人类与动物在与自然的关系上存在着本

---

① 《马克思恩格斯文集》第1卷，人民出版社2009年版，第196页。
② 《马克思恩格斯文集》第1卷，人民出版社2009年版，第209页。
③ 《马克思恩格斯文集》第9卷，人民出版社2009年版，第514页。
④ 《马克思恩格斯文集》第9卷，人民出版社2009年版，第23页。
⑤ 《马克思恩格斯文集》第9卷，人民出版社2009年版，第38—39页。

质的不同："动物仅仅利用外部自然界，简单地通过自身的存在在自然界中引起变化，而人则通过他所作出的改变来使自然界为自己的目的服务，来支配自然界。"①尽管如此，自然的客观先在性是根本不能取消的。无论人类劳动如何改造自然世界，"外部自然界的优先地位仍然会保持着"②，即使人类可以熟练地利用自然规律，但并不能违背自然规律，"我们决不像征服者统治异族人那样支配自然界，决不像站在自然界之外的人似的去支配自然界——相反，我们连同我们的肉、血和头脑都是属于自然界和存在于自然界之中的；我们对自然界的整个支配作用，就在于我们比其他一切生物强，能够认识和正确运用自然规律"③。这就告诉我们，人类社会生活仍然受到自然及其规律的制约，人类必须合乎规律地利用与改造自然。

2. 人是自然界的产物，人依赖自然界生活

在马克思看来，人类是自然界的一部分，自然界是人的外部环境和活动条件。"自然界，就它自身不是人的身体而言，是人的无机的身体。人靠自然界生活。这就是说，自然界是人为了不致死亡而必须与之处于持续不断的交互作用过程的、人的身体。所谓人的肉体生活和精神生活同自然界相联系，不外是说自然界同自身相联系，因为人是自然界的一部分。"④一方面，自然界是人类物质生活资料的来源。"没有自然界，没有感性的外部世界，工人什么也不能创造。自然界是工人的劳动得以实现、工人的劳动在其中活动、工人的劳动从中生产出和借以生产出自己的产品的材料。"⑤另一方面，自然界是人类科学意识或精神活动的来源。"植物、动物、石头、空气、光等等，一方面作为自然科学的对象，一方面作为艺术的对象，都是人的意识的一部分，是人的精神的无机界。"⑥因此，人类只有维护人与自然关系的良性发展，才能创造物质财富和精神文化，进而实现人的自由全面发展。

---

① 《马克思恩格斯文集》第9卷，人民出版社2009年版，第559页。
② 《马克思恩格斯文集》第1卷，人民出版社2009年版，第529页。
③ 《马克思恩格斯文集》第9卷，人民出版社2009年版，第560页。
④ 《马克思恩格斯文集》第1卷，人民出版社2009年版，第161页。
⑤ 《马克思恩格斯文集》第1卷，人民出版社2009年版，第158页。
⑥ 《马克思恩格斯文集》第1卷，人民出版社2009年版，第161页。

（二）实践辩证的社会自然观

1.劳动实践是人与自然相互作用的中介

在马克思和恩格斯看来，人是一种特殊的自然存在物，必须通过实践活动对自然进行改造来维持生活。马克思指出："劳动首先是人和自然之间的过程，是人以自身的活动来中介、调整和控制人和自然之间的物质变换的过程。人自身作为一种自然力与自然物质相对立。为了在对自身生活有用的形式上占有自然物质，人就使他身上的自然力——臂和腿、头和手运动起来。当他通过这种运动作用于他身外的自然并改变自然时，也就同时改变他自身的自然。"① 因而，人与自然关系是在人的劳动实践基础上发展起来的，是"人化自然"与"自然人化"两个方面的统一。在人的劳动实践中，人类获得自身发展的基础和条件，而自然伴随着人类实践也会打上人类的烙印，并成为人类社会生活世界的一部分。因此，马克思和恩格斯认为，进入文明时代以来的"自然"，已经成为一种被人类活动所"人化"的社会的、历史的、文化的自然——或者说"人化自然"或"第二自然"，而不再是与人类无关的、原生态的、纯粹生物意义上的"自在自然"。马克思指出："在人类历史中即在人类社会的形成过程中生成的自然界，是人的现实的自然界。"② 这告诉我们，现实中的生态问题往往是特定人群乃至人类整体生存生活条件趋于恶化的表现，我们必须协调好劳动实践的合目的性与合规律性两个方面，积极维护自然稳定和生态平衡，促进人与自然生命共同体的可持续发展。

2.人与自然的关系和人与人之间的关系相互制约

人类通过感性的实践活动不仅确立了在自然界中的主体地位，也结成了日趋多样的社会关系，形成了不同的群体，以不同的生产方式同自然进行物质变换，使得现实世界中的人与自然关系呈现为日趋复杂的社会与历史形式。马克思和恩格斯指出："只要有人存在，自然史和人类史就彼此相互制约。"③ 人与自

---

① 《马克思恩格斯文集》第5卷，人民出版社2009年版，第207—208页。
② 《马克思恩格斯文集》第1卷，人民出版社2009年版，第193页。
③ 《马克思恩格斯文集》第1卷，人民出版社2009年版，第516页注释②。

然之间是通过物质性生产劳动而展开的、社会地组织起来的历史性关系，也就是人与自然、社会与自然、人与人之间相互作用和相互制约的整体性关系。每一历史时期的人与自然关系决定着人与人之间的社会关系，而社会关系又会制约着人与自然关系。因此，要想改变一个时代不合理的人与自然关系，也必须变革这个时代不合理的社会关系，特别是改变其中的社会生产生活方式，解决人与自然的矛盾和解决人与人的矛盾必须同时进行。

（三）人与自然关系异化的资本主义批判观

1.资本主义社会是人与自然关系相异化的社会

马克思和恩格斯认为，要正确理解现实生活中人与自然关系，需要分析特定历史阶段的社会具体结构。在他们看来，资本主义生产方式的确立是一个历史过程，它创造了一个以工业生产和市场交换为基础的历史阶段，"只有这时私有财产才能完成它对人的统治，并以最普遍的形式成为世界历史性的力量"[1]。在此基础上，马克思和恩格斯进一步揭示了资本主义盲目追求利润的生产方式，直接导致了自然生态环境与人类生活状况的恶化，人与自然之间成为相分离和相对立的异化关系。从具体表现来看，"资本主义生产使它汇集在各大中心的城市人口越来越占优势，这样一来，它一方面聚集着社会的历史动力，另一方面又破坏着人和土地之间的物质变换，也就是使人以衣食形式消费掉的土地的组成部分不能回归土地，从而破坏土地持久肥力的永恒的自然条件。……一个国家，例如北美合众国，越是以大工业作为自己发展的基础，这个破坏过程就越迅速。因此，资本主义生产发展了社会生产过程的技术和结合，只是由于它同时破坏了一切财富的源泉——土地和工人"[2]。

2.资本主义生产方式是生态危机的根源

马克思指出，"资本主义生产方式以人对自然的支配为前提"[3]，它的最高目标是实现利润的最大化。恩格斯认为，在资本主义条件下，"一切生活关系都以

---

① 《马克思恩格斯文集》第1卷，人民出版社2009年版，第182页。
② 《马克思恩格斯文集》第5卷，人民出版社2009年版，第579—580页。
③ 《马克思恩格斯文集》第5卷，人民出版社2009年版，第587页。

能否赚钱来衡量，凡是不赚钱的都是蠢事，都是不切实际的，都是幻想"①，"资本对资本、劳动对劳动、土地对土地的斗争，使生产陷于高烧状态，使一切自然的合理的关系都颠倒过来"②。这样一种社会生产的无政府状态，使社会生产变得更加浪费和更具破坏性。不仅如此，资本主义生产生活方式的扩张本性，要求在全球层面摧毁一切阻碍生产扩大化和资本全球化的限制，"使自然界的一切领域都服从于生产"③，"从一切方面去探索地球，以便发现新的有用物体和原有物体的新的使用属性"④。为了纯粹的获利，资本主义社会生产呈现出无限扩张的态势，资本家无节制地、毁灭性地开发、利用自然，引发人与自然之间关系的对立冲突。因此，为了克服生态危机，必须"对我们的直到目前为止的生产方式，以及同这种生产方式一起对我们的现今的整个社会制度实行完全的变革"⑤。

（四）人与自然矛盾和解的共产主义观

1. 共产主义是人与自然之间矛盾的真正解决

对马克思和恩格斯来说，资本主义社会不可能成为一个人、自然与社会和谐统一的社会，人与自然和谐发展的真正实现只能伴之以人与人社会关系的根本性变革，也就是彻底改变资本主义的生产方式和社会制度，走向超越资本主义的共产主义。马克思明确指出："这种共产主义，作为完成了的自然主义，等于人道主义，而作为完成了的人道主义，等于自然主义，它是人和自然界之间、人和人之间的矛盾的真正解决，是存在和本质、对象化和自我确证、自由和必然、个体和类之间的斗争的真正解决。"⑥在马克思和恩格斯所设想的未来共产主义理想社会中，人类借以满足需要的、改造自然的生产活动依然不可或缺，但共产主义的社会制度与新型人际关系将会为人与自然关系的发展提供崭

① 《马克思恩格斯文集》第1卷，人民出版社2009年版，第477页。
② 《马克思恩格斯文集》第1卷，人民出版社2009年版，第76—77页。
③ 《马克思恩格斯全集》第37卷，人民出版社2019年版，第188页
④ 《马克思恩格斯文集》第8卷，人民出版社2009年版，第89—90页。
⑤ 《马克思恩格斯文集》第9卷，人民出版社2009年版，第561页。
⑥ 《马克思恩格斯文集》第1卷，人民出版社2009年版，第186页。

新的框架形式，比如最经济地利用自然资源和最有效地保护生态环境。"社会化的人，联合起来的生产者，将合理地调节他们和自然之间的物质变换，把它置于他们的共同控制之下，而不让它作为一种盲目的力量来统治自己；靠消耗最小的力量，在最无愧于和最适合于他们的人类本性的条件下来进行这种物质变换。"①因此，马克思和恩格斯所理解的共产主义社会，不仅是一个物质生产力高度发展和社会公正的社会，同时也是一个自觉认识与充分尊重自然环境制约和生态规律的生态友好社会，将实现社会正义与生态可持续的统一，也就是人与人的矛盾和人与自然的矛盾真正和解。

2.保护自然环境是社会主义的题中应有之义

在社会主义社会，生产资料公有制和有计划的社会生产方式，将克服由于资本主义社会生产对自然资源的浪费和对生态环境的破坏，从而避免生态危机的发生。"生产资料由社会占有，不仅会消除生产的现存的人为障碍，而且还会消除生产力和产品的有形的浪费和破坏，这种浪费和破坏在目前是生产的无法摆脱的伴侣，并且在危机时期达到顶点。此外，这种占有还由于消除了现在的统治阶级及其政治代表的穷奢极欲的挥霍而为全社会节省出大量的生产资料和产品。"②除了从生产关系改变的角度论证社会主义的必然性与"合生态性"之外，马克思和恩格斯还明确提出，社会主义主张有意识地控制与保护自然。在1868年马克思致恩格斯的一封书信中，马克思评论了弗腊斯所认为的砍伐树木将使土地荒芜的思想："耕作——如果自发地进行，而不是有意识地加以控制（他作为资产者当然想不到这一点）——会导致土地荒芜，像波斯、美索不达米亚等地以及希腊那样。可见，他也具有不自觉的社会主义倾向！"③因为在马克思看来，在社会主义这样一个较高级的经济社会形态中，人类将真正把自然视为"人类世世代代共同的永久的财产，即他们不能出让的生存条件和再生产条件"④，从而有意识地控制对自然的使用以防止破坏生态平衡。

---

① 《马克思恩格斯文集》第7卷，人民出版社2009年版，第928—929页。
② 《马克思恩格斯文集》第9卷，人民出版社2009年版，第299页。
③ 《马克思恩格斯文集》第10卷，人民出版社2009年版，第286页。
④ 《马克思恩格斯文集》第7卷，人民出版社2009年版，第918页。

二、马克思恩格斯生态思想的基本特点

如前所述，马克思、恩格斯的系列著述中蕴含着十分丰富的生态思想。马克思恩格斯生态思想的理论特质在于其彻底的唯物主义观点与资本主义批判视角，他们从唯物主义基本立场肯定了自然界的客观实在性与变化规律性，并从物质实践活动出发分析了人与自然关系的历史特征，更以一种辩证性的历史思维与无产阶级解放的价值立场揭示了现实生态问题背后的资本主义运行逻辑及其矛盾危机，表现出强烈的批判性与实践性。具体而言，马克思恩格斯生态思想具有如下基本特点。

（一）坚持自然观与历史观相统一

马克思和恩格斯始终坚持将"社会－自然－人"联系在一起的研究方法，坚持自然观与历史观在人类实践基础上的辩证统一。[①] 在他们看来，人类必须通过劳动参与自然界生活，人类所面对的自然不是与人无关的自然荒野，而是进入人类意识与实践中的现实的自然。基于这种现实性的观点，马克思不仅强调人与自然之间的不可分割关系，而且强调人与自然都是一种历史性存在，"历史本身是自然史的一个现实部分，即自然界生成为人这一过程的一个现实部分"[②]。一方面，人是自然界发展到一定阶段的产物，人类的生存与发展离不开自然；另一方面，人在实践活动中不断改造着自然，从而使自然成为社会的、历史的自然。"人们对自然界的狭隘的关系决定着他们之间的狭隘的关系，而他们之间的狭隘的关系又决定着他们对自然界的狭隘的关系。"[③]马克思恩格斯生态思想的历史观与自然观相统一原则，要求把人与自然的关系问题纳入到社会历史中展开探讨，重点考察人与自然关系背后的社会生产方式和制度文化，从而把实现社会制度的变革作为协调人与自然关系的基础和前提。

---

① 方世南：《论马克思主义红绿交融思想》，《鄱阳湖学刊》2018年第4期。
② 《马克思恩格斯文集》第1卷，人民出版社2009年版，第194页。
③ 《马克思恩格斯文集》第1卷，人民出版社2009年版，第534页。

（二）坚持自然主义与人道主义相统一

马克思和恩格斯始终立足于人的自由全面发展，坚持自然主义与人道主义的内在统一。[①]他们既不同于生态中心主义者抽象地谈论自然独立于人之外的价值，也不同于传统人类中心主义者片面强调人类的自我利益实现，而是强调人与自然的统一性，将自然的解放与人的解放作为理论追求。一方面，实现人的自由全面发展是马克思主义的核心命题和根本诉求，但人的自由全面发展，不是脱离自然或征服自然的自我实现，而是与自然相协调、彰显自然本性的生命丰富。只有促进自然生态平衡发展，构建健康和谐的人与自然关系，才能真正实现人的自由全面发展。另一方面，人和自然之间的矛盾产生的根本原因是人类不合理的生产生活方式。在马克思和恩格斯看来，资本主义生产方式一味地追求超额利润，必然导致对自然环境的掠夺。要真正解决生态问题，就必须改变资本主义的社会制度，将人类从不合理的社会关系中解放出来。因此，自然解放与人的解放是统一的，只有构建新型的社会主义经济政治体制和生活秩序，才能走向人与自然、人与人的矛盾的彻底解决。

（三）坚持批判性与理想性相统一

马克思恩格斯生态思想强调批判性与理想性的统一。一方面，他们始终立足于批判性的立场，揭示资本主义生产方式和社会制度所造成的人与自然关系的异化。在《英国工人阶级状况》中，恩格斯揭示了资本主义工业化和城市化对自然生态环境的破坏。在《1844年经济学哲学手稿》中，马克思批判了资本主义私有制造成了人的异化和自然的异化，指出只有扬弃资本主义私有制，才能实现人与自然、人与人矛盾的和解。在《资本论》中，马克思进一步揭示了资本主义生产方式和社会制度对人类与自然的物质变换关系的必然性破坏。另一方面，正如马克思所说："我们不想教条地预期未来，而只是想通过批判旧世界发现新世界。"[②]他们生态思想的批判性特征是与理想性特征紧密相

---

① 李道志：《从马克思主义生态学到生态文明》，《求索》2009年第3期。
② 《马克思恩格斯文集》第10卷，人民出版社2009年版，第7页。

连的，他们把消除人类与自然的异化关系、实现人与自然的解放作为其理论的最终目标。①恩格斯认为，对资本主义的批判是为了"替我们这个世纪面临的大转变，即人类与自然的和解以及人类本身的和解开辟道路"②。马克思和恩格斯正是通过对人与自然异化根源的批判考察，提出社会制度的变革是实现人与自然的解放的前提条件，认为以"自由人的联合体"组成的共产主义社会能够协调好人类与自然之间的物质变换关系，最终实现人类与自然的共同解放与和谐发展。

三、马克思主义生态观的生态文明建设意义

马克思主义生态观立足于辩证唯物主义和历史唯物主义的理论基础，科学地阐明了人与自然之间的辩证统一关系，强调人与自然是相互影响、相互依存的生命共同体，并通过对资本主义制度下人与自然关系状况的深刻剖析，提出了彻底解决人与自然、人与人关系异化问题的社会主义道路，从而为社会主义生态文明建设提供了理论航标与实践指南。③

（一）马克思主义生态观是生态文明建设的理论航标

1. 认识生态文明建设的基本规律

马克思主义生态观认为，人类文明的进步往往是借助于人类生产与生活方式的变革而实现的，生产力的发展和实践水平的提升是任何文明性变革的根本途径，例如狩猎采集文明、农耕文明、工业文明等。而自然是生产力形成与发展的基本要素，并且有着明确的空间限度和规律约束，社会生产方式的发展变革不能破坏其得以进行的自然基础。④不仅如此，在生产力的构成要素中，自然

---

① 参见王雨辰《论马克思的生态哲学思维方式及其价值指向》，《中山大学学报》（社会科学版）2018年第2期。

② 《马克思恩格斯文集》第1卷，人民出版社2009年版，第63页。

③ 参见邓喜道、黄闯《马克思主义生态观在中国生态文明建设中的意义》，《马克思主义哲学研究》2019年第1期。

④ 参见郇庆治《绿色变革视角下的当代生态文化理论研究》，北京大学出版社2019年版，第149—150页。

还是"一切劳动资料和劳动对象的第一源泉"①，生产力的形成发展是自然生态系统和人类社会经济系统之间协同作用的结果，是人与自然之间物质变换所生成的现实力量。自然生态系统的稳定平衡和良性循环，是生产力持续高质量发展的重要体现和社会全面发展进步的前提条件，一旦人类生产方式破坏了人与自然之间规律性的物质变换，便会导致严重的生态危机与社会发展危机。因此，建设生态文明需要促进生产力的生态化发展，坚持和遵循一种社会经济发展与自然生态保护之间的辩证平衡。

2. 坚持生态文明建设的核心价值

马克思主义生态观坚持人道主义、自然主义与共产主义的有机结合，是一种以人为本的生态政治哲学。它以个人的自由全面发展为价值目标，以社会生产方式或经济形态的变革为核心，把握到了历史中人与自然关系从统一到分化，最终走向新的统一的必然性。②一方面，解决人与自然关系是为了实现人的生存和发展，建设生态文明归根结底是为了保护和改善人的生存发展条件，是为了人民美好生活也依靠人民自觉行动的社会化生态实践。生态文明建设需要坚持以人民为中心的发展思想，将实现人民的美好生活视为社会发展进步的根本目的与动力，将生态可持续性作为各种经济政治活动的优先目标与要求。另一方面，解决人与自然关系同解决人与人的关系问题，自然生态问题和其他社会发展问题一样，在很大程度上是由于人类受制于利己主义而忽视全人类的真正需要所致。建设生态文明，就必须充分关注广大人民群众的生活需要，通过构建合理的社会制度来营造公正的社会环境，保证全体社会成员能够理性地、平等地与自然和谐相处。

3. 遵循生态文明建设的科学路径

马克思主义生态观认为，现实的生态环境问题不仅存在人类认识原因，还存在社会历史原因。所谓认识原因就是指人类还没有自觉把握自然规律，无法预测自己改造自然行为的后果。所谓社会历史原因就是指社会特殊利益集团为

---

① 《马克思恩格斯文集》第3卷，人民出版社2009年版，第428页。

② 参见赵士发《论生态辩证法与多元现代性——关于生态文明与马克思主义生态观的思考》，《马克思主义研究》2011年第6期。

了实现自己的利益，用科学技术盲目支配自然，超出了自然所能承受的限度，而这一问题的根源在于以资本主义私有制为基础的生产方式和社会制度。[①]换言之，根据马克思主义生态观，现代生态环境问题的经济制度成因与克服路径才是最为根本性的，社会成员的价值观念变革和技术工艺创新都只具有次要性的意义。[②]因此，解决生态环境问题不能只关注人的认识观念，还必须考察社会的物质基础与制度文化。只有改变资本主义制度，才能克服人与自然、人与人之间的分离和对立，从而解决生态环境问题。生态文明建设不仅需要转变不合时宜的思想观念，树立生态价值观，更需要调整和改变不合理的生产生活方式，发展绿色科技，构建生态友好的社会主义经济政治与社会文化。

（二）马克思主义生态观是生态文明建设的实践指南

1. 坚持人与自然和谐共生的现代化

马克思主义生态观认为，人是自然的一部分，人与自然相互依存、共生共荣，人尊重爱护自然就是尊重爱护自己。这种人与自然和谐共生的观点，不仅强调自然生态对人类社会发展的基础性，也强调社会发展对于更好保护自然生态的重要性，主张强调自然生态系统与社会经济系统的相互促进与协同发展，为建设人与自然和谐共生的生态文明提供了实践指南。[③]党的十九大报告将"坚持人与自然和谐共生"作为新时代坚持和发展中国特色社会主义的基本方略之一，并明确指出我们所建设的现代化是"人与自然和谐共生的现代化"。人与自然和谐共生的现代化，是"人与自然一体性"的马克思主义生态观与新时代中国特色社会主义现代化建设实践有机结合的产物，是一条倡导人与自然、社会协调发展、良性互动的现代化发展道路，也是一条以"尊重、顺应和保护自然"为基本前提，以"改善环境就是发展生产力"为基本发展理念的中国式现代化建设道路。

---

① 参见王雨辰《论马克思、恩格斯的生态文明理论及其当代价值》，《武汉科技大学学报》（社会科学版）2018年第1期。

② 参见郇庆治《绿色变革视角下的当代生态文化理论研究》，北京大学出版社2019年版，第216—218页。

③ 参见杨峻岭、吴潜涛《马克思恩格斯人与自然关系思想及其当代价值》，《马克思主义研究》2020年第3期。

2. 坚定社会主义道路自信

马克思主义生态观认为，实现人与自然矛盾的彻底和解，不仅需要人类正确认识和把握自然规律，还需要彻底地变革资本主义的生产方式和社会制度。而在超越了资本主义的社会主义社会中，自然资源公共所有和社会财富的公平分配，以及广大人民群众对于整个社会生产生活过程的民主控制，将使得人与自然相互作用关系以更为合规律性与可持续性的形式进行。[①]因此，生态文明建设必须坚持社会主义的道路方向，更主动地通过对自然资源与物质财富的社会共享、科学管理与公正分配来实现人与自然的和谐可持续发展，实现经济生产方式与社会制度的生态化重构。这也意味着，社会主义生态文明建设不仅是发展模式的改变，而且是政治、经济、文化、社会各个领域的综合变革，它必然与物质文明、精神文明、社会文明和政治文明建设形成辩证统一的关系，构成一个有机联系、互相促进的文明建设统一体。

3. 构建清洁美丽的人类命运共同体

马克思主义生态观认为，人类社会所依存的自然环境是一个更大整体性的"人化自然"或"社会有机体"的内在组成部分，地球上各种形式的生命存在是一个相互依赖、共生共荣的"生命共同体"。但资本主义为了谋求利润，不断加大对自然生态的破坏，这种负面效应随着资本对世界市场的开拓而扩展全球。在资本全球化过程中，发达的资本主义国家通过国际分工、污染转移和对国际环境治理的制度话语的霸权性控制，加强了对全球物质财富和生态环境的占有与剥夺。因此，建设绿色家园是人类的共同使命，当代生态环境问题的解决只能是包括欧美发达国家和广大发展中国家的团结行动，而这必然需要挑战与改变资本主义生产方式及其霸权性的国际经济政治关系。人类命运共同体理念不仅表达着我们对于当代人类所面临的自然生态环境兴衰攸关的共同利益认知和对于地球生命共同体的前所未有的自觉情感认同，而且是我们如何着眼于开启一场深刻的现代经济社会变革与文化文明重建的最广泛共同行动。[②]相应的，社

[①]　参见郇庆治《生态马克思主义与生态文明制度创新》，《南京工业大学学报》（社会科学版）2016年第1期。

[②]　参见郇庆治《生态文明建设与人类命运共同体构建》，《中央社会主义学院学报》2019年第4期。

会主义生态文明建设需要把实现绿色生产方式的转换与变革资本主义所主导的不公正的国际政治经济秩序结合起来，不仅坚持人与自然和谐共生的社会发展模式，同时参与创建合作共赢、公平合理的全球环境治理机制，从而构建一个清洁美丽的人类文明新世界。

🎙 第十一讲

生态马克思主义理论

郇庆治

引言 在马克思和恩格斯生活的时代，生态环境问题并不突出，生态意识亦不十分明确，因而，生态环境议题在马克思和恩格斯的著述中并不占有特别突出的位置。马克思、恩格斯之后的当代马克思主义者和社会主义者，依据生态环境问题的严重性日渐突出的事实，逐渐阐发形成了一种马克思主义视角下对生态环境难题的哲学政治分析，即生态马克思主义理论思潮。生态马克思主义的许多理论观点对于我们建设社会主义生态文明具有一定启发意义，值得我们充分了解和认识。

关于生态马克思主义的较具代表性的概念界定，主要有两个。一个来自詹姆斯·杰克逊。"生态马克思主义是一种严厉批判西方资本主义的人类中心主义观点；生态马克思主义者认为，资本主义制度内在地破坏人与自然的关系，'民主资本主义的经济是与自然的保护不相容的'。在马克思看来，解决环境恶化难题和工人悲惨境遇的唯一出路，是消灭资本主义制度；马克思的人类解放概念，是与他对通过社会主义社会的发展来克服人类与自然分离的思考相联系的。'要想摆脱人类的异化状态'，就必须'以一种理性的方式控制与自然的物质代谢'，而这种目标只有在根除资本主义之后才能实现。"①

另一个来自戴维·佩珀。"生态社会主义是把生态主义推向一个更现代主义视野的尝试，包括一种（弱）人类中心主义的形式、对生态危机成因的一种的

---

① James Jackson, "The Concept of Eco-Marxism," accessed on July 13, 2010, http://environmental-activism. suite101.com/article.cfm/the_concept_of_ecomarxism.

分析、社会变革的一种冲突性与集体行动的方法、关于一个绿色社会的社会主义处方与视点。"①可以看出，生态马克思主义所关注的核心问题有两个不可分割的方面：一是对资本主义制度下生态环境危机的马克思主义批判，二是对未来生态社会主义社会的制度设想和实现这种社会变革的战略设计。

一、生态马克思主义理论的形成发展

从动态演进来看，西方马克思主义构成从经典马克思主义向生态马克思主义的重要过渡，或者说开创了生态马克思主义的先河。②狭义的西方马克思主义一般是指恩格斯逝世后在西欧国家中产生的对马克思恩格斯学说体系的一种理论反思与重新阐释，而这又可以分为乔治·卢卡奇、安东尼奥·葛兰西等马克思主义者的观点和20世纪30年代后兴起的法兰克福学派的社会批判理论。结果是，从最初的旨在对马克思恩格斯人与自然关系论述的新理解，逐渐转向阐发一种系统的生态马克思主义理论。

具体地说，乔治·卢卡奇通过对马克思辩证法理论的重新阐释，引发了对马克思主义自然观尤其是恩格斯自然辩证法思想的批评性讨论，安东尼奥·葛兰西则借助于"文化（话语）霸权""国家规制""被动革命"等概念，构建了对资本主义社会条件下的人与自然关系、社会与自然关系进行一种广义的生态马克思主义批判的广阔空间。③而由马克斯·霍克海默、西奥多·阿多诺、赫伯特·马尔库塞等组成的法兰克福学派，则把对资本主义制度的经济政治批判拓展或转化成为对其社会文化价值基础的批判，也即一种"社会批判理论"，而这其中的一个重要维度或侧面就是资本主义社会中的人与自然关系，以及作为这种关系表现形式或理念支撑的物质主义、大众消费主义、科技主义和工具理性，主张实现"自然的复兴"——一个新的社会与自然的和解运动。

---

① 戴维·佩珀：《生态社会主义：从深生态学到社会正义》，刘颖译，山东大学出版社2005年版，第83页。

② 参见王凤才《追寻马克思：走进西方马克思主义》，山东大学出版社2003年版，第282页。

③ 乔治·卢卡奇：《历史和阶级意识》，杜章智、任立、燕宏远译，商务印书馆1992年版；安东尼奥·葛兰西：《狱中札记》，曹雷雨、姜丽、张跣译，中国社会科学出版社2000年版。

法兰克福学派成员中有两个人值得特别关注：一是作为一个重要代际过渡人物的赫伯特·马尔库塞。他晚年在《论解放》《反革命和造反》等著作中[①]，以马克思的《1844年经济学哲学手稿》等为文献依据，初步阐述了对当时欧美社会面临着的生态环境难题的一种马克思主义理解与回应。[②]在他看来，"自然危机""生态危机"已成为现代工业（资本主义）社会的主要危机，而科技扮演着从生态环境破坏到意识形态控制的多重角色；"自然危机""生态危机"的消解之道，是诠释与重构马克思的"自然解放""人的解放"理论；"自然革命""自然解放"是实现现实社会变革的必由之路。二是作为新一代核心之一的阿尔弗雷德·施密特。他在《马克思的自然概念》一书中，对马克思的自然概念明确作了一种历史或社会辩证意义上的阐释："把马克思的自然概念从一开始同其他种种自然观区别开来的东西，是马克思自然概念的社会–历史性质……就是说，他把自然看成从最初起就是和人的活动相关联的。他有关自然的其他一切言论，都是思辨的、认识论的或自然科学的，都已是以人对自然进行工艺学的、经济的占有之方式总体为前提的，即以社会的实践为前提的。"[③]

在此基础上，与马尔库塞有着师承关系的威廉·莱斯，定居加拿大以后提出了自己的生态马克思主义理论，先后出版的《自然的控制》（1972年）和《满足的极限》（1976年）是其生态马克思主义思想的主要代表作。随后，当时任职于加拿大滑铁卢大学的本·阿格尔在1979年出版的《西方马克思主义概论》中，将莱斯的两部著作盛赞为对一种生态马克思主义观点的"最清楚、最系统表述"[④]，从而宣布了生态马克思主义这一西方马克思主义新支派的诞生。而法国学者安德列·高兹在《作为政治的生态》（1975年/1977年）中强调生态变革理应成为资本主义变革的一部分，提出了社会主义政治生态学的基本思想。总之，马尔库塞、莱斯和高兹等在把法兰克福学派对发达工业社会的哲学文化批判逆

---

① 参见Herbert Marcuse, *An Essay on Liberation*（Boston: Beacon Press, 1969）；*Counter-revolution and Revolt*（Boston: Beacon Press, 1972）。还可参见赫伯特·马尔库塞等《工业社会和新左派》，任立编译，商务印书馆1982年版。

② 参见郇庆治《从批判理论到生态马克思主义：对马尔库塞.莱斯和阿格尔的分析》，《江西师范大学学报》（哲学社会科学版）2014年第3期。

③ A.施密特：《马克思的自然概念》，欧力同、吴仲昉译，商务印书馆1988年版，第2—3页。

④ 本·阿格尔：《西方马克思主义概论》，慎之等译，中国人民大学出版社1991年版，第475页。

转成为一种对资本主义社会的现实批判的同时，把经典马克思主义对资本主义制度的政治经济学批判扩展成为一种对资本主义制度的政治生态学批判。

此外还应提及的是英国学者霍华德·帕森斯，他在1977年出版的《马克思恩格斯论生态学》中提出，马克思恩格斯有着自己明确的生态学，主要体现为他们关于社会与自然辩证关系的观点，即通过劳动与技术实现的人与自然的相互转换，必将经历前资本主义的人与自然关系、资本主义的人与自然异化关系和共产主义条件下的人与自然统一关系，自然的压迫也将随着阶级关系的消除而消除。他认为，在马克思恩格斯看来，人与自然是以人为主体和以自然为客体的通过非人世界人化而逐步走向统一的辩证运动过程。在这一历史过程中，人类不断借助于科学技术的发展认识自然的客观规律并将更多更广的自然存在纳入自己的活动范围，至于这一进程中出现的人与自然的疏离和环境问题主要是由于这个历史阶段的资本主义生产关系。到了未来共产主义社会，这些矛盾将随着人们对人与自然关系社会形式的自觉控制和人类认知把握自然能力的提高而解决。在很大程度上，帕森斯确立了生态马克思主义理论中的经典著作阐释传统。

从20世纪90年代开始，欧美的生态马克思主义研究迎来了成果丰硕的活跃时期。安德列·高兹于1991年出版了《资本主义，社会主义，生态学：迷失与方向》，提出了生态问题对于传统左翼和右翼政治议程的挑战意义；莱纳·格仑德曼于1991年出版了《马克思主义和生态学》，重释了马克思主义视野下人类"支配自然"的积极性意蕴；戴维·佩珀于1993年出版了《生态社会主义：从深生态学到社会正义》，着重阐述了绿色运动与传统左翼运动相结合在未来绿色社会创建中的重要性；而特德·本顿于1996年编辑出版了《生态马克思主义》，探讨了自然的极限和生态可持续性议题对于马克思主义绿化的促动价值。

在20世纪90年代末至21世纪初，也有一批生态马克思主义著作面世。美国学者詹姆斯·奥康纳于1998年出版了《自然的理由：生态学马克思主义研究》，系统阐发了资本主义社会条件下的"第二重矛盾"，即资本主义生产与一般性生产条件之间的"生态矛盾"。保罗·伯克特则在1999年出版了《马克思和自然：一种红绿观点》，重新探讨了马克思的生态思想，特别是他的经济学手稿中对人与自然关系的论述。随后，约翰·贝拉米·福斯特于2000年出版了《马克思的生态学：唯物主义与自然》；而乔尔·科威尔在2002年出版了《自然的敌人》，以一种远远超出对公司权力泛滥进行批评的方式批判当代资本主义制度，并主张社会的彻底重建和环境的全面恢复。欧洲学者中最具代表性的著述，当属萨拉·萨卡于1999年出版的《生态社会主义还是生态资本主义》和阿兰·卡特同年出版的《激进绿色政治理论》，以及德里克·沃尔2005年出版的《巴比伦及其以后：反全球主义的、反资本主义的和激进的绿色运动的经济学》等。与20世纪90年代初相比，这一时期生态马克思主义研究的显著特征是北美学者显得更为活跃，而且更为系统地归纳或阐发了马克思恩格斯本人著述中的生态学思想。①

自2005年以来，尽管生态马克思主义研究中也出现了一些值得关注的重要著述，如福斯特的《生态革命：与自然和解》（2009年）、伯克特的《马克思主义与生态经济学：走向一种红绿经济》（2006年）、萨卡的《资本主义的危机：一种不同的政治经济学研究》、沃尔的《绿色左翼的兴起：一种世界生态社会主义者的观点》（2010年）等，但总体来说似乎不像此前那样成果集中、特色鲜明。②

二、生态马克思主义理论的基本观点

生态马克思主义的核心性工作是努力阐明马克思主义理论传统与生态环境议题的相关性，并以此分析当代生态环境问题的深层原因和未来生态社会主义解决途径。具体地说，这种系统性理论阐释大致是按照如下两条路径展开的：一是对马克思恩格斯著作中生态学观点的挖掘、整理与重释，从而对现代生态环境问题作出马克思主义经典文献意义上的批判性分析；二是用马克思主义的基本立场与方法对现代生态环境问题作出一种时代化的理论阐释，其中包括对

---

① 参见郇庆治《重建现代文明的根基：生态社会主义研究》，北京大学出版社2010年版，第2—8页；刘仁胜《生态马克思主义概论》，中央编译出版社2007年版，第1—12页。
② 参见郇庆治《当代西方绿色左翼政治理论》，北京大学出版社2011年版，第7—12页。

马克思恩格斯某些论点的补充与修正，从而创建马克思主义或社会主义的生态学。

前一种思路下的学者明确认为，马克思恩格斯本人有着系统的生态学思想或观点。他们提出了理论论证。比如，霍华德·帕森斯就认为[1]，马克思恩格斯的生态学思想，主要体现为他们关于社会与自然辩证关系的观点，即通过劳动与技术实现的人与自然之间的物质变换，将依次经历前资本主义社会人与自然的关系、资本主义社会人与自然的异化关系和共产主义社会条件下人与自然的统一关系，而对自然的压迫也将随着阶级关系的消除而消除。相比之下，遵循第二种研究思路的学者，比如詹姆斯·奥康纳、吉恩-保罗·德里格、朱安·马蒂奈兹-埃利尔等[2]，他们虽然赞同一般意义上的马克思主义或社会主义生态学，但却对马克思恩格斯是不是有自己的生态学提出了疑问。他们或者认为马克思恩格斯的理论毕竟没有建立在现代生态学基础之上，或者认为马克思恩格斯在批判资本主义生产关系限制了生产力发展的同时却相对忽视了自然资源的枯竭、代际分配及非工具价值等问题。

概括地说，生态马克思主义者的基本理论观点可以归纳为如下四个方面。

一是对生态环境问题成因的经济社会分析。生态马克思主义者认为，当代生态环境危机或挑战，深深根源于资本主义的生产生活方式及其全球化扩张的过程。福斯特指出："生态和资本主义是相互对立的两个领域，这种对立不是表现在每一实例之中，而是作为一个整体表现在两者之间的相互作用之中。"[3]科威尔也强调："资本是自然的敌人，颠覆自然本身的意义。"[4]在他们看来，资本主义性质的生产生活方式内含着生态矛盾，只要接受或听任于这种生产生活方式，就不可能消除现代生态环境问题。

---

[1] Howard Parsons, *Marx and Engels on Ecology*(London: Greenwood Press, 1977).

[2] James O'Connor, "Socialism and Ecology," *Capitalism Nature Socialism* 2/3 (1991), pp. 1–12; Jean-Paul Deleage, "Eco-Marxist Critique of Political Economy," *Capitalism Nature Socialism* 1/3 (1989), pp. 15–31; Juan Martinez Alier, *Ecological Economics: Energy, Environment and Society*(Oxford: Blackwell, 1990); Michael Redclift, *Sustainable Development*(London: Routledge, 1987).

[3] 约翰·贝拉米·福斯特：《生态危机与资本主义》，耿建新、宋兴无译，上海译文出版社2006年版，前言第1页。

[4] 乔尔·科威尔：《自然的敌人：资本主义的终结还是世界的毁灭？》，杨燕飞、冯春涌译，中国人民大学出版社2015年版，第47页。

二是对人与自然关系的历史辩证阐释。在生态马克思主义者看来，人与自然之间的关系同时也是一种社会自然关系，或者说，归根结底，一个社会中的社会关系状况规定着该社会中人与自然之间的关系。相应的，实质性克服当代社会中的生态环境危机，也将是一个长期的历史性过程，而人类物质劳动和相应的经济社会关系变革，是最终实现人与自然和解、统一的现实途径。对此，福斯特强调："与地球和平相处的目标主要不是一个技术问题，而是一个改变社会关系的问题，最终指向可持续性和协同进化。"①

三是关于未来绿色社会的制度愿景或构想。生态马克思主义者认为，对资本主义制度的批判与反对，本身就蕴含了对生态环境问题产生的社会原因的克服。佩珀认为，"最好的绿色战略是那些设计来推翻资本主义、建立社会主义/共产主义的战略"②。福斯特明确指出："社会主义具有生态特征，生态主义具有社会主义特征；否则，两者都不可能存在。"③在他们看来，未来的社会主义社会或共产主义社会，应该是一个经济生产满足人类全面需要、符合生态可持续性原则的新型民主社会，也就是绿色美好社会。换言之，绿色或可持续性，是未来社会主义社会的应有之义或内在本质。

四是关于走向未来绿色社会的道路或战略。对绝大多数生态马克思主义者来说，生态环境问题的资本主义生产关系的成因，决定了反对和废除资本主义生产关系是解决生态环境问题的基本要求。相应的，他们大都认为，必须将工人集体运动作为社会根本性变革的基本力量，并力主实现这一运动与生态运动等新社会运动的结合。对此，佩珀指出："作为集体性生产者，我们有很大的能力去建设我们需要的社会。因此，工人运动一定是社会变革中的一个关键力量。"④

① 约翰·贝拉米·福斯特：《生态革命：与地球和平共处》，刘仁胜、李晶、董慧译，人民出版社2015年版，第21页。
② 戴维·佩珀：《生态社会主义：从深生态学到社会正义》，刘颖译，山东大学出版社2012年版，第268页。
③ 约翰·贝拉米·福斯特：《生态革命：与地球和平共处》，刘仁胜、李晶、董慧译，人民出版社2015年版，第28页。
④ 戴维·佩珀：《生态社会主义：从深生态学到社会正义》，刘颖译，山东大学出版社2012年版，第284页。

在此基础上，我们还需要进一步明确如下三个概念术语理解意义上的重要问题。一是生态马克思主义与生态社会主义的关系。虽然从词源学的意义上说"马克思主义"与"社会主义"有着不容置疑的差别，而且在现实中"北美学者领导生态马克思主义、欧洲学者引领生态社会主义"是一个很难否认的客观现象，但就"生态马克思主义"和"生态社会主义"的历史发展与基本内涵而言，恐怕很难将其视为两个独立的学术流派。一般来说，"生态马克思主义"和"生态社会主义"是同一个绿色左翼政治理论或实践流派的不同表述，二者间的差异只在于，"生态马克思主义"更加侧重马克思及其他经典学者相关著述的理论来源及其方法论意义，而"生态社会主义"则更加强调一种未来绿色社会制度的设计及其战略。比如，美国学者詹姆斯·杰克逊对于"生态马克思主义"的界定，就更加强调了生态马克思主义对于西方资本主义所基于的人类中心主义价值观和资本主义制度内在地破坏人与自然关系本质的批判立场，认为解决环境恶化难题和工人悲惨境遇的马克思主义方案就是消灭资本主义制度、建立社会主义社会，而戴维·佩珀对"生态社会主义"所做的经典性界定，则是突出社会主义的未来变革处方和冲突与集体行动为特征的政治道路。

二是生态马克思主义/社会主义与其他绿色左翼支派的关系。一方面，马克思主义的基本立场与理论分析提供了一种充分尊重人类自身价值及其利益的"弱人类中心主义"哲学价值立场和社会结构与矛盾分析的认知研究方法，认为生态环境难题归根结底是一种社会性弊端（同时在制度与政策层面上），相应的，在现实政治立场上，主张一种对当代资本主义制度的根本性批判与反对态度，认为在资本主义的经济与社会制度框架内不可能真正解决环境问题，并为其他绿色左翼支派所大致接受。另一方面，其他绿色左翼支派也各自基于不同的理论视角对生态环境难题作出了富有特色与说服力的阐释——有的未必完全符合马克思主义的传统哲学价值观与政治理念。比如，生态女性主义和生态马克思主义/社会主义的共同点在于反对资本主义制度下对女性生活权利与尊严的侵犯和羞辱（比如过度美容和基因工程孕育），但它所设想的未来社会的前提不仅是社会公正的还是性别公正的（虽然未必是传统社会主义所主张的结果平等意义上的），而这其中蕴含着十分丰富的重建现代社会（并不仅限于当代资本主义社会）的理论想象与实践切入点。尤其值得注意的是，我们不能简单或空泛地谈论生态马克思主义/社会主义对于其他绿色左翼支派的指导意义或优越性，或是过分迷恋于用更纯粹的"马克思的生态学"取代"马克思主义的生态学"。

三是生态马克思主义/社会主义理论与实践之间的关系。作为一个学术流派，生态马克思主义/社会主义可以追溯到马克思、恩格斯、莫里斯等人的相关理论著述（比如马克思的"物质变换断裂""反对自然生态的私有权""改进后的自然环境传承"等思想和莫里斯的"生态社会主义"政治原则），而且经历了自20世纪70年代初以来的不断演进与发展过程。但从环境政治学的视角来看，生态马克思主义/社会主义首先是而且理应成为一种反抗/替代当代资本主义及其全球化扩展的社会政治运动。从理论层面上说，它必须能够阐明，为什么一个生态可持续与社会正义的绿色社会同时是必要的和可能的；从实践层面上说，它要置身于鼓励与动员一切抗拒/超越资本主义的反生态的政府、利益集团、个体的政治和生活行为（"私人的即是政治的"）。而且，最为重要也最具挑战性的是，在经济社会迅速一体化的当今世界中，在中国经济政治影响迅速扩大的当今世界中，我们已不由自主地同时成为关涉地球未来的环境难题成因及其解决方案的一部分。换句话说，伴随着经济政治全球化而来的绿色左翼政治的世界范围思考与行动，做富于创新精神的生态马克思主义/社会主义者正在成为我们必须作出的抉择。

总之，经过半个多世纪的不断发展，生态马克思主义已经成长为一个在地域上逐渐超出欧美，并有着广泛社会政治影响的马克思主义理论新流派。他们确立了马克思主义理论与生态危机解决之间的密切关系，丰富和发展了马克思和恩格斯的生态思想，对于建构系统的马克思主义生态观也有着重要裨益。但是，生态马克思主义对马克思主义基本理论的理解与阐释并不是全面的或准确的，他们的工作着力点是在马克思主义理论方法的基础上，构建一种系统的生态马克思主义理论，而往往无法做到对马克思和恩格斯等经典作家思想体系的完整解读或准确阐释，这种方法论缺陷或多或少地影响到了他们理论阐释的科学性。另一方面，大部分生态马克思主义学者的欧美社会背景与理论语境，也多少限制了他们对当今世界生态环境危机的全球性生态马克思主义解决方案的政治构想，甚至使得他们对欧美国家的生态社会主义进路及过渡战略大多做粗略之论。不过，生态马克思主义关于资本主义及其全球化发展的内在矛盾理论，仍有其理论上的深刻性和政治上的启示意义。

三、生态马克思主义理论的生态文明建设借鉴意义

只要把生态马克思主义理论理解为一个整体，那么就必须承认，它同时是对资本主义社会条件下生态环境问题的经济政治制度成因的根本性批判，以及对这种制度性前提的社会主义替代的理论与政治构想。换言之，社会主义制度条件下的生态环境问题界定或应对，归根结底要着眼于构建一种新型的"社会关系"或"社会自然关系"，而这也就是我们今天称之为"社会主义生态文明"的最基本意涵。[①]对此，党的十八大报告号召指出，要努力走向社会主义生态文明新时代，而党的十九大报告则明确强调，全社会必须牢固树立"社会主义生态文明观"。

那么，在社会主义生态文明制度创新方面，生态马克思主义理论究竟能够提供哪些有启迪价值的思想资源呢？这至少包括如下三个方面的内容。[②]

一是对资本及其运行逻辑实施社会和生态制度性的限制。前资本主义时代的历史经验已经表明，当经济内置于传统社会之中而不是凌驾于社会之上的时候，资本即便存在，其运行的逻辑也是会更符合社会与生态理性的，至少不会成为垄断或霸权性的。这当然不是说，我们应该倒退到任何形式的前现代社会，而是说，着眼于绿色未来，我们必须达成的第一个共识是，资本逻辑的霸权性并不是不可挑战的。不仅如此，"社会主义生态文明"成为现实的基础性前提是，我们必须能够重新创设出一套限制资本及其运行逻辑的社会与生态制度。总之，在一个生态文明的社会主义制度中，某种形式的资本即便确实存在，也必须是受制于整个社会民主达成和不断改进的社会理性与生态理性要求的，因

---

① 参见郇庆治《社会主义生态文明：理论与实践向度》，《江汉论坛》2009年第9期。

② 参见郇庆治《生态马克思主义与生态文明制度创新》，《南京工业大学学报》（社会科学版）2016年第1期。

而将是一种受控制的或从属性的力量。需特别强调的是，资本并不等于效率，也不等于经济，当然更不能直接理解为社会进步，而是一种人类社会特定时期的特定类型的社会关系和社会自然关系。相比之下，对社会主义生态文明的追求，理应包含着创造一种更有效利用自然资源的经济生产与生活方式，但目标已是尽可能地满足社会全体成员的社会与生态合理的不同需要，而且也未必非要借助于资本这种"中介"。毋庸置疑，在整个社会主义初级阶段的生态文明建设过程中，我们还必须充分发挥利用多种资本形式的积极作用，但必须明确，这种利用理应是适度的和有边界的，是与社会主义生态文明建设的总体目标相一致的。

二是对市场机制之外以及"非市场化领域"给予更多积极关注。比如，对于生态地域、人文历史文化遗产、公共服务部门、社区、家庭等社会生存（生活）空间，我们要更多采用一种"非市场化"思维来理解与分析。纯粹意义上的资本主义社会是不允许存在拒绝市场机制发生作用的"非市场化领域"的。但正如我们可以看到的，即便在所谓的发达资本主义国家，完全意义上的"自由市场"也不存在，比如，德国版本的市场经济被称为"社会市场经济"或"莱茵模式"①。这其中既有资本主义经济运行无法摆脱或消除的"外部性环境"的原因，也有社会主体特别是劳动者主体作为一种社会文化性存在的"反资本化"抗拒的原因。依此而论，伴随着20世纪70年代末以来新一轮经济全球化浪潮扩展开来的更广泛"市场化"或"市场机制"现象，以及在生态环境相关领域中的展现，比如"自然资本化"和"自然金融化"（都需要借助于市场机制）②，未必代表着一种长期性或正当的发展趋势。对于社会主义生态文明建设来说，我们需要更主动考虑的，也许是尽可能地限制"市场"或"市场机制"发挥影响的空间或力度。即便确需引入某些市场化操作和管理机制，也必须明确，它们的适用时间、范围和力度是有限的，是应受到民主化掌控的。总之，着眼于社会主义的民主目标和生态目标，我们真正期望的应该是，社会与生态自觉

---

① 参见沈越《德国社会市场经济探源》，北京师范大学出版社1999年版。

② Ulrich Brand and Markus Wissen, "The Financialisation of Nature as Crisis Strategy," *Journal für Entwicklungspolitik*, 30/2(2014), pp. 16–45.

的公民联合起来管理自己的相互关系和社会自然关系，而不是交给一个无处不在的自由"市场"。基于这种认识，我们就需要特别关注那些还没有被"市场化"的社会存在领域，并对那些正在进行"市场化"的社会存在领域，更多采用一种"去市场化"或"非市场"的政治与政策思维。

三是对于"国家""政府""社会""计划""教育""技术""创业"等现代社会制度形式的替代性意涵，要做更多的发现和促进工作，努力使之朝向维护与推进社会公正和生态可持续方向进行变革，或称之为"社会生态转型"①。一方面，需要承认的是，现代社会包括欧美资本主义社会，在不断回应生态环境问题挑战的过程中确已实现了一定程度上的"绿化"或"生态现代化"，尤其是在经济产业政策和公共管理的层面上。就此而言，某种程度或某种形式的"绿色资本主义"或"生态资本主义"②，确实是一个发生中的现实。但另一方面，又必须看到，所有这些现代社会制度性要素的替代性意涵的充分发挥，离不开一种综合性的结构性变革或重组。比如，在资本主义社会条件下，生态创业正在成为一种时尚引领性的企业经营与营销模式或口号，但却很难摆脱传统经济的资本趋利或价值增值法则（"要么增长，要么死亡"），因而很难成为真正合乎或遵循生态的。再比如，在资本主义社会条件下，各种形式的"绿色技术"虽然可以实现资本趋利驱动下的较快发展，但要使之真正服务于公众的生活环境质量和全球的生态环境保护，就必须改变资本主义社会条件及其国际架构本身。而对于社会主义生态文明建设来说，这意味着，我们要在不断改进与完善各种现代制度要素本身的"合生态性"的同时，还要更多考虑这些要素之间关系的"合生态性"。在这方面，中国共产党领导与执政下的当代中国，无疑有着无可比拟的优势。

---

① Ulrich Brand and Markus Wissen, "Social-ecological Transformation," in Noel Castree et al. (eds.), *International Encyclopedia of Geography: People, the Earth, Environment and Technology* (Willey-Blackwell/ Association of American Geographers, 2015).

② Ulrich Brand, "Green Economy and Green Capitalism: Some Theoretical Considerations," *Journal für Entwicklungspolitik*, 28/3 (2012), pp. 118–137; Ulrich Brand and Markus Wissen, "Strategies of a Green Economy, Contours of a Green Capitalism," in Kees van der Pijl (ed.), *The International Political Economy of Production* (Cheltenham: Edward Elgar, 2015), pp. 508–523; 郇庆治：《21世纪以来的西方生态资本主义理论》，《马克思主义与现实》2013年第2期。

🎤 **第十二讲**

当代世界环境伦理学

叶 平*

引言 当代世界环境伦理学是人类在20世纪的伟大创造，是从人与人之间的伦理文明迈向人与自然之间的伦理文明的进步和飞跃。这场进步和飞跃历经了一个世纪。最先带动和引领人类"对大自然讲道德"的先驱，既不是哲学家也不是理论工作者，而是大众文学家、博物学者、生物学家和生态学家，他们在生活和生产中最先发现生态环境问题，最先把生态学观点转变成创新伦理认识、方法、思想和文化，揭露和批判人类对于自然的掠夺行为，参与政府和企业相关决策，自觉地发起或积极参与保护自然、保护环境、保护生态的世界性环境运动。这些运动直接促进和推动了环境伦理学专业研究的发展和学科的建立。环境保护、可持续发展成为20世纪的新概念，它们不仅是值得研究的伦理问题，更是人类文明进步的里程碑。这一讲简要概述世界环境伦理学发展的历史背景和特征，说明其实践意义。

当代世界环境伦理学主要是西方各界在对西方工业化造成的生态危机进行反思的过程中形成和发展的，因而，当代西方环境伦理学其实也是当代世界环境伦理学的主流。

一、当代世界环境伦理学发展的背景

环境伦理学问题引起一些学者的关注并作为对人与自然关系伦理方面的道

---

* 叶平，哈尔滨工业大学（威海）马克思主义学院教授，哈尔滨工业大学环境与社会研究中心主任。主要研究领域为生态哲学与可持续发展。

德研究，源于20世纪末的环境保护运动。西方特别是美国环境保护运动的发展演变，至今经历了三个阶段^①；与此相应，当代世界环境伦理学也经历了孕育、创立和全面发展的过程。

（一）18世纪末至20世纪初，是当代世界环境伦理学发展的孕育阶段

英国工业革命的成功及其在西方的深入发展，造成大规模森林资源、野生生物资源和荒野整体景观的破坏以及生态环境急剧恶化，也在一些主要工业城市如美国纽约和英国伦敦酿成严重的空气和水污染事件。这些污染事件往往通过民事诉讼、法律调节以及医疗介入和利益补偿等形式得到缓解。关于荒野景观破坏和生态环境恶化，许多有识之士为维护生存权利、保持生存环境和自然资源的永续利用，奔走呼号，自发地组织起来，形成了第一次环境保护运动。环境保护运动得到所在国家的支持。环境运动的促动者或领袖、强有力的自然保护主义者，有的同时也是国家公务员。如，美国林业局长吉福德·平肖，又是美国森林保护运动中的功利主义环境保护运动的领袖。他提出"明智利用"的森林管理思想，代表这一时期美国森林管理实践决策中蕴含环境伦理根基的主流。

第一次环境保护运动，不局限于森林管理部门，还有思想界和民众环保界。思想界的代表人物首推美国早期环境保护思想家亨利·大卫·梭罗。他在《瓦尔登湖》中指出："我心目中的地球不是麻木的惰性的物质，它是一个实体，它有精神，是有机体的并在精神影响下发生变化的，并且，在我身上无论如何都存在着那种精神的微粒。"他主张，"在荒野中保留着一个世界"，"健全的社会应当需要在文明与荒野之间达成一种平衡"。梭罗等人与自然浪漫主义思想，成为西方激进环境意识形态的一个重要来源。这一时期西方环境伦理思想的萌芽，也体现在自然主义博物学者玛什的《人与自然》一书中。玛什坚持人是自然的一部分，人与自然的和谐关系处在一种动态平衡之中；仅仅把自然当作人类消费品的信念，不仅在终极关怀的思想上是错误的，而且在实践上也是造成自然

① 参见叶平《人与自然：西方生态伦理学研究概述》，《自然辩证法研究》1991年第11期。

动态平衡破坏和人类加速灭绝的推手。玛什的著作，是在以英语为母语的国家中最早对自然资源无限论提出批评的自然保护名著。

梭罗和玛什的环境伦理思想火花既是深刻的，也是激进的，对西方工业化和经济大跃进时代引发的生态环境问题敲响警钟。他们的思想超前于西方工业时代的主流意识和观念，对于走进荒野进行体验的民众，如坚定的自然保存主义者约翰·缪尔等，产生了极大影响。缪尔走进原始森林，用身体和心灵感受大自然，领悟到自然的固有价值。他以朴素的自然的内在价值论反对平肖的功利主义的自然外在价值论，为后续西方环境伦理学的不同发展奠定了方向，提供了思想来源。

（二）20世纪初到21世纪中叶，是当代世界环境伦理学发展的创立阶段

此时西方处在两次世界大战的狂风暴雨中。战争不仅毁灭了许多人的生命，而且也使无数的动植物陷入险境。生活在德国和法国之间的人道主义者、诺贝尔和平奖获得者施韦兹在西方第一个敏锐地认识到人类文明的重大缺陷——缺少对生命的敬畏和尊重，这一认识使他成为试图系统地构建"文明的哲学"的学者和思想家。他的代表作是《文明的哲学：文化与伦理学》(1923年)。他从对生命的崇拜的炽热情感引发出生命观和环境伦理学，他的主要观点有四方面：第一，新的伦理学是对文化的必要发展；第二，基于理性之上的伦理学思想对现实生活起指南针的作用；第三，新伦理学的基础是崇拜生命的原则；第四，人对他周围的所有生物负有责任。

在施韦兹生活的时代，资本主义发达国家爆发了世界性的经济危机，严重的经济萧条导致对森林、草原和湿地等自然资源的掠夺式开发。局部地区出现严重的环境失调，对人们的正常生活构成威胁，如美国密西西比河流域以西的大平原地区出现巨大黑风暴，河流泛滥成洪灾，成千上万人无家可归，流离失所。严酷的现实重新唤起人们的环境意识，西方出现了第二次环境保护运动。在这次环境运动的宣传中，有的学者开始冷静地思考自然环境的价值。美国生态学家、社会活动家利奥波德在1933年发表《保护伦理》论文，揭露经济决定

论、"一切向钱看"是生态环境破坏的根源，抨击人类征服主义的伦理观；认为不但要借助法律的、经济的手段管理自然，而且也要辅之以伦理的手段，进而得出必须对传统的伦理学进行扩展。他的代表作《沙郡年鉴》（1949年）从生态整体论出发创立了"大地伦理"。其内容包括：（1）划定包括整个大地的动物、植物、山川河流在内的伦理学研究领域；（2）确立生态整体论作为大地伦理的科学基础和价值取向；（3）改变人在自然界中的地位和作用，从征服者转变成生命共同体中的成员；（4）规定一切皆以生态系统的完整、稳定和美丽为善恶标准的基本伦理原则；（5）要求政府和资源私有者都要对地球整体环境的良性发展尽职尽责。

施韦兹从个体论的视角提出敬畏生命的环境伦理学。他主张激发人类情感，建立起人与生物之间的伦理关系。利奥波德也非常重视情感在维系伦理学与大地之间关系的中介作用。他明确指出："如果没有对大地的赞扬和尊重，就不可能建立起人与大地的伦理关系。"不过他更偏重于以生态学为根基考察人与自然（大地）的关系，从哲学和生态学两个方面对环境伦理学产生的必要性和迫切性进行确证。大地伦理已成为现代环境伦理学的经典理论，为其提供了标尺和范例。利奥波德的创新工作和环境保护运动也使个别西方国家开始注意到自然资源管理的伦理调节。如美国林业部门1948年成立伦理学委员会，制定林业工作者学会社会伦理准则25条。但从总体上看，环境伦理学的创立在西方并没有引起普遍的重视。

（三）20世纪50年代到20世纪末，是当代世界环境伦理学进入全面发展的阶段

1962年美国生物学家卡逊发表《寂静的春天》，以及1970年4月5日30万美国人走上街头开展的环境保护盛大游行活动，成为西方环境革命的导火线。前者揭露滥用化学剂、农药给人类和自然界带来的全球性灾难，呼吁走出人类征服自然的恶性循环；后者则是今天世界"地球日"的发端。1970年的"地球日"活动影响巨大，致使一些报刊如美国《时代》杂志宣称"环境研究是1970年的主题"，美国《生活》杂志承认"环境运动是主宰新世纪的一场运动"。

环境革命的标志是"范式的革命"和环境保护共同体的建立。所谓范式的革命，即由"征服自然"转变为"保护自然"。关于后者，从1972到1992年的20年间，联合国环境规划署每年如期举行世界首脑"环境与发展峰会"，贝切伊主持的全球问题研究组织罗马俱乐部，定期发表系列研究报告[①]，促进并推动世界环境保护共同体的建立。

1972年在瑞典斯德哥尔摩召开的峰会，是全球环境运动的一场大会师。巴巴拉·沃德等合著的《只有一个地球》为会议提供强有力的背景资料。同年，罗马俱乐部发表米都斯和福雷斯特合著的《增长的极限》提出人类未来社会必将走向"零增长"的悲观图景，由此引发的全球环境问题大讨论，是这场环境革命运动的高潮。此说有双重含义。一是《增长的极限》以其激进甚至是荒谬的结论，达到吸引世界"眼球"的目的[②]，使西方"经济增长无限论"与地球环境和资源有限性的矛盾暴露于天下。二是这本书适应世界环境革命的重大需求，激发起全球性的环境问题研究热潮，使环境运动实践上升到环境理论的思考，带动了整个世界环境观念的变革。

在《增长的极限》发表前后，美国华盛顿大学生物学教授康芒纳发表了他的力作《封闭的循环》(*The Closing circle*)，提出解决环境恶化和资源耗竭问题的替代方案，即今天在全世界得到广泛应用的"工业生产生态化"模式。美国生物学家伽勒特·哈丁在《科学》杂志发表《公地的悲剧》(*Tragedy of the Commons*)，生动地指出，"看不见的手"是公地生态灾难的根源，暗示必须以环境伦理和环境法律约束膨胀的市场经济对公地的掠夺性破坏。在这些具有代表性的环境著作的鼓动下，全球环境意识空前提高。

全球环境革命的影响有四大方面：一是联合国组建环境规划署，各国组建生态环境保护部，进行环境保护立法和国家生态环境治理能力建设，形成新

[①]　罗马俱乐部发表了《人类处于转折点》(1974年)、《重建国际秩序》(1976年)、《超越浪费的时代》(1978年)、《人类的目标》(1978年)、《学无止境》(1979年)、《微电子学和社会》(1982年)等10多个研究报告。

[②]　《增长的极限》引起公众的极大关注，卖出3000万册，被翻译成30多种语言。即使今天阅读这本著作，也能感受到产业革命以来的经济增长模式所倡导的"人类征服自然"，其后果是使人与自然处于尖锐的矛盾之中。传统工业化的道路，已经导致人口激增、资源短缺、环境污染和生态破坏，使人类社会面临严重困境，实际上引导人类走上了一条不能持续发展的道路。

的生态环境政治格局；世界环境保护非政府组织形成世界环境保护网络。二是1992年峰会制定了《21世纪议程》，明确世界走可持续发展的道路。从此，世界环境运动进入新的阶段，即从1962年开始的环境保护运动，进入可持续发展运动。可持续发展成为衡量一个国家、一个民族乃至世界人类文明和发达程度的重要标志。1993年，我国国务院发布《中国21世纪议程》，明确中国可持续发展战略框架和部署。三是环境教育成为重要的人类素质教育、文明教育和发展教育的一部分。世界自然基金会承担联合国环境规划署和教科文组织的环境教育课题，在全世界积极推动环境教育在中小学的发展，取得成效。四是这场环境革命与前两次环境运动相比较，无论是在起源、目标、规模和战略方面，还是在革命的理论概括深度等方面，都与前两次有很大的不同。仅从起源方面看，早期环境运动的动机是为了寻求减少自然资源浪费并建立资源合理利用的途径和方法，归根结底是为人类的福利。现在的环境革命增加了重建不依赖人的意志为转移的自然生态平衡，确立地球生态系统内在价值的目的。这次环境运动作为强大的社会需求，与环境伦理学学科建设发展的内在需要相吻合。1979年在美国创办《环境伦理学》（季刊），1990年成立国际环境伦理学会。环境伦理学研究在学术共同体的组织上和施展才能的学术舞台上站稳脚跟。到20世纪末，当代世界环境伦理学已基本成熟，分化出许多不同观点、学派和争论，呈现朝气蓬勃的发展特征。

二、当代世界环境伦理学发展的特征

当代世界环境伦理学的发展离不开时代的需要。20世纪60年代是西方激动人心的时代，也是危机四伏的时代。在美国的学院或大学校园里，民权、和平和环境问题吸引着大批富于思想性的年轻学者，成为他们议论、演讲的问题中心。社会上的民权运动、和平运动和环境运动对这些年轻学者的研究提出了挑战。环境伦理学者研究生态哲学问题，探讨人与自然的伦理道德关系的理由和根据，呈现出三大学理倾向和两类方法论特征，环境伦理学理论发展趋于成熟。

（一）三大学理倾向 [①]

环境伦理学作为一门新兴学科，呈现三大学理倾向。

1. 应用伦理学倾向

这一倾向的特点是在传统的伦理学范围内解决环境论题。如资源稀缺和人口问题，应用传统伦理学提供的责任、伤害、权利和义务概念就能很好地加以分析。环境伦理学讨论的社会公共问题可以用传统的伦理学研究范式，类似医学伦理学、商业伦理学的模式。这些传统的伦理学理论，包括康德的义务论、边沁的功利主义、莫尔的功利主义、罗尔斯的正义论等，通过创新方法，创造新的情势，把环境问题包容在传统伦理学理论话语范围内，通过基于这些理论的应用伦理学认识和分析问题，评价替换方案并捍卫某种政策。在这方面具有代表性的著作有澳大利亚哲学家约翰·帕斯莫尔的《人类对自然应负的责任》（1974年）。

2. 扩展伦理学倾向

事实上，对一些环境问题的解答是超出传统伦理学框架的。例如原子能核废料问题、自然资源耗竭问题，都关系到子孙后代即未来世代人的利害，环境主义者提出新的伦理理论使这个问题变得清晰。这种理论倾向并不把注意力集中在环境问题所反映的复杂技术、经济和政治方面，也不把环境问题看成传统伦理应用的新领域，相反，更加重视挖掘自然的价值，重视自然规律对人类行为的内在制约关系，即在批判传统道德理论的基础上革新道德理论，实现传统伦理向环境伦理的扩展。具有代表性的著作有 H. J. 麦克洛斯基的《环境伦理学和政治》（1983年）。还有一些学者从理论上对统治和征服自然为特征的人类中心主义进行反思和批判，重构人类中心主义。代表作有美国植物学家 W.H. 墨迪的《人类中心主义：一种现代观点》（1975年），美国哲学家 B.G. 诺顿的《为什么保持自然变动性？》（1987年）等。

[①]　参见叶平《人与自然：西方生态伦理学研究概述》,《自然辩证法研究》1991年第11期。

3. 创新伦理学倾向

这种观点从理论上认为，当代生态环境危机是西方文明的危机，根源在于对自然的态度和价值观念；传统伦理道德哲学并不公正，其中所坚持的人类中心主义核心，仅仅把自然界视为人类的工具，不可能为解决环境问题提供合理的伦理基础。因此，坚持走出人类中心主义，把内在价值的重心从人类转移到地球自然——整个地球生态系统。类似于扩展主义者那样，这种观点坚持，新的生态危机形势、新的环境问题，需要新的道德理论。所不同的是，创新主义者拒斥传统的人类中心伦理学，立足生态学的形而上学，确立环境伦理学。这种伦理学是捍卫非人类生物的伦理学，把动物、植物及其整体直接纳入伦理考虑，基于生态学的立场、观点和方法，重建人与自然关系的伦理理由和根据，包括人与动物、人与植物、人与荒野地关系的伦理信念、道德态度以及行为原则和规范的创造和重建。这种观点体现出方法论的发展和创新，主张环境伦理学是一种新伦理学。具有代表性的著作是美国国际环境伦理学会创立者、美国科罗拉多州立大学杰出教授罗尔斯顿的《哲学走向荒野》（1986年），保尔·W.泰勒的《尊重自然界》（1986年），J.B.考利科特的《捍卫大地伦理学》（1989年）等。

（二）两类方法论特征[①]

环境伦理学被西方学者称为历史上人本主义和自然主义传统的创造性转化和创新性发展，其对人与自然、人与人、人与社会整体的终极关怀和实践规范，依赖于基本问题的明晰和方法选择的理论。

1. 基本问题的明晰

当代西方环境伦理学是一个开放的哲学伦理学学科。它将人对自然的关系纳入伦理考虑，研究当代人与未来人、与非人类动物、与无机自然界的伦理关系，或者研究人类之间的环境伦理学，研究动物伦理学、生物伦理学、濒危物种的伦理学和生物（包括人类）共同体的伦理学[②]，并认为道德规范能支配人对

---

① 参见叶平《当代西方环境伦理学研究的特点》，《自然辩证法研究》1999年第8期。
② 参见霍尔姆斯·罗尔斯顿《哲学走向荒野》，刘耳、叶平译，吉林人民出版社2000年版。

自然的行为。由此，环境伦理学理论必须对这些规范是什么以及是对谁而言，或表明人类对谁负有责任并能作出确证。其基本问题，主要集中在以下四大方面。

第一，人与自然的伦理关系是否存在？或具体地说，人类社会发展对地球上的野生生物包括动物和植物造成利害影响，对人类而言有伦理道德意义吗？进一步说，人对自然的责任和义务是否不依赖人类的意愿？

第二，如果承认人与自然关系的行为适合道德约束，那么所涉及的道德约束是什么？与那些支配人际关系的道德约束怎样区别？如果我们对自然的义务不依赖对人类的义务，那么，制定那些义务的根据是什么？应用在人与自然领域中善的评价标准，以及正确行为的规则是什么？

第三，人们怎样判断那些标准和规则？怎样表明依从环境伦理学原则的道德许诺是基于合理性的基础的？我们能否确立适用每一个人在内的有效的环境伦理学？

第四，我们对待自然的义务和责任，怎样与人类的价值和利益相权衡？环境伦理学的任务，很可能要求我们的行为与人类的目的相反。假如这样，履行那些任务就一定要放弃人类的目的吗？

系统地回答上述问题，所持观点的理论倾向决定环境伦理的学术立场，如人类中心论、非人类中心论等。为了简明阐述西方环境伦理学各派回答这些基本问题时的分歧，可以把上述基本问题的逻辑整理如下。

第一，当代全球生态危机是谁的问题？显然是人的问题——严格说，是人的观念和行为失误产生的问题，如观念上误解自然，行为上缺乏与自然关系的道德约束。

第二，怎样解决这个问题呢？首先要正确认识自然，重新定位人与自然的关系，制定相应的伦理规范，明确人类对自然事物和自身各负有什么责任。如果把道德价值中心定为人类，那么，人在自然中的地位和作用就是主人，是万物之上的统治者或征服者，自然也就仅有工具价值，这是所谓的传统的人类中心主义观点。这种观点被美国学者诺顿称为"强人类中心主义"。其伦理模式是基于"感性意愿"之上的"人类需要－自然界供给"。由此，自然界就是为了满足人类需要而存在的，只要人类需要，自然界就得供给，否则人类靠科技和工业征服。诺顿发现，强人类中心主义对人类的需要没有限制，而事实上人类需要并不都是合理的。因此，他提出"弱人类中心主义"加以修正，其模式是基于"理性意愿"之上的"人类需要－合理性道德评价－自然界供给"。这种对人类基于感性意愿的需要进行的"合理性道德评价"包括科学理论以及一整套合理的起支配作用的审美理念和道德规范。合理性道德评价是对人类的感性意愿需要进行筛选，通过的得到支持，否则将被拒斥。所以，合理性道德评价不仅具有对人类的需要进行筛选的价值，还具有把感性意愿转换成理性意愿的转换价值。[①]

如果把道德价值的重心定在非人类，如动物、植物乃至一切生物，那么，人在自然中的地位可能是生物共同体中的另一类生物种，即是生存平等关系中的一员，或是生命共同体中的普通一员，相应的，人在自然中的作用就如同为其他物种服务的"乘务员"。这就是生物中心论、敬畏生命论的基本观点。

也可能把道德价值的重心定在人与自然系统关系方面，那么，人在自然界中的地位和作用就是适度的调控者或明智的管理者。这样，内在价值既不仅归于人类，也不单独归于自然事物，而是归于人与自然的整体性质，如完整、稳定、美丽以及多样等整体性。这也就是所谓生态中心论。[②]

2.方法选择的理论

西方环境伦理学的方法多种多样，有的是从论证角度采用经验方法、理性方法、情感方法和公理化方法，也有的是从伦理学诠释的角度运用描述方法、规范方法和哲学分析的方法，还有的是从创新伦理学原则和规范的角度揭示环境伦理学新的概念新的逻辑方法。这些方法都是环境伦理学应用的特殊方法，仅有这些特殊方法是不够的，还必须考虑环境伦理学的一般方法及其背后依据

---

① 参见叶平《新世纪的生态伦理》，福建人民出版社2004年版，第157—167页。

② 还有一些环境伦理学观点，如社会生态学、生态女性主义、生态马克思主义等观点，这些观点与人类中心主义和非人类生态中心主义观点的侧重点不同。前者主要认为，无论是哪种（人类中心还是生态中心）环境伦理学信念、原则和规范，如果没有社会生态结构和社会管理制度的改变、没有（男对女的）统治模式的改变（影响人类对自然界的统治模式的改变），没有改变类似人剥削人的资本主义制度（影响人统治自然界的资本主义制度的改变），那么，环境伦理学就不可能在思想中成为推动社会转型的实践哲学。这些观点是对环境伦理的理论观念和实践观念走向实践生活的逻辑补充，往往把它们归类于环境政治学，它们也与生态哲学相交叉，在这里不再赘述。

的理论或哲学框架，阐释其方法论基点以及建构的基本逻辑，包括基本假设、形面上的基础、典型代表人物和最终目标。环境伦理学具有代表性的学说、最基本的理论是人类中心论与生态中心论。二者关注的重心不同，前者的重心在人类世代的整体利益，后者的重心在物种、生物多样性、生态系统的内在价值，所以呈现不同的方法论特点，参见表12-1和表12-2。

表12-1　人类中心论的方法论特点

方法论基点		方法论内容
基本假设	人类本质	人类有文化传统，有别于他们的遗传继承，在性质上根本区别于一切其他动物种
	社会因果关系	人类事务的基本决定因素是社会和文化（包括科学和技术）而不是人类个体
	人类社会	社会和文化环境是决定人类事务来龙去脉的背景
	对人类行为的约束	文化是以累积方式发展的，因此技术和社会进步能无限地继续。一切社会问题从根本上是可以解决的
	责任和义务	为最大多数人谋求最大的善。把重要的价值放在社会公正而非个人的进展。对人负责任或为其他人负责任的意识极端重要。在宗教意义上，对自然负责任的意识是人类在万物之上
形而上的基础		基于特殊方法之上的机械论和有机论的结合。在哲学上，定位于实利主义和实证主义。大多数功利主义和唯结果论是这种人类中心观点的主要分支理论
典型代表人物		缪尔和边沁（功利主义理论家）、康芒纳（社会生态学）、兰德斯和米都斯（增长的极限理论）
最终目标		最大多数成员最大的功利和最大的善。通过社会的物质和社会条件的研究，我们能发现关于人类责任的真理；在特定的历史过程范围内，感官的直觉唯独赋予我们能够发现人类"真正的基地"

表12-2　生态中心论的方法论特点

方法论基点		方法论内容
基本假设	人类本质	人类有许多特征（文化，通信技能，技术），但是，他们仍然保存着与许多其他物种同一的属性，并且他们都以相互依存的方式被包容在生态系统之中
	社会因果关系	人类事务不仅仅受社会和文化因素影响，而且也受自然之网中的原因、效果和反馈等内在联系的影响
	人类社会	人类生活于并依赖于有限的生物物理环境，并通过潜在的物理和生物学的约束对人类事务产生压力
	对人类行为的约束	尽管人类能发明创造并产生巨大威力，似乎是使我们摆脱了生物圈有限的束缚，但是，生态规律将永远为人类和其他动物生存提供最基本的内在关系
	责任和义务	一切生物和非生物均有价值。义务针对整个环境。有时包括基于生态规律之上的理性、科学和经验主义者的信仰，有时会对自然界的奇迹采取一种宗教和/或神秘的方法阐释

续　表

方法论基点	方法论内容
形而上的基础	有机的或整体论的范式： （1）一切事物彼此关联； （2）整体远大于各组成部分之和； （3）这个世界是活动的，也是有活性的，有内在因果关系； （4）先前的变化和行进中的过程总能被证实； （5）头脑和身体、物质和精神、人和自然都是非二元论的统一
典型代表人物	道教、佛教、土著美国人的哲学。现代的代表人物有索罗、斯奈德（Gary Snyder）、罗兹扎克（Theodore Roszak）与"右大脑分析"；利奥波德、卡逊、卡普拉等。其学说包括政治生态学、深生态学、生态女性主义等
最终目标	追求统一、稳定和多样的自我维持系统；在自然界中的和谐和平衡；在竞争的生物系统中，一切有机体的生存；民主的社会体系；"少等于多"的信念；软能量系统；自维持的资源系统；可持续的发展

上述人类中心论与生态中心论是两种理论范式，也代表两类学术共同体、协调人与自然关系的两种态度。这在美国森林保护实践中的体现最为明显。1989年，美国《林业杂志》社邀请美国纽约大学林业与环境学院教授J.E.库福尔主持"大地伦理问题专栏"，目的是制定林业工作者协会《大地伦理准则》。库福尔先是系统编发了利奥波德的大地伦理论文作为问题讨论的背景资料，然后发布了美国林业工作者协会制定的一套《大地伦理政治测试》问卷，调查人们对大地伦理问题的价值定位和思想倾向。问卷导引部分有一幅素描，展示美国林业历史发展过程中人类中心主义和生态中心主义代表人物的相对位置，按左、中、右排列。生态中心论被称为左派，在西方源于土著印第安人的长老纳瓦乔的观点，即"人类是大自然的儿子"，随后是利奥波德和缪尔以及边沁的多项价值论，接下来是罗尔斯顿和库福尔的大地伦理。中间派是可持续发展的新林业以及林业管理的新视野倡导者。右派是人类中心论，开始于哥伦布发现并开发新大陆以及欧洲人移民成为"新世界的殖民者"，标志是他们以"大自然的主人"自居；随后是基督教统治自然的思想，以及19世纪末20世纪初，为挽救美国森林危机，平肖提出的"明智利用"的森林政策；最后是森林"多项利用论"提出者，以及负责任的林业管理所确立的"新的职业态度"的讨论者。这种以左、中、右形式勾画的美国林业管理思想的先驱——大地伦理观念的人物

图谱，给人深刻的感觉，即环境伦理是有根的并在实践争论中得到了发展。

三、环境伦理学的争论和本土环境伦理学的特性

西方环境伦理学的发展主要有两条路径：一是在参与环境保护运动中或理论走向实践的过程中，通过环保决策议案等讨论展开理论观点的争论促进环境伦理学的发展；二是在哲学理论界通过观点、思想和逻辑的争论促进环境伦理学的发展。这种争论，以人类中心论和生态中心论为两极，两种理路，但不局限于这两种理论的对立，还包括其他理论争论，其焦点简要表述如下。

（一）工具价值和内在价值

自然界只是为人所用时有价值，还是自然界本身就有价值？如果自然本身有价值，不以人的评价和经验而存在，自然是超验的，那么自然是为了什么存在？生态学告诉我们，地球自然是一种保持生命生生不息的生态结构状态，也是地球自然进化选择积累的成就，地球自然又离不开宇宙自然。宇宙自然又为了什么呢？我们不知道。人类知道的是地球自然也有为了人类存在的价值，即工具价值。以往的伦理学只突出人类利用自然的价值，研究利用自然是否合理，而忽视或不顾自然的内在价值，即人与其他物种相互依存的价值。但是揭示自然的内在价值不是否定自然的工具价值，二者谁是目的，谁是手段？人类价值与自然价值的矛盾在其中又扮演什么角色？这些问题都值得讨论。

（二）个体论和整体论

道德关心主要是放在个体上，还是放在集合群体或系统上？如果放在系统上，那么系统存在动态波动，只要不超过系统承载阈限，对系统组成部分的物种个体生物可以任意杀戮，这与动物权利论倡导的不故意造成有感觉动物的不必要痛苦相矛盾。家养动物与野生动物在动物权利论视域中是否应当区别对待？

（三）浅生态学和深生态学

浅生态学也称人类生态学视域中的自然资源保护主义，是人类中心的环境保护。深生态学是把人类和其他物种与地球环境的关系作为定位，扩展生态意识，如何处理好人的环境与其他物种的环境之间的矛盾，全社会如何从"浅"向"深"转型，不仅是社会要素经济转型，更是全社会文明转型，作为讨论的关键点。

（四）应用伦理学和实践伦理学

环境伦理学是社会伦理学在生态问题上的应用，还是适应当代环境问题的需要，从多学科和跨范式的多样性整合视角创建的一种新的实践伦理学？这些在环境伦理定位上的不同是基于科学逻辑和经验事实的本质差异的。然而，环境伦理不仅基于科学和经验，还包括地域本土文化背景和宗教传统（见表12-3）。美国环境伦理学家考利科特认为："典型的美洲印第安人的世界观，已经包括环境伦理学并支持着环境伦理学。……他们至少在自然观方面要比文明的欧洲人高尚得多。"[①] "美洲印第安人的自然观有不少与西方当代生态哲学的一些重要思想，特别是生态学关于要破除人与自然间疆界的主张、生态系统中存在着丰富的生命联系的洞见，以及生物中心论与生态中心论提倡的尊重生命的思想有很多契合之处。"[②] 我们摘一段美洲印第安人的酋长西雅图给当时美国总统的信：

> 华盛顿的总统先生派人表达了想要购买我们的土地的意思。但蓝天与大地怎么可以买呢？这想法对我们来说太奇怪了。这新鲜的空气与闪亮的河水并不为我们所有，那你们又怎能买这些东西呢？……有一点我们是知道的：大地不为人所有，人却是属于大地的。一切生命都是有联系的，就像我们的血将我们联在一起。生命之网不是由人编织出来的；人仅是这网中的一条线，他对这网做了什么，也就是对他自己做了什么。

---

① Callicott. J. Baird, *In Defense of the Land Ethic* (New York: State University of New York Press, 1989), p.177.

② 刘耳：《从西雅图的信看美洲印第安人的自然观》，《学术交流》2002年第9期。

表12-3　具有代表性的宗教环境伦理观点

环境伦理	基督教	伊斯兰教	印度教	耆那教	佛教	道教	儒家思想
自然价值的根源	造物主上帝	外在的真主	内在于灵魂-婆罗门	内在灵魂	内在佛本	自然的道	自然合理性
人对自然的态度	人类是地球宇宙飞船的"乘务员"	尊重万物和造物主	认证自我实现的价值	不伤生	热爱、慈善、团结、一致	和谐	相互关联、相互依存
保护的实践尺度	是受上帝委托——托管人的尺度	为未来人保护资源	显示灵魂-婆罗门，保护树和其他生物	在事物链上的低位、低水平的消费	禁欲、简单消费、冥想自然	适应自然的经济	为保存人类社会，保护自然

对原始巫术深有研究的美国哲学家亚伯兰，曾深入印度尼西亚对当地的原始文化进行研究。刚开始时，他常常习惯性地从现代科学的视角去审视当地人的信仰与行为，觉得它们很古怪、很可笑。然而，随着他对这些信仰与行为的深层意义的认识不断加深，他发现其中蕴含了许多智慧。当他再回到美国社会时，便发现现代社会那种对其他生命形式的漠视更显得奇怪。亚伯兰的经历和对原始文化态度的转变，也许能为当代人在如何看待原始人的自然观或看待本土生态哲学的问题上提供一些启示。

四、结语：环境伦理学成为哲学领域中最活跃的学科

总之，环境伦理学涉及世界最关注的可持续问题和社会文明走向问题。学者们的哲学探讨也具有非常的普遍性和多样性，其总的发展趋势呈现出从人与自然之间的伦理关系问题，走向人与自然和人与人、人与社会伦理关系的整合问题。社会生态学、生态女性主义和生态马克思主义、生态现代化等社会环境治理理论为环境伦理学提供许多新的生长点，激发环境伦理学和生态哲学都更加趋向解决真实问题，包括理论和实践、社会解构和建构、工业文明向生态文明的转型等伦理学和哲学问题。可以说，环境伦理学领域仍然处在活跃的生长期，其特点是来自不同学术背景的环境伦理学研究者以及实践工程师和热心环保事业并对生态文明实践问题感兴趣的各行各业工作者，在各自学科领域的实践中提出各种令人兴奋的新思想、新观点，直接推动了世界生态哲学的理论研究和发展，并使之走向实践。

🎙 第十三讲

当代世界生态哲学

迟学芳*

引言 生态哲学领域经过半个多世纪的发展，已成为当代世界哲学的重要组成部分。带动和引领生态哲学产生和发展的先驱，与环境伦理相似，仍是西方文学家、博物学者、生物学家和生态学家。他们在实践领域催生环境哲学思考并推动其发展，也使得环境伦理学需要哲学理论支撑的问题突显出来。环境伦理由此悄然进入哲学领地，吸引哲学家一道开拓了生态哲学的研究域和发展空间。不过，生态哲学作为一门新时代的哲学，与西方传统哲学貌合神离，其发展也仍处在方兴未艾的历史时期。前一讲对世界环境伦理学发展历程与学术特点作出了概括性阐释，本讲将概要性地介绍当代世界生态哲学研究的发展历程和理论类型。

当代世界生态哲学作为一个自觉的研究领域，肇始于20世纪70年代。当时两篇文章、一件大事，推动生态哲学引起西方哲学界的关注。一篇是挪威哲学家奈斯的《浅生态运动与深远生态运动》（1973年），引起主流哲学家的批判。另一篇是美国科罗拉多州立大学的教授罗尔斯顿撰写的《是否存在一种生态伦理？》（1975年）。为了容易发表，他将文章投给一个地方小刊物，结果被拒；后来投给著名的国际性学术期刊《伦理学》却得到发表，引起美国主流哲学家的关注。一件大事即1979年哈格罗夫、罗尔斯顿等人创立《环境伦理学》（*Environmental Ethics*）学刊，标志着生态哲学作为一个学科开始形成。不过，

---

* 迟学芳，哈尔滨工业大学（威海）马克思主义学院副教授，海洋生态文明与科技社会发展研究中心副主任。主要研究领域为生态哲学、中国古代传统生命文化、生态文明与科技发展。

生态哲学研究起步较快的学者并不在美国。

一、当代世界生态哲学的发展历程

1978年，澳大利亚哲学家帕斯莫尔应耶鲁大学哲学系邀请到美国作生态哲学讲学，提到并批判美国大地伦理的创始者利奥波德的生态中心主义，但耶鲁大学的哲学家并不知道本国有一个利奥波德，更不知道他的开创性工作。这主要是由于利奥波德具有划时代意义的论文《保护伦理》（1933年）发表在美国林业工作者协会会刊《林业杂志》上，而不是哲学领域的杂志上。再有，虽然1949年英国剑桥大学出版社即已出版利奥波德的专著《沙乡年鉴》，书中虽有"大地伦理"、"大地美学"和"像山那样思考"等哲学内容，但书名看起来却与哲学没有任何联系。此外，利奥波德阐明大地伦理，运用的是平铺直叙的文体，似乎是在说特殊对象森林和土地管理理念问题而非哲学问题。这些都是他没有引起美国哲学界关注的原因。

1990年之前，世界生态哲学的发展主要表现在四个方面：（1）成立国际环境伦理学学会，除了《环境伦理学》作为会刊，《生态哲学》《深生态学家》《伦理学和动物》等杂志相继创刊。（2）定期召开国际性生态哲学学术会议，促进国际学术交流和学科建设。（3）高校设置相关课程和学位。（4）环境伦理理论向实践应用扩展。美国《环境职业》杂志1987年扩大办刊范围，对处理人与自然关系的伦理学予以极大的关注；1986年美国路易斯出版公司出版《工程师环境伦理学》；1989年美国《林业杂志》展开"大地伦理问题"大讨论，呈现出环境伦理理论与职业实践法规结合的趋势。

当代世界生态哲学研究盛行于美国、英国、加拿大、挪威、澳大利亚等一些发达国家，从2000年开始展现出与经济、政治、文化、社会、科技、文明发展交叉研究和整合发展的态势。目前，许多发展中国家，包括我国也相继形成相对稳定的学术共同体。迄今为止，美国仍然是当代世界环境伦理学研究的学术中心，代表当代世界生态哲学发展的主流。

二、当代世界生态哲学的理论类型

当代世界生态哲学有许多理论学派，根据其理论定位可以分为三种类型，即人本主义、自然主义、综合协同论。

（一）人本主义的生态哲学

人本主义生态哲学体现为一个理论定位和三大理论形态。一个理论定位就是，生态哲学仍是人学，人本主义仍是哲学的核心。生态哲学研究初期即出现了人本主义与自然主义的争论，环境问题的出现的确有人学根源，其解决也离不开人学的完善。美国学者墨迪和诺顿沿此思路对传统的人类中心主义作出修正，开辟了现代人类中心主义的生态哲学。

三大理论形态是生物区域主义（bioregionalism）、生态女性主义和神学环境伦理。生物区域主义论者萨尔认为："一个生物区域是由其生命形式、地形、动植物种界定，而非由人类主观规定的，是由自然而非人为的法律来统辖的。"[①]这适用于制定自然保护区规划的指导思想，同时也提醒人们，现代科技发展迅速，全球互联网络使学习成为日常行为，一个潜移默化的副作用正在全球蔓延。这就是现代世界正日益趋向于一个全球性的单一文化，形成减弱地方色彩和多样性，减弱适应特定地形而发展出来的文化模式的趋势。环境伦理学需要人们认同于自己的家乡，而全球化正在削弱这种认同。生物区域主义告诫人们不要忘了当地人的思想和文化会随着外界甚至世界的影响发生变化，而当地的生物不会变化。所以，有一些直接或间接影响区域生物利益的人类工程项目，需要纳入生物多样性评价。如果可能造成区域生物多样性破坏，那么就不应当上马

---

① 1991年10月下旬，中国社科院哲学所余谋昌教授邀请国际环境伦理学协会主席、美国科罗拉多州立大学杰出教授罗尔斯顿来中国讲学，其中讲到"环境伦理学类型"，包括"生物区域主义"。演讲由哈尔滨工业大学刘耳教授翻译成中文，刊发在《哲学译丛》1999年第4期。1998年10月，叶平教授在香港王宽城教育基金的资助下，聘请罗尔斯顿来哈尔滨工业大学讲学，并参加黑龙江带岭凉水原始红松林保护局召开的"第一届中国环境哲学学术研讨会"。叶平教授在与他的交谈中，谈到生物区域主义。参见叶平《关于环境伦理学的一些问题：访霍尔姆斯·罗尔斯顿教授》，《哲学动态》1999年第9期。叶平教授认为，国内环境伦理学、生态哲学有忽视生物区域主义的倾向，这对于应对气候变化的地区行动和生物多样性保护的区域战略不利。

这个项目。值得关注的是：区域环境及其产物——生物群落，在多大程度上能决定政策是关键之一，但是更重要的是人们是否有生物区域意识。美洲印第安人住在科罗拉多地区时，其生活方式就与后来生活在这里的欧洲人大相径庭。在现代，可以说地理条件已不再是决定人类社会的主要因素，但对于生物群落而言仍然具有不可分割的地位和作用。特别是，生物区域环境与生物的状态是处于渐危、濒危还是易危、脆弱，与人类生产和生活的关联方式的研究，是自然保护决策的基本依据。生物区域主义让我们认识到不同的生命形式都是在特定的地域中生发出来的，生态哲学中的生态，是指生物与环境关联状态，因不同地理状态而异，因而才有所谓生物多样性存在的条件。因此，生物区域主义的生态哲学具有保护生物学意义的哲学本土化价值。

生态女性主义与西方的女权运动有紧密关系。女权运动反对大男子主义，运动的目的是倡导在自由、平等和爱的方面男女平权。生态女性主义也反对大男子主义，并把这种在人与人的社会关系上的男人对女人的统治和压迫与在人与自然关系上的人类对自然的统治和压迫相类比，主张只有废除了男女之间的社会统治论，才能为废除人与自然之间的统治论铺平道路。这种观点本来是一种类比，目的是提供一种思维角度或灵感激发。不过，在环境问题的产生及其解决方面，男女性别差异的确可以给生态哲学提供不同的视角。

神学环境伦理是基督教的生态化趋势的表现。1967年美国历史学家林·怀特在其论文《我们生态危机产生的历史根源》中，认为基督教创世篇中上帝把统治自然的任务托付给人类，是产生生态危机的历史根源。由此，基督教开始注意环境问题，修改教义。把统治自然改为管理自然，将人类的角色由地球的"统治者"改为"服务员"。这种变化被称为基督教的绿化，或神学环境伦理。这种伦理基于创世灵性（creation spirituality），认为自然中有神的存在，可以成为保护自然的思想和精神资源。基督教对"拯救"的内涵重新进行了解释，认为拯救自然是拯救人类的基础和前提。人类与造物的整体救赎不可分割。基督教的伊甸园和安息日、安息年、让大地休息等思想都隐含着深刻的环境保护成分。基督教的"爱你的邻居"可以扩展到爱大自然这个邻居。基督教还将"公平""正义"演变为"生态正义"，认识到环境关怀与社会不平等、种族歧视的深刻联系。在主要信仰基督教的西方社会，推动了环境保护的实践行动。

当代生态环境问题既是自然生态的危机，也是人类文明发展的危机，根源在于人性的危机。要解决生态环境问题不仅需要科学技术的绿色化，也需要经济、政治、文化的绿色化，其中宗教的绿化——神学环境伦理是不可忽视的帮手。

（二）自然主义的生态哲学

自然主义生态哲学包括深生态学理论、人–动物–大地生命共同体论、生物中心论和生态价值论。这些理论在考虑人与自然的关系时，定位于自然事物个体、集合共同体或生态系统整体并以此阐释其理由和根据。

1. 深生态学理论

可以把这种观点概括为一个出发点，两个最高规范。一个出发点是以人与其他生物具有统一性同一性，人与自然之间并无很明确的疆界，生命的过程就是建立跨越疆界的联系，形成不间断的相互渗透的过程。两个最高规范是自我实现和生物中心主义的平等。

自我实现不仅是一个伦理道德规范，更是一种深生态学的训练和功夫。首先"自我"的观念需要人类现有的精神有一种进一步的成长和成熟，需要一种超越人类的包括非人类世界的确证。其次这种训练和功夫养成要经历一个精神和身体、感性和理性等循环往复的提高过程，即一个从本能的自我到社会的自我，再从社会自我到生态自我又称"大自我"——代表着大自然原始整体——物我同一的过程。

生物中心主义的权利平等，作为深生态学倡导的第二个最高规范，包括三大方面：一是生存，二是繁衍，三是环境的利害。如果可以在空间上划出人类世界与非人类的其他生物世界，一个地球，两个世界，各走各道，"鸡犬之声相闻，老死不相往来"，那就没有必要伸张一切生物平等的权利。但情况并非如此，人类的生存和发展必然触及自然的发展与保护的矛盾。为解决矛盾，必须落实生物三大平等权利。首先，要区分与人类的需要是生死攸关的基本需要，还是边缘需要、过分需要、无关紧要的需要；其次，要对不同生物的权利作出平等的诠释。即如果人类开发自然，利用各种生物，是处在生死攸关或基本需要中，那是可以接受的；相反，如果是边缘需要、过分需要和无关紧要的需要，那就应当自觉地放弃开发，以确保自然的权利。

2. 人 – 动物 – 大地生命共同体论

人、动物、大地构成三角形的三个角。顶角代表以人类为中心的人本主义，两个底角代表自然主义的两种理论：一是动物权利论，二是大地伦理。

动物权利论以美国哲学家辛格和雷根为代表。辛格主张人与其他有感觉动物在感受痛苦上是平等的，尽管婴儿与马在感觉痛苦的程度上差异很大，即神经敏感性不同，但在感受性上都属于有感觉动物，因此平等地考虑有感觉动物的苦乐，是一种义务。除非必要，不应故意造成有感觉动物的不必要痛苦。拿动物做医学实验为的是救死扶伤属不得已，但用动物做化妆品性能试验则不应当。雷根认为，人与动物有平等的权利，是因为这些动物和人一样都是生命的体验主体（the experiencing subject of life），"有意识、记忆及对未来的感觉……有感觉幸福和痛苦等情绪的能力，有偏好和福利利益，在追求其愿望和目标时有行为能力"。①辛格的"感受痛苦"的动物平等论，适用于人类所居住的城市和乡村环境中的人类饲养的有感觉动物。罗尔斯顿进一步研究了环境伦理学与动物福利的关系，他对人们一些惯常的利用动物的方式，如食用野生动物、工厂化饲养家畜和威逼动物表演等深表不安，认为不应为人的娱乐而强迫动物，更不应当开展娱乐狩猎。他的大地伦理主张"一切事情，只要有助于保持生物共同体的完整、稳定和美丽，就是对的，否则就是错的"。这种伦理尺度是整体论的，整体的平衡大于个体的生死。

上述两种自然主义的生态哲学在伦理原则上有明显的冲突。大地伦理的整体论原则可以不顾及个体动物是否有痛感，也不顾及个体动物的生死，只要不破坏生物共同体的完整、稳定和美丽，或生态整体的稳态，就可以任意杀戮。在自然保护实践的决策上，大地伦理主张"像山那样思考"。如在靠近美国加州的圣·克莱门特岛上射杀数万头野山羊，为的是要保护一些濒危的植物物种和岛上的生物群落整体的稳态。作出这个决策，依据的就是大地伦理。动物权利论者把这种生态整体论称为"环境法西斯主义"。动物权利论者反对狩猎，并提

---

①　Tom Regan, *The Case for Animal Rights*（Berleley:Berleley University of California Press,1983），p.243.

倡抢救受了伤的野生动物，而大地伦理则提倡有选择地狩猎，以控制动物种群的数量，对受伤动物则主张顺其自然，不主张人为干预。

动物权利论与大地伦理在理论和实践上出现的矛盾，主要是对理论的边界和应用的范围不加限制造成的。如果把动物权利论限制性地应用在城市和乡村环境中的人与家养动物或饲养动物的伦理关系，大地伦理限制在应用于没有人干扰的野生动物管理领域，或自然保护区的管理，则可避免上述矛盾。

这种人–动物–大地三角形的三个角相互支撑缺一不可，构成一个生命共同体，其中利益相关者不仅有人类，还有非人类动物，无论是人还是动物在利益上的博弈，终极关怀是大地，所有事件都归结为人与大地之间的关系。大地的整体利益是决定人和动物利益的尺度，特别是环境即大地环境，这种利益是无国界的。作为地球地理整体的大地，不同于地理区位的国家、人和动物关系研究的视域，是一种新的文化地理学，更是一种全球生态哲学。

3. 生物中心论与尊重生命

最早提出敬畏生命、尊重生命并开创生物中心论的学者，是生命伦理学家施韦泽，他把对生命的态度，敬畏或尊重，视为人类文明的标志。他说："一个人只有当他会情不自禁地要尽力帮助一切生命，而不愿伤害任何有生命之物时，才真正算得上是道德的。……有道德的人不会摘取树叶，不会采撷花朵，而且会小心地尽量不踩死昆虫。"这是一种人与其他生命的相情同感，产生的变化，不是科学认识上的变化，而是心理和情感的变化。

生物中心论环境伦理学，不仅涉及心理和情感，也基于生物学提供的科学认知。这种生物中心论的理论化系统化者是美国生态哲学家泰勒。他认为，尊重生命的行为来源于把一切生命纳入道德考虑的自觉。因为，人作为道德行为的主体（moral agents），可以把一切生命形式作为道德行为的受体（moral patient）——它有一种自己的善，会因道德行为主体的行动而受损或受益的利益，而不是它是否有体验苦乐的能力。这种对生命的尊重是把所有有生命之物都直接视为有价值的存在。

生物中心论对植物的关注更能突出其与动物权利伦理学的差异。植物体是一个自发生长的生命体系，它虽然不是生命的主体，但却能够生长、繁殖、恢复自己的创伤和抗拒死亡，以维持其同一性。它保护的是其生命本身，这是值得尊重的一种内在价值。

罗尔斯顿曾举例说："有人曾在美国约瑟米蒂国家公园一棵巨大的红杉底部挖出一个隧道，此后有数百万人开车从中穿过，借以取乐。这棵树因此而日益虚弱，终于在一场暴风雪中倒伏了。有人建议约瑟米蒂公园的管理人员再用一棵红杉来挖一个这样的隧道，但遭到拒绝，因为护林员们认为，这对壮伟的红杉生命是一种轻侮。"[①]

对传统的伦理学家来说，因为植物并非有着自己的偏好的评价者，要说它们有权利和道德地位显得很怪异。但生物中心论认为，环境伦理学不仅涉及心理学，也涉及生物学。人不应以自己为衡量事物的唯一尺度，生命是一个更好的尺度。

4. 价值论生态哲学

这种理论，源于罗尔斯顿的基本观点，即人类、其他动物和植物，或生物、物种、生态系统、地球、自然整体或部分，在运动变化中并不是杂乱无章的，而是有优化选择形成的进化方向，繁衍生命、生生不息，而且唯独地球上有生命，这是自然历史积累的成就，生命及其生境的协同进化，是地球生态结构创造的生态善。无论其整体还是其部分，它们都潜藏着价值能力。

罗尔斯顿从词源学的角度阐释价值论生态哲学的本意。他说："价值论是关于伦理或道德的学说。价值论，英语词汇是axiology，词根，源于拉丁语，axis，即'轴'。价值论（axiology），可以解释为关于伦理或道德围绕着轴运转的学问。由此，价值论生态哲学是指伦理或道德围绕着人与自然关系之轴运转的学说。"[②]这是价值论生态哲学的初衷。

自然有怎样的价值？首先是人类价值、人类轴。自然作为人类的生命支撑系统是有价值的，此外自然还有经济、消遣、科学研究、审美、宗教等价值轴。这些价值是在人与自然关系中自然对于人类的用途或意义，这是一种传统的自然价值论。自然也有对自然本身的意义和用途，自然轴，如自然的生命价值、

---

① 霍尔姆斯·罗尔斯顿：《环境伦理学的类型》，刘耳译，《哲学译丛》1999年第4期。

② 这是罗尔斯顿1998年10月21日在全国第一届生态哲学学术研讨会上，作《荒野自然价值及其本质》的演讲中关于价值的词源学阐释。

生态价值和可持续价值，不仅是对人类的价值，也是对一切地球上的动物群落、植物群落和生态系统的价值。罗尔斯顿认为，在地球漫长的历史中，哪里有生命建设性的创造，哪里就有价值轴的产生。用我们的话语诠释价值论生态哲学，还需要澄清一些必要的生态价值概念。按照地球产生生命的历史进化过程分类，可以把生态价值分为固有价值、系统价值、内在价值和工具价值。

固有价值（inherent worth）。固有价值又称天赋价值，产生于人类之前，不以人类的经验、评价和意志而转移。迄今为止，人类的认识，仍然认为地球是唯一有生命的星球。生命的产生是地球与其环境相互依存相互作用不断进化积累的成果，这是其本身固有的优化自然选择，即所谓生命与支撑生命的环境构成的固有价值。这种价值是先于人类存在，但人类可以借助科学探测方法感知或推测到这种超验价值。如人类根据考古化石中放射性同位素 C-14 的含量，发现生命产生于距今大约36亿年前，人类的产生距今二三百万年前。由此，在地球上一切产生出来的东西都有固有价值。但不能绝对化，如山有固有价值，但开山炸出的碎石不能说有固有价值，它们只有为人类建筑房屋等的工具价值即石料价值。也就是说，各种事物都有其运转的"轴"，这些"轴"之间具有不可分割的有机整体结构关系或有机系统关联。由此在认识上可以避免用人类运转的"轴"（即人类中心主义价值）代替其他运转的"轴"（即非人类中心价值）的弊端，也可以引导人们去发现不同事物的历史及其积累的成就，进而认识人在其中作为地球系统价值整体中的部分价值及其图景。

系统价值（system worth）。根据系统论的观点，地球上产生原始生命是有条件的，是宇宙系统、太阳系系统作用在地球系统内在生命要素与其生境作用生成的结果，是一种系统价值；系统关系先于系统关系物，即生命要素关系先于生命要素。地球上有了生命就进入生命的进化，而进化从总体上看，是地球内在结构的各种生物种、群落围绕着地球生态系统旋转轴运转的结果，总体大于各部之和，呈现系统价值。

内在价值（intrinsic value）。自然事物有内在价值是指人类从自然事物本身评价的价值，而不仅仅是从它对人的用途或功用来评价。我们评价任何事物，总是联系对我们的功用，实际这只是认识事物的一个方面，我们还应该从事物本身的内在自组织的完善性作评价，也可以把我们视为有助于它完善的手段，相对而言，为了它自身的完善，它具有内在价值，我们成了它的工具价值。

工具价值（instrumental value）。这是指事物的一种外在功能。有工具价值的客体不在于客体本身，而依赖于它能被用来做什么。如人造机器是为人类工作的手段，它具有工具价值，没有内在价值。一只信鸽，当它为人类送信时，它具有工具价值；它吃食物或繁衍后代，它又体现了为自己和为物种可持续的价值，这就是内在价值。人类也是如此，既有内在价值也有工具价值，即利己与利他的统一；否则，人不可能在集体中保持和谐关系。

认识这些不同种类的价值，目的是摆正人类的价值，明确这些不同的价值本质上是围绕着不同的"轴"旋转；要使这些旋转着的"轴"和谐运转，我们要懂得地球生态观，才能理解生态伦理学——生态与伦理的关系不是外在的。生态系统本身的发展过程和机制给人的启发和教育就是伦理的，或者简要地说，生态系统整体与个体实体不同，是一种结构性的真实存在，潜藏着伦理和道德的意义。

正如罗尔斯顿所说："对于生态系统，我们应该看到的是其多个中心间各种联系形成的网络，看到其给个体生命的创造性刺激及不可估量的潜能。这里，任一事物都与其他多个事物相联系。这当中有分岔和交叉，子控制系统和反馈回路。我们应该看的是自然选择的压力与适应环境的特征，而非感受刺激的能力与创伤的恢复，是物种分化与生命支撑，而非抗拒死亡的能力。我们应更多地在系统层次而非个体的层次来看问题。""一物只要有一种能限定其各组成部分的存在和行为方式的组织，其存在就是实在的。"[①]这种观点是罗尔斯顿的创造性发现，由此他提出并确证系统价值论，反驳只有个体才是实在的伦理关怀的基本单位，集合体系统是整合组织而不是实在的论点。

（三）综合协同论的生态哲学

1. 同心圆扩展论

这种扩展论，从时间维度考察，是描述历史发展过程中环境伦理学学术

---

① 霍尔姆斯·罗尔斯顿：《自然的价值和价值的本质》，刘耳译，《自然辩证法研究》1999年第2期。

共同体关怀范围不断扩展的状态，是一种史实的描述，具有客观性。从扩展共同体或同心圆扩展的内部结构来看，共同体扩展经历了"重构人类中心主义共同体"、动物权利论共同体、生物中心主义共同体、生态中心主义共同体、生物圈–盖娅智慧共同体、生物宇宙论共同体，等等。根据库恩的学术共同体学说，这些共同体都有其坚定的信仰和持守的价值观，以及认可的认识方法和论证逻辑。各个同心圆有特殊性，也有共通性。通常情况是，人们的关心有远有近，关心熟人先于关心陌生人，关心自己的子孙后代先于关心他人的子孙后代。罗尔斯顿认为："在人类范围内，各种义务的强度是由人们生活的具体情境决定的。一个人对其兄弟有很多义务，是他对远在非洲的埃塞俄比亚人所没有的。对动物是否也是类似的情形呢？我们是否对自己州里濒危灰熊的义务多于对肯尼亚大象的义务呢？从环境伦理学的角度看，稀有性可能比近缘性更为重要。"这种共通性为构成一个共同体创造条件，由此保持差异或特殊性的共通性将更有利于保护价值的实现。

2. 政治生态学

这种观点将重点放在社会对生态的支撑方面，包括经济、政治和教育体制上。此种观点认为，人们对环境的行为取决于社会体制，因而变革要针对社会体制才能奏效。自然环境作为人们的"公地"，是一种公共利益。环境政策应将这"公地"跟资本主义、市场推动力、个人产权、产品的公平分配等联系起来。资本主义与个人主义的力量不会自动地趋向于实现公共利益。人的行动多出于自我利益，而人们在追求自我利益时往往会破坏环境，所以必须有法律来规限私人和私营企业对自然资源的利用。

从深层次上看，这种环境伦理学在理论与实践上都提出了对欧洲启蒙运动的质疑，认为启蒙运动的世界观未必能与当代生态保护运动相合。科学、技术、民主、人权、利润最大化、消费主义等信条都源于启蒙运动的世界观，而所有这些信条都有可能是当前生态危机的原因。启蒙运动那热情洋溢的人本主义须由生态学加以矫正。

当前，民主所面临的一个考验是民主国家的公民能否学会对自己进行明智的节制。这只是一种公民伦理。21世纪对民主进一步的考验，将是看一个民族能否将社会共同体置于其生态系统中来看，从而根据生态系统的机能整体性发展出一种对社会共同体有建设性意义的环境伦理。一个社会的性质如何，不能只视其如何对待妇女、少数民族、残疾人士、儿童及未来世界，还应视其如何对待动物群、植物群、物种、生态系统及自然景观。一个民族需要以集体的抉择确立一个公共的大地伦理。正如塞勒斯（Michel Serres）所提出的："我们既有的社会契约应再加上一个自然契约作为补充。"

3. 可持续发展与可持续生态圈

1992年在里约热内卢召开的联合国环境与发展大会上通过的《里约环境与发展宣言》开篇即说："在可持续发展中，人是我们关心的焦点。人们有权享有一个与自然和谐的健康的并富有成就的生活。"可见，"可持续发展"之说仍期望持续的经济增长，保留了乐观的"进步"观念。世界环境与发展委员会申辩道：我们必须讲发展，因为世界上大多数人都还远远没有足以满足自己需要的生活资料。此外，我们生产出来的产品也没得到公平的分配。要能满足下几代人的生活所需，人类还需要五至十倍的经济增长。

这种可持续发展的伦理不失为人道，但这对生态系统的完整和生物多样性似缺乏足够关心。自然只被看作一种资源，其重要性只在于为人类生活提供条件。恩格尔对可持续发展作了重新定义："可持续发展是这样一种人类活动：它为能促成具有历史意义的地球生命共同体的实现，并使此共同体能够延续下去。"人类应该建立起与生态系统承载能力相适应的可持续的文化，而这里首要的是必须有一个可持续的生态圈。

4. 自然资本论的生态哲学

这种观点的思路，源于经济引发的问题需要经济手段来解决，用自然资本手段来调控人类经济发展对自然环境不断增长的影响。所谓"自然资本是指产生有价值的商品或服务流动的自然生态系统的存量"[①]。保证这个存量——自然资本，需要成本，补充和修正传统经济GDP核算，有助于自然生态系统良性运转。这种生态哲学提供了"一个全景展望"，"两个基本伦理准则"。

① Christian de Perthuis and Pierre-Andre Jouvet, *Green Capital: A New Perspective on Growth*,Trans. Michael Westlake（New York: Columbia University Press, 2015）, p.2.

"一个全景展望"，是指从自然资本调控系统的视角，揭示人类生产和生活与自然生态系统之间相互作用关系的总体图景。首先，自然生态系统充当了保持生产和生活等实践活动的自然资源提供者；其次，自然生态系统也充当了上述实践活动产生的废物的容纳场所。作为资源提供者，存在增长的自然极限，表现为稀缺自然资源存量不可突破，需要成本加以保护，以免破坏自然生态系统，这是自然资本的一种表现形式；作为废物的容纳场所，有一定的容纳量，又称自然环境容量，呈现为一定的自然同化能力，超过这个容量或同化能力，需要绿色化处理成本，这又是自然资本的另一种表现形式。这表明：传统的人类生产和生活行为不考虑自然生态系统的状态，即传统的经济GDP核算，是不能满足生态文明的需要的。要从经济GDP转向绿色GDP，其理论基础不能没有自然资本论。如果说生产和生活已经有常规的社会调控系统，那么与此对应的自然资本——自然资源供应和废物绿色化的管理，也需要建立新的自然资本调控系统。两个基本伦理准则：一是自然生态系统提供给人类生产和生活的自然资源不能超过其自然资本存量标示的承载能力；二是人类生产和生活产生的废物不能超过自然资本存量反映出的自然环境同化废物的能力。

这种把自然资本附加到生产函数中会导致分配问题：无论资本家还是劳动力、蓝领工人还是老板、高收入国家还是低收入国家，都有义务削减收入来支付自然资本这一新组成部分。如果不附加价值，因而不附加价格，自然生态系统就会逐渐遭到破坏。这种方法与理论扩展是一致的，是对罗伯特·索洛（Robert Solow）在20世纪50年代开发的标准增长模型的丰富，也是追随英国经济学家戴维·皮尔斯等先驱者的脚步，"为投资和增长开辟新领域的开创性实验"。[1]我国在2016年已经开始与经济GDP并行的绿色GDP核算，公布了县级以上政府每年考核的"绿色发展指标体系"和五年考核的"生态文明指标体系"。

5. 多元论和后现代主义生态哲学

这种观点认为，世界观与其说是对自然本身的解释，毋宁说是一种社会建构的基本判断，所以，人不能不依赖自己的文化图式而形成对自然的理解，而

---

① Christian de Perthuis and Pierre-Andre Jouvet, *Green Capital: A New Perspective on Growth*, Trans. Michael Westlake（New York: Columbia University Press, 2015）, p.5.

要形成一种关于地方的伦理学（an ethics of place）。我们并非一定要对非人类自然有一个绝对和最终的解释，甚至是否有一个真的解释都无关紧要。后现代环境伦理学可以因民族而异，即它是一种多元化的环境伦理学。

这种多元论和后现代的环境伦理关注的重心不在于观点的学术争论，而在于支持观点背后的利益共同体，即观点之争归根结底是利益共同体之争。这是一种分析人群社会结构的解构思路，显然仅有这个破坏性的解构是不周延的，还应当有建构的思路：利益共同体代表的利益是否是广大人民的利益，是否是纳入保护法的物种和生态系统保护的利益，以及二者兼而有之的利益。在这三点上，任何环境伦理观点都可以协商，任何利益都可以妥协：该保护的保护，该补偿的补偿。多元论和后现代建构主义的环境伦理学要求脚踏实地解决环境问题。

三、结语

当代世界生态哲学和环境伦理学是基于西方发达国家工业化导致的全球生态危机，以及为摆脱生态危机进行的环境运动所带来的伦理学和哲学需要而产生的。如果说，英国工业革命的启蒙是"自然界是为人类准备好的资源，看人类是否有能力去征服"，那么，现代生态环境革命的启蒙则是"一个地球，两个世界——人类和非人类，看人类如何协调并走向可持续的人类生态文明"。

从工业文明的人类中心主义走向生态文明的生态中心主义，从资源的无限论走向有限论，是世界文明发展的大趋势。在这个过程中，环境伦理学思想不仅为走向生态保护实践的人们提供了伦理观念和道德规范，也促进了生态哲学的诞生和发展，形成了人本主义的生态哲学、自然主义的生态哲学，以及综合协同的生态哲学。这些哲学观点不仅是环境伦理学和生态哲学发展的源泉，也是世界生态文明发展并推动社会生态转型的思想和精神资源，特别是对我国环境保护和生态文明建设具有重要的思想借鉴意义和决策依据的参考价值。

当代世界生态美学

程相占*

引言 生态美学是美学领域直面全球性生态危机的一次范式转型，是生态文明建设时代对于美学学科的理论重构。其学术目的在于通过充分吸收生态学和生态哲学，对审美活动的特殊性及其文化功能重新定位，从审美的角度反思导致生态危机的根源及其拯救之道；其关键词是区别于"现代审美"的"生态审美"。本讲通过纵览国内外学术界对于生态美学的探讨，发掘和提炼生态美学的核心内容，从而发挥生态美学对生态文明建设的积极作用。

"坚持建设美丽中国全民行动""全社会共同建设美丽中国"是习近平生态文明思想的重要内容。"美丽中国"的内涵非常丰富，其感性体现是天蓝、地绿、水清等，"共建天蓝、地绿、水清的美丽中国"，正在成为全体人民的共识。"美丽中国"包含鲜明的生态美学维度，生态美学可以为美丽中国建设提供有益的思想资源。

生态美学肇始于国外，其学术立场还不止一种。根据理论取向、核心命题和关键词的不同，生态美学立场可归纳为八种，即生态学立场、生态艺术理论立场、现象学立场、生态美立场、生态存在论立场、生生本体论立场、实践论立场、生态型美学立场。笔者赞同生生本体论立场，拟在此以生态实在论为哲学基础，叙述西方的和中国的生态美学各自的发展历程，二者的互鉴创新过程，展望生态美学的发展方向和理论前景，并将各种立场的核心命题与关键词有机

* 程相占，山东大学文学院副院长、博士研究生导师，教育部人文社科重点研究基地山东大学文艺美学研究中心副主任，兼任中华美学学会生态美学专业委员会主任，国际英文电子期刊*Contemporary Aesthetics*顾问委员会委员，教育部长江学者特聘教授。

地会通与整合起来，构建一个具有包容性的生态美学逻辑框架，以期对我国生态文化建设、生态文明建设提供有益的理论资源。

一、西方生态美学

（一）生态学立场

这种立场的理论思路是将生态学作为科学基础来探讨美学问题。生态学将任何事物都视为生态系统整体中的存在，从而引导欣赏者在欣赏某一单个物的时候，连带欣赏其生存环境中的其他事物，从而拓展欣赏的范围和宽度。这就意味着，生态学拓宽了审美对象的范围。以欣赏丹顶鹤为例，一般的观光式审美可能只会欣赏丹顶鹤的优美外形，但基于生态学的生态审美，则会连带欣赏丹顶鹤所生活的沼泽——那是丹顶鹤的"生境"（habitat），没有沼泽，就不可能有丹顶鹤。这样，那些通常不被欣赏的事物，诸如沼泽、湿地等并不美丽的东西，在生态学的引导下也逐渐进入人们的审美视野，成为充满神奇魅力的审美场所和审美对象，比如蓬勃发展的湿地公园等。与此同时，生态学还塑造着人们的知觉，提高人们的知觉能力，改变人们的"精神之眼"（mental eye），让人们带着生态心灵（ecological mind）来欣赏那些习以为常的平凡事物。正如美国学者利奥波德在其"保护美学"中指出的那样，"提升知觉是休闲工程唯一真正的创造性部分"，"美国休闲资源唯一的真正发展，是美国人感知能力的发展"，"生态科学锻造并改变了精神之眼"。

尽管利奥波德没有正式使用"生态美学"这样的术语，但是他的"保护美学"却为生态美学奠定了坚实的理论基础，确立了生态美学的思想主题是"保护"，生态美学的理论思路是立足于生态学。正式提出"生态美学"术语的是另外一位美国学者米克，他自觉地沿用了这两点，并且更加明确地借助生态学来展开美学探讨。他的理论要点如下：第一，将生态学视为理解实在（reality）的一种强有力的模式，借以协调人文与科学之间的裂缝，从而确立了生态美学研究的"跨学科"原则；第二，借鉴生态学中的生态系统（ecosystem）概念，将艺术品类比为生态系统，进而分析了艺术品的过程性、系统性与完整性；第三，借鉴生态学的观念，重视生态系统的最大复杂性与多样性，将最大限度的复杂性与多样性视为生态审美的标准，从而提出了有别于传统善恶标准的新审美标准；第四，关注美学自然观与生态学自然观之间的相似性，发掘艺术与生态学之间的共同基础，从而协调人与自然之间的长期冲突；第五，提出"艺术生态学"（artistic ecology）与"生态艺术"（ecological art）术语，为构建生态的艺术美学指引了方向。

米克的生态美学直接影响了加拿大学者卡尔森的生态美学。卡尔森并没有直接讨论生态美学，而是称其独树一帜的"肯定美学"（positive aesthetics）为"生态美学"，从而构成了生态美学的重要一支。在卡尔森看来，那些没有被人类影响过的自然环境，按照常规的审美标准，无论是优美的还是丑陋的，都具有肯定性的审美特性和审美价值。这种颇具革命性意义的结论之所以会得出，是因为在他看来，我们对于自然环境的欣赏方式有适当与不当之分——只要欣赏方式是适当的，就一定能够得出"自然全好"（又称"自然全美"）的结论来。按照这种逻辑，卡尔森提出，要达到对于自然的"适当的审美欣赏"，必须借助包括生态学在内的科学知识。也就是说，肯定美学与生态学的诞生和发展具有密不可分的内在关联：生态学不但是全面包容的科学，而且强调诸如统一、和谐与平衡等特性——这些特性正是我们从审美上觉得特别好的特性。卡尔森明确指出："或许这种立场不是简单地被证明为科学美学，而的确是一位学者所说的'生态美学'。这种立场似乎是随着生态学的发展而出现的，而且似乎是根据它而继续成长的。"卡尔森在这里专门加上了一个注释，引用的对象正是米克，初步显示了米克生态美学所产生的积极影响。

当代美国著名环境伦理学家罗尔斯顿从环境伦理学的角度出发讨论自然美学。在他看来，美学与伦理学都是规范性模式，二者具有密切关系；美与责任之间具有一定的关联，审美律令与道德律令具有相似之处。他提出，我们生存在地球上，就是生活在家园里。现代美学理论中所说的"无关切"并非"自我关切的"，但自我并非"不具身的"（disembodied）；相反，自我是具身的、处于特定场所之中的。在此基础上，罗尔斯顿明确指出："这就是生态美学，生态学是各种至关重要的关系，在家的自我在其世界之中，我与我居住的景观等同，与我的家园领域等同。这种'关切'的确引导我去关心其整体、完整与美。"众所周知，生态学的本来意义就是"关于家园的学问"。罗尔斯顿这里运用的正是这种比喻意义——将任何有机体的栖息场所都比喻为"家园"；而描述家园的三个关键词"整体、完整与美"，正是对于利奥波德大地伦理学基本原则的引用。

这种学术取向一直有着较大影响，比如，两位美国学者于2001年合编了一本论文集《森林与景观——将生态学、可持续性与美学联结起来》。该书认为，森林资源管理必须既考虑林木采伐管理计划的各种审美后果，又考虑公众对于森林生态系统管理的感知的可持续。该书所收录的文章的作者来自加拿大、美国和英国。2007年，戈比斯特等四位美国学者联合发表了论文《共享的景观——美学与生态学有什么关系》，比较深入地探讨了美学与生态学的关系以及生态美学的可能性。正因为强调生态学与美学的关联，这种立场的生态美学又被称为"生态友好型美学"；美国学者林托特2006年发表的《走向生态友好型美学》就是这方面的代表。简言之，生态学立场的生态美学试图深入发掘生态学与美学的内在关联，用生态学观念改造传统的审美趣味、审美偏好、审美理想、审美态度和审美价值，从而使美学成为生态友好型美学。这种立场的突出特点是强调生态科学对于审美活动的重要性，具有强烈的科学色彩，与传统美学的区别也最为明显。

（二）生态艺术理论立场

艺术一直都是重要的审美对象，我们甚至可以将整个美学划分为"自然美学"与"艺术美学"两大部分。正因为这样，生态艺术理论也构成了生态美学的重要组成部分。这种立场的基本思路是，在"生态美学"这个术语的名目下来探讨生态艺术理论。因此，这种立场的实质应该是"生态艺术美学"。

最早提出这种立场的是来自希腊的德国籍画家雷攀拓，他在1983年出版了一本题为《为了人类的艺术或生态艺术》的小册子，根据"生态学"的希腊语源"家园"（oikos），将生态学称为"关于家园的理论"。他提出，家园是一个空间，家中的每个事物都处于秩序之中，这种秩序就是"生态秩序"；生命创生于、成长于这个抽象的秩序之中。天空，星辰，每个事物，一起构成家园。根据这种生态观，雷攀拓尖锐批评以俄国理论家康定斯基为代表的抽象艺术，倡导与之对立的艺术，也就是为了人类的"生态艺术"。他提出，生态艺术理论包括如下七个要点：艺术应该基于客体，艺术应该有机地从体验、从人的灵魂、从最本质的需要之中生长出来，艺术应回归使用正常方式的正常艺术，艺术应该排除大众传媒与艺术宣传的不良影响，应该把握艺术的本体论意义而不是其审美的或武断的意义，艺术形式应该有其生态的意义，艺术应该是一种解放和超越的方式。简言之，雷攀拓以"绿化地球，回归本源"这种生态理念为指导，呼唤人类亲近自然、认识自然、拥抱自然。在题为《技巧与艺术》（1990年）的一次访谈中，雷攀拓明确将其生态艺术理论称为"生态美学"。

德国学者施特雷洛编辑了《生态美学——环境设计艺术的理论与实践》一书，探讨景观设计与环境艺术中的问题，如：设计环境的时候所采用的生态与艺术立场，是依赖自然秩序还是运用人造方式？如何使环境设计项目保持与自然的和谐？书中的生态美学其实就是尊重自然过程的美学，它试图从艺术家、景观设计师、科学家、哲学家与政治家等视角，比较全面地呈现生态美学的不同方面。英国文化理论学者迈尔斯的《生态美学——气候变化时期的艺术、文学与建筑》一书，试图探讨面对气候变化所带来的灾难性后果，艺术、文学与建筑能够发挥的作用。此书采取了跨学科的立场，试图贯通艺术、人文学科和社会科学，从而考察美学在21世纪的意义，超越了传统审美范畴诸如美、崇高等。

（三）现象学立场

现象学是诞生于德国的一场影响广泛的学术运动。德国学者施密茨在1964—1980年间出版了十卷本的《哲学的体系》，深入而广泛地探讨了有别于经典现象学的"新现象学"，其理论核心是身体或身体体验。德国美学家伯梅曾经为这部书撰写正式书评，所以深受其影响。他借鉴施密茨的新现象学来拓展古典自然美学，以施密茨的身体现象学为基础而提出了一种新的自然观，其理论成果是有别于阿多诺等人的自然美学的"生态自然美学"。伯梅认为，身体是海德格尔所说的"在–世界–中"（being-in-the-world）这个生存结构的首要方式，人类身体处于环境问题的核心。美学是体验实在的一种根本模式，环境问题促使美学的生态变革，也就走向生态美学，其关键词除了"身体"之外，还有独树一帜的"气氛"（atmosphere，也可译为"氛围"）。在伯梅看来，作为审美概念的"气氛"既不是事物客观地具有的客观性质，也不是主体的或主观的，而是主客体互动的产物。就主体一方而言，气氛是由处于特定空间之中的特定身体状态所感受到的特性。这就在某种程度上克服了现代美学中的主客二分法。与康德注重审美判断不同，伯梅的现象学气氛美学更加注重动词意义上的"品味"或曰"品尝"（savoring）：我们将我们自身包裹在特定气氛之中，"品味"而不是"判断"那种特定气氛而获得感性体验。

（四）生态美立场

1995年，美国学者戈比斯特发表了论文《利奥波德的生态美学——整合审美价值与生物多样性价值》，正式提出了"生态美"（ecological beauty）这个概念。该文的思路是讨论传统审美偏好制约下的审美价值与生态价值之间的矛盾冲突及其解决途径，但并没有对关键词"生态美"进行明确界定和论述。

虽然生态美学发端于西方并在西方得到了一定发展，但对生态美学进行较多关注和讨论的倒是中国学者。

二、中国生态美学

国内学术界于1994年正式关注生态美学，在相对缺乏国外参考资料的情况下，比较独立地进行着理论构建，先后出现了如下五种不同立场。

（一）生态美立场

这种立场以徐恒醇为代表，其专著《生态美学》认为，生态美学是一门以生态美范畴的确立为核心，以人的生活方式和生存环境的生态审美创造为目标，以期走向人与自然相和谐、真善美相统一的自由人生境界的学科。21世纪将是生态文明的时代，生态美范畴是生态美学研究的核心概念。徐恒醇认为，生态美是人的生命过程的展示和人生境界的呈现。生态美学不同于生命美学，生态审美也不同于自然审美；这一美学以人对生命活动的审视为逻辑起点，以人的生存环境和生存状态的考察为轴线而展开。

（二）生态存在论立场

代表我国生态美学顶尖前沿学术成果的是曾繁仁的"生态存在论美学"。这一立场形成于 2002 年，以作者该年发表的《生态美学——后现代语境下崭新的生态存在论美学观》一文为起点。该文提出，生态美学产生于后现代语境之下，同现代化所造成的环境恶化、核威胁等人类生存状态的恶化以及现代深层生态学的发展密切相关。它实际上是一种生态存在论美学观，对新时代美学观念的转向、文学批评视角的丰富、生态文学的发展以及我国传统生态智慧的发扬等具有重要作用。生态美学的继续发展，还要解决学科自身的建设以及正确对待"世界的返魅"、对现代性与科技的态度、与实践美学的关系等一系列重要问题。此后，曾繁仁先后出版了《生态存在论美学论稿》（2003 年、2009 年）、《生态美学导论》（2010 年）、《中西对话中的生态美学》（2012 年）、《生态文明时代的美学探索与对话》（2013 年）、《生态美学基本问题研究》（2015 年）等著作，不断丰富和完善生态存在论美学。概括起来，这一立场具有如下特点。

1. 自觉地以生态文明为时代背景

曾繁仁认为，生态文明时代的到来应该引起学术界的足够关注，这种时代的变迁不仅包括经济、社会，也包括文化态度，理所当然地还包括哲学、美学与文艺学等人文学科。面对这种重大变迁，学术研究必须转型以适应时代的需要、现实的需要。生态美学就是美学这一人文学科在生态文明时代的理论转型。

2. 自觉地追求生态观、人文观与审美观的统一

曾繁仁认为，当代生态美学观与文学观建设所要解决的核心问题是生态观、人文观与审美观的统一，当代生态存在论美学观是一种生态观、人文观与审美观的有机统一，应该走向生态观、人文观与审美观的结合，实现人的诗意的栖居。

3. 在中西对话中发展生态美学

曾繁仁的生态美学既不同于西方的环境美学，也不同于西方学者在环境美学框架内发展出来的生态美学，而是通过与西方环境美学、生态美学进行对话而发展出来的具有中国特色的生态美学，是一种具有中国"中和论哲学"特色的"生态人文主义"。因此，这种立场既注意借鉴和吸收西方环境美学的相关成果，又注重研究中国传统生态审美智慧，对儒道思想、《周易》《诗经》、中国古代绘画的生态审美智慧进行了比较深入的探讨。

（三）生生本体论立场

这是笔者的立场。笔者的生态美学探索有一个潜在的美学理论框架，即2002年正式提出的"生生美学"。"生生美学"以中国传统"生生"思想作为哲学本体论、价值定向和文明理念，以"天地大美"作为最高审美理想的美学观念，是从美学角度对当代生态运动和普世伦理运动的回应。"生生"理念可以贯穿到文艺美学、生态美学、环境美学、城市美学与身体美学等美学形态之中，但构建"生生"本体论的初衷却是为生态美学的构建寻找本体论基础。笔者在确立了本体论之后提出了"文明－文弊"二分的文化哲学模型，认为从"价值观"出发，可以看到"文化"包含着"文明"与"文弊"二重性，生态文明建设的前提是对于"文弊"的强烈批判性，即批判现代工业文明及其哲学预设所导致的种种弊端，比如全球性生态危机、人的精神世界的荒漠化等；生态文明具有强烈的价值导向性，认为人类必须以生态价值观作为文明创造的根本原则，才能使人类文明避免饮鸩止渴那样愚蠢的自杀式发展道路。因此，以生生本体论为基础的生态美学重在批判现代工业文明的"杀生"倾向、现代工业文明所造成的大量"文弊"及其背后隐含的本体论预设。这种立场的生态美学以有别于"生态美"的"生态审美"作为研究对象，认为生态审美包括四个要点。这种立场的最终指向是"生态智慧C"，即包含八个以C为开头的英文术语的生态智慧学说，其基本内涵是：以生态学关键词"共同体"为科学基础，从中国传统"天地人"三才学说中提炼出"人生天地间"这一哲学存在论命题，认为天地自然是孕育人及其文化创造的母体，人的使命应该是"辅天地之自然而不敢为""赞天地之化育",人与天地万物之间存在着"感而遂通"的"感应"关系,这种关系是适当的自然审美的基础。因此,"生态智慧C"是一个贯通古今中西、人文与科学、生态伦理学与生态美学的关键词。

(四)实践论立场

与一些学者站在实践美学的立场上批评生态美学不同,"新实践美学"的代表人物张玉能试图从实践美学的框架中发展生态美学,明确提出生态美学是实践美学不可或缺的维度。他认为,以马克思主义的实践观点为基础的实践美学,是以艺术为中心研究人对现实的审美关系的科学,从人对现实的三个维度(人与自然,人与社会、他人,人与自我)来看,实践美学当然要把生态美学作为自己研究的一个重要维度,研究人对自然所构成的生存环境的审美关系。从马克思主义创始人的构想来看,生态问题、生态美学都是实践唯物主义不可或缺的方面或维度。实践美学的最终目标——全面自由发展的个体,蕴含着生态美学的对象、方法和目的。季芳进一步认为,实践美学本身就蕴含着阐发生态问题、拓展生态维度的思想原理。她力求将实践美学内在原理及方法与生态内容有机结合,构造一个完整的生态整体,集中于"人的自然化"这一理论命题,将实践美学的观点、方法、内核有机地与生态审美维度的展开相结合,以实践为背景和基础突出展开生态美学维度。实践美学对于生态美学的友好肯定值得赞同,不过,生态美学的核心命题不是"人的自然化",而是与实践美学核心命题"自然的人化"相反的"自然的自然化"——人究其本质而言无法达到实践美学所说的"自然化",只能"生态化"而成为具有"生态自我"(ecological self)的、全球生态共同体中的公民,而这其实是与"自然化"相反的"文明化"过程。实践美学要想真正生发出生态美学来,合理的思路是将现代工业文明产生以来的"非生态的实践",改造为符合生态规律的"生态实践",在此基础上反思"旧实践美学"的"旧实践"观念及其造成的美学理论之缺陷,从而促使"新实践美学"真正的别开生面,即走向"新实践"的美学——在全球性生态危机日益严峻、生态文明建设日趋深入的今天,这个"新实践"只能是"生态实践"。我们同时也应该看到,生态美学高度关注生态文明建设这一社会实践,其实是真正意义上的"实践美学"，即立足于生态实践的美学。

（五）生态型美学立场

与生态美学最为接近的是国内学者张法提出的"生态型美学"。张法认为，生态型美学就是用生态世界观去看待美学问题的美学，而生态世界观就是由生物学进入到生态学，从培根–洛克–笛卡尔型的对事物进行实验室式隔离研究的科学观，进入到超越实验室型的整体研究的科学观。张法认为，西方科学/理性世界观的三个基础，诸如实验室型真理论、主客二分论、物质还原论等，都在生态世界观中遭到了质疑。20世纪60年代以来西方思想的生态转型体现在美学上，具体表现在三个领域，即文学上的生态批评、美学上的环境批评和景观学科的生态美学。从哲学上讲，三者都是要从人类中心转向生态中心，要以生态的新范式看待整个自然以及人与自然的关系；从美学上讲，三者都是要建立生态型的审美观。生态型美学在上述三个领域之中各有自己的演进路径。生态型美学主要通过用生态世界观去看自然，从而否定传统美学的自然美观念，在打破中建立一套新的自然审美观，并以此为基础建立一整套生态型的审美观。从反思西方传统美学的角度出发，张法还提出，生态型美学的理论难题在于去除旧的美感模式，建立新的美感模式，让理性、知识、功利在审美中发挥重大作用。这样一来，整个西方美学就可以划分为两类不同的美学：生态型美学和艺术型美学等非生态型美学。上述两类美学之间的关系，生态型美学与中国美学的关系等，都是值得认真讨论的问题。张法对此也都作出了相应的论述，表现出会通古今中西的理论取向。总之，张法的基本观点是，当代西方的三个学术学派，即美学中的环境美学，文学中的生态批评，景观学科中的生态美学，都把怎样进行生态型的环境审美作为研究主题，并且在批判西方传统美学的基本原则方面与中国美学的原则相契合。

上述九种立场并非泾渭分明，而是有着程度不同的交叉或融合。比如，倡导生态存在论立场的曾繁仁最近开始关注生生美学，笔者最近则更加明确地倾向于生态学立场，等等。此外，世界范围内从事生态美学研究的学者还有不少，其学术立场也不是上述九种立场能够完全涵盖的。如何设计出一条适当的理论线索，将上述立场有机地会通与整合起来，从而推动生态美学的进一步发展，将是需要进一步探讨的问题。

这里还需要简单说明的是与生态美学相关的环境美学。环境美学是以环境（包括自然环境与人建环境两大类）作为审美对象的美学，是对以艺术为中心的美学理论的批判与超越。西方环境美学正式发端于1966年，20世纪90年代开始输入中国，促成了中国环境美学的诞生与开拓。这以陈望衡为代表。陈望衡于2006年出版了《环境美学》，这是中国第一部环境美学专著；2015年，他又在英国出版了英文版《中国环境美学》。近年来，陈望衡试图将生态文明建设与环境美学结合起来，提出了一系列引人注目的关键词，其中最为重要的包括"生态乐居""生态文明美"等，表明其环境美学的生态意蕴越来越明显。

三、中西生态美学的互鉴创新

与此前的美学研究相比，生态美学体现出的最为鲜明的特点是中西互鉴。中西互鉴是一种研究方式，也是一种国际交流与合作方式。这种方式彻底改变了自20世纪初期以来西方美学向中国单向输入的学术格局，使得中国生态美学及时走出国门，在国际上发挥越来越重要的影响，集中体现了中国生态美学研究的国际化水平及其理论成果，值得介绍。

中西互鉴的第一种方式是国际会议。山东大学文艺美学研究中心于2005年8月19—22日在青岛主办了"人与自然：当代生态文明视野中美学与文学国际学术研讨会"。2009年10月24—26日该中心在济南举办了"全球视野中的生态美学与环境美学国际学术研讨会"。此次会议议题包括：（1）生态美学在中国兴起的美学史意义、理论焦点与发展前景；（2）西方环境美学的理论进展及其与西方生态美学的关系；（3）东方传统生态智慧资源与当代生态审美观构建；（4）西方生态哲学资源与当代生态审美观构建；（5）生态批评与生态美学。来自中国、日本、韩国、美国、加拿大、芬兰、葡萄牙六国与香港地区的70余位学者参加会议。国际上该领域最具有代表性的学者像伯林特、卡尔森、戈比斯特、瑟帕玛等都应邀与会。中西方学者在自然生态美学研究方面既有共性又有差异，会议围绕这种共通性与差异性进行了比较深入的交流，促进了相互的了解，在生态美学、环境美学与生态文学等一系列理论问题的探索上取得重要进展。如生态美学与环境美学的关系、生态美学的元问题、生态美学在当代生态文化建设中的地位、人类生态文化研究所具有的哥白尼式的革命意义、生态审美学的内涵、自然美学的意义与价值、生态足迹与美学足迹问题、环境文学中赞美颂扬与纠正改良的张力、马克思"实践本体论"的生态关怀与"自然人化论"的新阐释、环境美学与超人类立场、生态审美立场、都市文化与低碳文明等问题均有新的阐释与进展。在东方生态美学资源发掘上，对"物感说""天机说"以及中国古代山水诗、日本风景画中的生态审美智慧有新的探索；在西方生态美学资源的探索上，对于德勒兹差异论哲学、阿多诺非统一性哲学以及华斯华兹等作家作品中的生态审美内涵有新的发掘；在生态美学的研究领域上，将生态美学研究拓展到语言诗学与女性主义领域，还探讨了生态女性主义与赛博女性主义的关系、大地艺术与生态美学的关系以及包括素食主义在内的生态美学实践维度等。

2010 年，第十八届世界美学大会在北京大学召开，国内外千余名学者参与了这次会议。本届美学大会的主题为"美学的多样性"，专门设置了"环境美学与生态美学"专场，使之成为这次大会的六个主题之一，中外学者围绕相关问题展开了面对面的交流和讨论。2012年，由山东大学文艺美学研究中心、山东大学生态美学与生态文学研究中心、美国中美后现代发展研究院及美国过程研究中心联合举办的"建设性后现代思想与生态美学"国际学术研讨会在济南举行。来自中国、美国、德国、法国、芬兰、日本、韩国、中国台湾等八个国家与地区的 70 余名代表参加了这次盛会。与会代表围绕"建设性后现代主义与生态意识""生态后现代主义与中国传统哲学""生态美学与生态后现代主义""生态美学与身体美学""过程哲学与生态研究""生态文学的艺术性与生态批评的未来"等六个议题展开研讨，从不同角度为后现代思想建设与生态美学研究提供了思考。美国中美后现代发展研究院副院长、建设性后现代主义哲学家大卫·格里芬教授作了题为"生态危机：中国能否拯救人类文明？"的开幕发言。

他揭露了资本主义国家的政府、学术机构、新闻媒体被金钱和大公司控制的丑恶本质，希望中国能够在马克思主义和建设性后现代的理念的启示下，为挽救人类文明作出巨大贡献。在会议的自由讨论环节，与会学者就共同感兴趣的问题进行讨论。例如，来自华盛顿州立大学的刘辛民教授提出，为什么中国学界在生态美学方面提到更多的存在主义理论家是海德格尔，却相对冷落萨特？这一问题集中代表了中西学者对于生态美学的共同疑问。曾繁仁教授十分精当地作出了解释：首先，海德格尔后期理论进入了人的自然美层面，而萨特还停留在对人的异化的层面；其次，海德格尔后期的转型明显借鉴了道家的思想，这与东方文化极易融合；最后，海德格尔的存在论也不是无懈可击的，我们正在将其推进和改造，构建我们自己的生态美学观。

2015年，由国际美学学会、山东大学文艺美学研究中心、韩国成均馆大学东洋哲学系联合主办的"生态美学与生态批评的空间"国际研讨会在山东大学召开，大会围绕"生态哲学与生态文明""生态美学与环境美学""生态批评与生态文学"等三个议题展开讨论。

中西互鉴的第二种方式是实质性的学术合作与对话。笔者在2008年主持申请国家社科基金项目"西方生态美学的理论与实践"，特意邀请美国的伯林特、戈比斯特和美籍华人王昕浩三位学者组成学术团队，项目最终成果《生态美学与生态评估及规划》于2013年出版。这本书特点有二：一是中美学者合著，二是采取中英对照的方式。该书出版后由四位学者分别赠送给国际上10多个国家的20多位学者，因而比较顺利地进入了国际学术界。《求是学刊》2015年组织了"生态美学研究专题（笔谈）"，曾繁仁应邀担任主持人，笔者负责通联，同时发表了伯林特的《西方与东方的环境美学》、卡尔森的《生态美学在环境美学中的位置》、笔者的《中国生态美学发展方向展望》和曾繁仁的《关于"生态"与"环境"之辩》四篇文章。伯林特以同情理解的态度评介了中国当代生态美学研究，表明西方环境美学已经接纳了中国的生态美学；卡尔森从他一贯坚持的科学认知主义立场出发，试图将中国的生态美学研究以知识的形式纳入他的环境美学之中，反映了他包容的学术态度。曾繁仁在"主持人话语"中指出："从全球范围内来看，生态美学引起了越来越多的学者的注意，正处于逐渐成熟的过程中。我们应该以更加开阔的学术视野、更加开放的学术态度和更强烈的创新意识来对待生态美学。"

过去几年中，笔者与伯林特一直进行着学术讨论。伯林特于2015年发表《生态美学的几点问题》一文，比较全面地质疑了笔者生态美学的理论思路与核心要点；笔者随后作了正式回应。2017年，斯洛伐克的一家刊物组织"艺术与社会之间的美学：阿诺德·伯林特的后康德的交融美学"专题讨论，笔者从生态美学角度反思了伯林特在批判康德美学时所作的贡献及其局限。伯林特随即又作出正式回应，进一步批评了笔者生态美学研究存在的问题。中国生态美学开始走向世界并逐步产生影响。比如，2017年，卡尔森在讨论东方生态美学与西方环境美学之关系的时候，在笔者讨论二者关系的五种立场的基础上，明确提出了第六种立场，即"借鉴中国生态美学以发展西方环境美学"。2017年，曾军主编的国际学术英文半年刊《批判理论》出版"中国生态美学与生态批评"专号，笔者应邀担任特约编辑。该刊随即引起了卡尔森的关注，他为《斯坦福哲学百科全书》(*Stanford Encyclopedia of Philosophy*)撰写的"环境美学"(Environmental Aesthetics)词条于2019年4月9日正式出版了最新版，不但在正文中提到了该刊，而且在参考文献中列举了发表在该刊的曾繁仁、曾永成和笔者三位中国学者的生态美学论文。国际美学权威期刊《美学与艺术批评杂志》2018年秋季卷发表了题为"善、美与绿色：环境保护论与美学"专刊，第一篇文章是卡尔森的长篇论文《环境美学、伦理学与生态美学》，专门设置一节来介绍中国生态美学并予以充分肯定，有力地表明中国生态美学已经走向国际美学界并获得了正式认可。2019年，山东大学文艺美学研究中心与韩国成均馆大学合编的《中韩生态美学论集》，采用中韩双语的方式分别在两国出版，在韩国出版的论文集收录了曾繁仁等人撰写的五篇论文。

总之，中国生态美学并不像某些学术领域是"国外流行国内模仿"，它从一开始就有着强烈的独创意识，后来随着对于西方环境美学的逐步了解，我国学者积极地与国际学者展开了对话、交流、合作，并努力将生态美学推向国际学术界，有意识地使之成为国际美学的有机组成部分。因此，中国生态美学的构建思路是独创，研究方式则有着鲜明的国际化特征。

四、结语：生态美学的未来

经过长达半个世纪的不懈努力，生态美学业已取得了举世瞩目的理论成就，它对于生态文明理念的借鉴与倡导尤其具有时代意义。但是，任何一种理论建构都是无止境的，生态美学也不例外。就笔者目前的认识而言，生态美学的进一步建构的思路是，更加自觉地思考生态文明及其哲学根据，更加自觉地实现生态观、人文观与审美观的"三观"统一。只有"三观正"，生态美学的时代意义才会大，才会走出书斋，成为各种社会实践（包括城乡规划设计、景观设计等）的理论基础和理论指导。那样的生态美学就不仅仅是空头理论，而是一种真正意义上的"实践美学"——对于人类生态文明建设这一伟大实践发挥切实作用的美学，生态美学也才能真正成为极富现实关怀的"救世之学"——拯救生态危机的理论学说。生态美学研究者理应具备这样的明确意识和时代使命感。

第十五讲

中国传统生态文化之一：儒家生态文化

乔清举

引言 从本讲开始至第十八讲，讲述中国传统生态文化，包括儒家、道家、道教和佛教的生态文化。此处对这四讲作一个总引言。

中国传统文化中的生态智慧，第一个让我们感到惊异的地方是，它的内容异乎寻常地丰富，对于动物、植物、土地、山脉、河流等自然现象都有系统的生态哲学认识。事实上，不少当代西方生态哲学流派和哲学家或者明确地吸收了中国传统生态哲学智慧，或者独立地得出了中国哲学已有的结论。如，前面讲到的生态女性主义吸收了道家的生态智慧，深生态学吸收了"中庸"的生态哲学思想；而罗尔斯顿的"人是大地的意识"则可谓儒家"人者天地之心"的当代版。

为什么会是这样？难道中国有生态哲学？这又怎么可能呢？生态哲学不是对工业文明进行反思的产物吗，怎么可能在农业文明中产生？这是传统生态智慧第二个让我们惊异的地方。的确，传统社会是农业社会，没有遇到工业社会的生态危机。但农业社会的常识是要想收成好，就必须善待土地，让土地完善地发挥其生长万物的性能。越想有好的收成，就越得善待土地、自然；越是善待土地、自然，就越有可能获得好的收成。在农业社会中人的生存以自然的生长性能为基础，这在客观上要求把自然作为一个具有自我本性、能够自我生长的有机体对待。所以，恰恰是农业社会形成了并保持着对自然的敬畏态度和感激情感。工业社会则不然。工业不是发挥自然的生长功能，而是对地球的一次性资源进行加工。工业社会讲效益，越想效益好，就越得"狠"待自然，把它当作对手、敌手、敌人去深挖、打碎、冶炼、提取，也就是说，去控制、征服、占有，所以工业社会是产生不出敬畏和善待自然的生态思想的。敬畏和善待自然的态度孕育了中国传统生态智慧。中国传统哲学本质上是生态哲学,中华文明之所以能够繁荣五千多年不坠,一个很关键的因素是中华民族生存的自然环境在传统生态智慧的呵护下保持了支撑文明的生产活力。这一点,过去我们很少谈到,但一旦与其他已经衰亡的古老文明加以对照,就十分清楚了。

中国生态智慧让我们感到惊异的第三个地方是儒家、道家、道教、佛教的生态思想都很丰富,而以儒家最为系统和条理化。长期以来,大家都知道儒家是一种"修齐治平"的学问,讲的是个人修养和社会和谐,处理的是人和人的关系;而生态则属于人和自然的关系,不会是儒家关注的重点。其实不然,儒家主张的个人修养和社会和谐都是以人与自然的和谐为基础的,儒学自始至终包含着关爱自然的生态维度。同时,和道家、道教以及佛教相比较,儒家的生态思想还有不偏不倚、公允适中、积极奋进的特点,能够在社会中得到推行,所以儒家思想成为中国传统文化的主流。

生态文明是人类生产生活方式的根本变革,非以文化价值观的变革作为支撑便难以建立。习近平总书记从"生态兴则文明兴,生态衰则文明衰"的宏观历史视野出发,十分重视推进生态文化建设工作,重视对优秀传统文化的创造性转化和创新性发展。我国传统文化中有十分丰富和系统的生态思想,实现中华民族伟大复兴的中国梦,应吸收传统生态智慧,对生态文明建设提供支撑。下面几讲,依次讲解儒家、道家、道教、佛教的生态智慧。

儒家生态智慧集中体现在"天人合一"的命题上。其对于什么是"天"(自然),什么是"人",应该如何做到"合一"(与自然和谐),如何建立制度体系保障人与自然的和谐的实现,都有系统而又深入的论述。[①]

一、什么是"天":生生不息的合目的性

天人合一说不只是儒家的主张,不过,儒家之说是传统天人合一思想的主

---

① 关于儒家生态哲学,笔者已出版《河流的文化生命》《儒家生态文化》《儒家生态思想通论》等书籍,有兴趣的读者可以进一步参看这几本书。本文限于篇幅,只对儒家的"天人合一"思想加以论述。

流。儒家的天作为自然界，不是万物的静态总和，也不是此起彼伏的散乱活动，而是以孕育和生长万物、"生生不息"为内在规定和方向的变易过程。《易传》说："天地之大德曰生"，"生生之谓易"[①]。《中庸》也说："天地之道，可一言而尽也，其为物不二，则其生物不测。"[②] "生物不测"是神妙莫测地生长万物。儒家以及整个中国文化认为，自然演化的方向是趋向于完善、和谐和美丽。庄子有"天地有大美而不言，四时有明法而不议，万物有成理而不说"之语[③]，说的即是自然的美。《易传》的"乾道变化，各正性命，保合太和，乃利贞"[④]，说的是万物的和谐。"乾道"即"天道"。万物在天道变化的过程中获得自己应有的本性与生命；保持天道运行的和谐状态，对于天地万物来说，是最为有利的。这种生生、和谐与美丽可以说是宇宙的"合目的性"。"天"正是这种生生不息的合目的性。当代生态学家约翰·布鲁克纳所说自然中有一种"有机动力"[⑤]，罗尔斯顿所说生态系统中存在着"美丽、稳定与完整""朝向生命的趋势"[⑥]，这些都是自然的合目的性，也都是"天"的含义。

二、什么是"人"：对自然承担道德责任的德性主体观

在儒家哲学中，"人"既不是近代西方哲学主张的征服自然、控制自然的攻击性和占有性的主体，也不是"蔽于天而不知人"的消极、被动、匍匐于自然威力之下的人，而是自强不息、厚德载物的刚健奋进的德性主体。厚德载物的"物"包括天地万物，"载"是承载和包容。厚德载物不仅是一种人际关系伦理原则，也是主体与世界的关系原则，是承担对于自然的道德责任，与自然形成生命共同体、道德共同体。《中庸》说："唯天下之至诚，为能尽其性；能尽其

---

① ［三国］王弼、［晋］韩康伯注，［唐］孔颖达疏《周易正义》，载《十三经注疏》，中华书局1980年版，第86页。

② ［宋］朱熹：《四书章句集注》，中华书局1983年版，第34页。

③ 陈鼓应注译《庄子今注今译》，商务印书馆2007年版，第656页

④ ［三国］王弼、［晋］韩康伯注，［唐］孔颖达疏《周易正义》，载《十三经注疏》，中华书局1980年版，第14页。

⑤ 唐纳德·沃斯特：《自然的经济体系——生态思想史》，侯文蕙译，商务印书馆1999年版，第72页。

⑥ 霍尔姆斯·罗尔斯顿：《哲学走向荒野》，刘耳、叶平译，吉林人民出版社2000年版，第77页。

性，则能尽人之性；能尽人之性，则能尽物之性；能尽物之性，则可以赞天地之化育；可以赞天地之化育，则可以与天地参矣。"[1] 其意思是说，只有德性至诚的人才能够实现自己的本性。要实现自己的本性，就必须先让他人也都实现他们的本性；让他人实现自己的本性，就必须先让天地万物也都实现自己的本性。人只有先让天地万物实现自己的本性，然后让他人实现他们的本性，最后才能实现自己的本性。做到这三点，才能够帮助天地生长化育万物，成为一个与天地并列为三的顶天立地的人。这样的人，其德性必须做到"尽物之性""尽人之性"，然后才能"尽己之性"，这意味着他的主体性是承担对于天地万物的生态责任的德性主体、仁德主体。仁是人之为人的本体性。《礼记》说："人者，天地之心也。"[2] 三国时期的王肃说，人在天地之间，如通五藏之有心。人在各种生物之中是最为灵明的，所以心乃是五藏中最为神圣的。[3] 唐代孔颖达解释道，人在天地之中，动静应天地，就如同人身体中有心，动静应人一样，所以说"人者天地之心"。基于这些认识，张载指出："天无心，心都在人之心。"[4] 朱熹也说："天地间非特人为至灵，自家心便是鸟兽草木之心。"[5] 那么，这个天与人共通的心是什么？是仁。朱子认为，仁是天地的生物之心，天地所生之物又"各得夫天地生物之心以为心"[6]。这表明，仁、天地的生生之德、人心三者是贯通的、同一的，都是仁。由此，"生生"即由外在的天地之德变成了内在的人心之德，人心的生意与天地的生意贯通为一。儒家文化把自然作为"人的无机的身体"，主张"仁者浑然与物同体""仁者以天地万物为一体""与天地万物为一体"的生命共同体思想。这种以"仁"为枢纽的天人合一观，代表着中国哲学理论思维的最高水平，超出了深生态学的认识。天地虽大，犹有欠缺。对于这些不利因素，儒家主张"延天佑人"，即沿着自然发展的方向帮助自然、完

---

① ［宋］朱熹：《四书章句集注》，中华书局1983年版，第32—33页。

② ［东汉］郑玄注、［唐］孔颖达疏《礼记正义》，载［清］阮元刻《十三经注疏》，中华书局1980年版，第1424页。

③ ［东汉］郑玄注、［唐］孔颖达疏《礼记正义》，载［清］阮元刻《十三经注疏》，中华书局1980年版，第1424页。

④ ［宋］张载：《张载集》，章锡琛点校，中华书局1978年版，第256页。

⑤ ［宋］黎靖德编《朱子语类》第1册，王星贤点校，中华书局1994年版，第59页。

⑥ 《四书章句集注·孟子集注》，第237页。朱子此论又见《仁说》，徐德明、王铁点校：《朱子全书》第23册，上海古籍出版社、安徽教育出版社2002年版，第3279页。

善自然，在这一过程中与自然相适应，获得自然带来的利益，而不是把自然作为敌人，勘天役物。《易传》所说的"裁成天地之道，辅相天地之宜"[1]，正是此意。

三、什么是"合一"：本体、价值、功夫与境界的统一

天人合一的"合一"有事实与价值、本体与功夫、境界与知识六种含义。它表达了中国人植根于自然，与自然和谐相处、协同发展的生态性存在方式。

（一）天人合一的事实与价值意义

天人合一的事实意义或物理意义是说天人合一是一个基本事实。中国哲学认为，万物都是由气构成的，气在不同物体之间不停地循环；"一气贯通"，整个自然界，也包括人构成一个有机的统一整体。《国语》说"川，气之导也"，即是把河流看作气的流通的渠道。《易传》的"山泽通气""天地交"以及《礼记》的"山川出云"等，都是对自然界的气的循环的说明。从生态文明的角度看，循环和流通是自然的存在方式，自然的循环不可人为地打断。比如森林是自然生态平衡的重要环节，过度砍伐就会造成自然水汽循环的中断，降低自然的生态承受力，造成无雨则旱、有雨则涝的局面。气，从科学上说，可以是任何一种自然元素，比如氮。氮通过土壤微生物、腐烂的植物以及动物粪便进入土壤。土壤微生物把它转化为硝酸盐，硝酸盐被植物吸收，造出蛋白质。植物变为动物的食物，动物的粪便又返回土壤之中，这个循环便完成了。气的循环决定了人与天地万物的一体性。以气为媒介，自然构成完整的生命共同体，人与自然界也构成一个连续的生命共同体，二者相互渗透；皮肤既是人与世界的隔断，也是二者间的通道。"是一种柔和的、允许相互渗透的界面。"[2]"自我通过新陈代谢与生态系统相互渗透，世界与我成为一体。"[3] 从一体说中可以引申出一个结

---

① ［三国］王弼、［唐］孔颖达疏《周易正义》，载《十三经注疏》，北京大学出版社1999年版，第66页。

② 霍尔姆斯·罗尔斯顿：《哲学走向荒野》，刘耳、叶平译，吉林人民出版社2000年版，第26页。

③ 霍尔姆斯·罗尔斯顿：《哲学走向荒野》，刘耳、叶平译，吉林人民出版社2000年版，第26页。

论，即不可在自然的循环中加入自然无法消化的有害物质，因为这些物质会循环到人体，导致各种疾病。比如，土壤重金属污染会导致粮食不可食用，雾霾中的污染颗粒物会沉积在肺中导致肺癌，水中的污染物会导致胃癌等。

物理意义的天人合一是一个非常真实的现实，有些"静态"的特点。比如在一气贯通的一体中，人无论是否真的积极地去"合一"，裁成辅相自然之宜，参赞自然之化育，天人都是一体的，甚至破坏自然的时候仍是一体的，因为不仅活人甚至死人都永远不可能超出自然界之外。这意味着，人如果不积极地把自己的德性本体实现出来，明体达用，由体到用，把仁推广到整个自然世界中来，那么仁的德性主体也不过是一个孤寂无用的本体。所以，人心之仁作为本体，一定要表现为珍爱万物生命、促进万物生长的德性，主动地去"合一"，做到参赞化育。可见，"合一"是一种价值观、一种人之为人的"应当"，所以天人合一是中国文化中人对待自然的方法论原则。

（二）天人合一的本体与功夫意义

天人合一不是简单的天与人混然不分，而是人与自然和谐的自觉追求，是与自然共存、共生，主动地维持与自然和谐的价值原则。人是被进化被整合进天地的结构中的，天地的运行对于人的行为有先验的规定和限制意义，人必须按照天地运行的原则或方式行事。这是天人合一的价值观意义所在。人类生命的发展和自然的进化、资源的消耗之间存在一种动态平衡。人类应自觉地将这种平衡"转变为有意识的，或者说道德性的"，"使自己适应于一个不被扰乱的物质资源的流动，以求得自身的延续"[1]。所以，人必须承认自己是自然的一部分，认识到与自然的"生态依赖性"，"没有其他物种的帮助，任何有机物或者物种都没有机会生存下来"[2]。习近平总书记指出："山水林田湖是一个生命共同体，人的命脉在田，田的命脉在水，水的命脉在山，山的命脉在土，土的命脉在树。"[3]这种人与自然构成"生命共同体"的思想，不仅是生态文明建设理念，

---

① 霍尔姆斯·罗尔斯顿：《哲学走向荒野》，刘耳、叶平译，吉林人民出版社2000年版，第105页。
② R.纳什：《大自然的权利——生态思想史》，杨通进译，青岛出版社1999年版，第494页。
③ 《习近平谈治国理政》第1卷，外文出版社2018年版，第85页。

也是社会主义核心价值观的一部分。

《易传》上说，"一阴一阳之谓道，继之者善也，成之者性也"①，又说"乾道变化，各正性命"②，表明人和天地万物都是在阴阳运行的过程中获得自己的本性的。《中庸》开篇也说，"天命之谓性"把天和人贯穿在了一起，指出人性来源于天性。《周易》《中庸》的论述意味着与自然和谐共存的生态原则在儒家文化中是从人的存在以至于自然的存在的本根上发出来，具有本体意义。本体表现在人类文化中即价值和原则。自然和价值是统一的，价值意义即来源于本体。天人合一的功夫意义是说它是人的实践原则，人应该在现实生活中认知、体会尤其是落实这一原则。功夫是本体的实现。《中庸》称为"成己"、"成物"或者说"尽性"。《中庸》说："诚者非自成己而已也，所以成物也。成己，仁也；成物，知也。性之德也，合外内之道也，故时措之宜也。"③这就使道德修养的对象进一步扩展到了客体世界，这是儒家的生态视野。"成物"就是使万物完成自身的发展。当代深生态学的"自我实现"（self-realization）与《中庸》的"尽性"十分接近。深生态学认为，自我不是一个孤立的、欲望的小自我，而是与大自然融为一体的具有"有机完整性"的大自我。自我的本性是由人与他人、与自然界中的其他存在物的关系所决定的，所以，自我的实现包含着让其他存在物都能实现自己的本性。自我实现"可用以下短语进行概括：'在我们所有都得救之前，没有哪一个能得救'。这里的'哪一个'，不仅包括作为个人的我，也包括所有的人、鲸鱼、灰熊、所有的雨林生态系统、山脉、河流以及极微小的细菌等等"。与万物和谐共生，让万物实现自己的本性，是我们生态文明建设实践的基本原则。

（三）天人合一的境界与知识意义

"合一"作为人生存的本体和功夫的追求，最终达到的是与天地万物为

① ［三国］王弼、［晋］韩康伯注，［唐］孔颖达疏《周易正义》，载《十三经注疏》，中华书局1980年版，第78页。
② ［三国］王弼、［晋］韩康伯注，［唐］孔颖达疏《周易正义》，载《十三经注疏》，中华书局1980年版，第14页。
③ ［宋］朱熹：《四书章句集注》，中华书局1983年版，第34页。

一体的人生境界。关于这种境界的说法有很多，最为著名的一个是北宋哲学家张载提出"民胞物与"说，可谓天人合一的深化。他说：

> 乾称父，坤称母；予兹藐焉，乃混然中处。故天地之塞，吾其体；天地之帅，吾其性。民吾同胞，物吾与也。大君者，吾父母宗子；其大臣，宗子之家相也。尊高年，所以长其长；慈孤弱，所以幼其〔吾〕幼。圣其合德，贤其秀也。凡天下疲癃残疾、惸独鳏寡，皆吾兄弟之颠连而无告者也。于时保之，子之翼也；乐且不忧，纯乎孝者也。违曰悖德，害仁曰贼；济恶者不才，其践形，惟肖者也。知化则善述其事，穷神则善继其志。不愧屋漏为无忝，存心养性为匪懈。……富贵福泽，将厚吾之生也；贫贱忧戚，庸玉女于成也。存，吾顺事；没，吾宁也。[①]

照冯友兰所说，从"乾称父"到"吾其性"确立了人在宇宙中的地位。宇宙如同一个大家庭，天地为父母，人为儿女；人承担道德责任，应把百姓作为自己的同胞，万物作为自己的朋友。冯友兰特别强调，文中的"吾"指人，"其"指"宇宙"。所以，"吾"不仅是社会中的一员，也是宇宙的一员，"吾"所做的一切不仅具有道德意义，而且具有超道德的境界意义。[②]"知化则善述其事，穷神则善继其志"中的"其"，亦指宇宙天地万物，"继其志"是继天之志，"述其事"是遵循继天之事。天之志，亦是天之心，是化生万物；"天地之心，惟是生物"[③]；天之事，亦是生化万物之事。所以，民胞物与是参赞天地之化育，与天为一。

"与天地万物为一体"是儒家的生态价值观和精神境界。儒家主张在功夫论、境界论上更为积极地做到与物同体，而不是停留于道家的略显消极被动的万物一气意义的同体。大程、阳明都主张"与天地万物为一体"。大程用感通、阳明用恻隐来做到与天地万物为一体。《论语》中有"恕"，是推己及人。孟子在

① ［宋］张载：《张载集》，章锡琛点校，中华书局1978年版，第62—63页。

② 参见冯友兰《中国哲学史新编》第5册，中华书局1988年版，第137页。

③ ［宋］张载：《张载集》，章锡琛点校，中华书局1978年版，第113页。

论述仁政时说到把仁心推及到行政上。推是道德心的扩展，也是达到天人一体的功夫。"与天地万物为一体"或者天人合一也是现代生态哲学的观念。梭罗提出基于"爱"和"同感"来理解自然。他说："爱是那种对精神和物质之间的相互依存和那种'完美的一致'的认识，同感是那种强烈地感受到把一切生命都统一在一个唯一的有机体里的同一性，或者说是亲族关系的束缚力。"[①] 梭罗所说的爱和同感近似于仁和恻隐之心。金岳霖提出的是"共存的民主"（democracy of co-existents）[②]，指人类"与自己的共存者融洽相处"，任何事物都能各尽其性的天人合一状态。罗尔斯顿用"生命之流"表达人与天地万物为一体。在他看来，生命是一种"流动"，其中不存在截然分明的固定界限。在生命之流中，"人与自然的界限冲刷得模糊起来"[③]，自我和他人和外部世界的界限在融化，"自我的扩大延伸到他所喜欢的事物中"。"生命之流"类似于朱子所说的克服躯壳之私后的人与万物为一体。理学家认为，打破自身的躯体与外部世界的隔阂，与天地万物为一体，可以获得一种超越世俗利害得失的精神愉悦，达到人心和天地的贯通，这便是中国哲学的思想境界。

天人合一也是一种可以用科学的方法去把握的知识。能量从太阳到植物、动物、人类的传递，都是可以科学计算的。从气象学上看，天人合一的知识性也是非常明显的。人类活动的碳排放总量及其造成的温室效应的程度、气温的升高量、冰川的融化量、海平面的上升高度，凡此种种都是可以计算的。生态科学和生态哲学正在形成一种新的认识论运动，改变着人类对于知识的看法和人类认识问题的思维方式，扩大着知识的外延，逐渐形成了一种关于"总体"的或"道体"的知识。在这种新的视野下，天人合一也是一个可以证实的知识命题。人类的生存和自然的承载力之间存在着一个可以计算的生态承载力平衡点或拐点。这个平衡点是天人合一的应有之义，也是科学应致力于研究的内容。建设社会主义生态文明，应提高生态承载力，如大力植树造林，改善自然环境。同时，在生产方面提倡绿色的"负熵GDP"。熵是自然的无序和不可利用状态。

---

① 唐纳德·沃斯特：《自然的经济体系——生态思想史》，侯文蕙译，商务印书馆1999年版，第118页。

② 《金岳霖文集》第2卷，甘肃人民出版社1995年版，第722页。

③ 霍尔姆斯·罗尔斯顿：《哲学走向荒野》，刘耳、叶平译，吉林人民出版社2000年，第100页。

资源消耗、环境污染都是熵增。人类生产活动的计量单位GDP基本上是一个熵增的信息。从天人合一的原则出发，绿色文明、生态文明应使人类的生产生活活动不是朝着自然的无序增加，而是朝着有序增加的方向发展，这样人类就能永久地和自然世界和谐共存。

四、生态保护理念："爱人以及物"的生命共同体思想

当代生态哲学认为，人类的良知是不断进化的，以良知道德对待事物的范围即所谓道德共同体是不断扩大的。在中国哲学中，人是德性主体，所以道德共同体包括整个自然界。《中庸》的"参赞化育"就是让自然界万物各尽其性的生命共同体、道德共同体思想。参赞化育从作为德性主体的人来说，就是要用仁、恻隐之心对待自然界，"仁，爱人以及物"[①]；从物来说，则是承认自然的本性，尊重其价值，维护其权利，使其"尽性"。"爱人以及物"是由"爱人"进一步扩展到"爱物"。

对于动物，传统文化主张"德及禽兽""仁至义尽"；要求尊重生命，顺应"时限"，反对过度猎杀；要"恩及鳞虫""恩及羽虫""恩及于毛虫""恩及介虫"。对于植物，要求"泽及草木"、让植物"尽性"，为其生长提供适宜的条件，让其完成自己的生命周期。由于动植物的生命周期难以断定，所以儒家通常的做法是让植物完成一个生长周期，即顺应春生、夏长、秋收、冬藏的自然规律，在秋冬季节进行砍伐。这叫作"时限""时禁"或"以时禁发""伐木必因杀气"[②]。

对于土地，传统文化重视的是它生养万物的本性，认为土地的特点是"生物不测"，要求"恩至于土"。儒家把土地分为土、地、壤、田四个层次。"土"的本性是生长万物。许慎在《说文解字》中说："土，地之吐生万

---

① ［东汉］郑玄注、［唐］贾公彦疏《周礼注疏》卷十，载《十三经注疏》上，中华书局1980年版，第707页。

② ［东汉］郑玄注、［唐］孔颖达疏《礼记正义》，载［清］阮元刻《十三经注疏》，中华书局1980年版，第1380页。

物者也。"①"地"的作用是承载和养育。《白虎通义》说："地者，易也。言养万物怀任，交易变化也。"②《释名》说："地，底也。其体在底下，载万物也。"③"壤"是无板结的"柔土"。段玉裁注《说文解字》时指出："以物自生言言土"，"以人所耕而树艺言言壤"④。田是经过人工培育，有阡陌沟渠等设施的土地。《说文解字》说"树谷曰田"，田是个象形字，"口十，阡陌之制"。⑤儒家辨析土地的目的在于认识土地的生长本性，促使土地实现其本性。

对于水，传统文化主张"恩至于水""德至深泉"。关于河流，传统文化的重要认识其一是"国主山川"⑥，即名山大川主宰国家的命运。其二是"川，气之导也"⑦，认为河流是导气的，把河流与自然的其他部分视为一个统一的有机整体。"导气"用科学语言来说是自然的循环。循环把人和自然联系起来，是一个生态哲学概念。其三是"水曰润下"，说明了水滋润大地的性质。其四是"川竭国亡"。一个国家的河流枯竭了，这个国家就会灭亡。古人自觉地反对壅川，避免"河竭国亡"。

在儒家哲学中，山属于地，地属于土，是五行之一，所以山脉是一个活生生的自然现象。它是气的凝聚、大化的一个站点；同时又作为自然的一个环节，与河流一样起着导气的作用。《周易》说"山泽通气"。朱子解释道："泽气升于山，为云，为雨，是山通泽之气；山之泉脉流于泽，为泉，为水，是泽通山之气。是两个之气相通。"⑧《礼记》说"山川出云"，认为山川是天地通气的"孔窍"，山脉具有含藏阴阳之气的性能，气挥发出来，即可出云致雨。

总之，基于生生的合目的性和人乃是道德主体的认识，儒家对于全部自然都持关爱的态度，其道德共同体是全部世界。

---

① ［清］段玉裁：《说文解字注》，上海古籍出版社1981年版，第682页。
② ［清］陈立：《白虎通疏证》，吴则虞点校，中华书局1994年版，第421页。
③ ［晋］郭璞注、［宋］邢昺疏《尔雅注疏》，载《十三经注疏》下引，第2614页。
④ ［清］段玉裁：《说文解字注》，上海古籍出版社1981年版，第683页。
⑤ ［清］段玉裁：《说文解字注》，上海古籍出版社1981年版，第694页。
⑥ ［清］徐元诰：《国语集解》，王树民、沈长云点校，中华书局2002年版，第384页。
⑦ ［清］徐元诰：《国语集解》，王树民、沈长云点校，中华书局2002年版，第93页。
⑧ 黎靖德编《朱子语类》第5册，中华书局1994年版，第1971页。

五、生态保护实践：历史上的虞衡制度

儒家生态哲学的理念在历史上得到相当程度的落实，历代都设立自然管理部门和官职，颁布政令和法律保护自然。如《逸周书》《礼记·月令》《吕氏春秋·十二纪》中，就有很多动物保护的政令与法律。目前发现得最早的动物、土地、水源保护法律，是睡虎地出土的《秦律十八种·田律》。

（一）"虞""衡"：自然管理的机构与官职

历代都十分重视自然保护，设置官职从事山林川泽的保护工作。最早的山林保护官职当是《尚书·舜典》中的"虞"官。照郑玄的解释，"虞"有测度的意思，虞官要知道山的大小及其物产。据《尚书》记载，舜帝问"畴若予上下草木鸟兽？"（谁能顺从草木鸟兽的特点管理之）注意，舜的要求是"顺从草木鸟兽的特点"来进行管理。孔颖达认为，所谓顺从其特点，是采用适宜于草木鸟兽的方法来进行管理，"取之有时，用之有节"。虞的官职得到了继承。《周礼》中有"山虞""泽虞"。虞官监督伐木以时的执行情况；对于盗伐林木的人实施刑罚；在祭祀山林时，代表山林之神受祭。与山虞相近的还有"衡"。"衡，平也，平林麓之大小及所生者。""林衡"专职管理平地和山麓林木。《周礼》中还有一个与山林保护有关的官职是"山师"。照《礼记·王制》所说，名山大泽不封，天子设立山师掌管远方山林，这在一定意义上保护了自然环境。

古代也有管理水域的官职。据《周礼》记载，管理湖泽的官吏叫"泽虞"，管理河流的叫"川衡"。泽虞的职责是"度知泽之大小及物之所出"，川衡的职责是"平知川之远近宽狭及物之所出"。川衡、泽虞都有掌握川泽禁令，处罚犯禁者的职能。在《周礼》中，与水相关的职位还有"司险""川师""雍氏""萍氏"等。在《管子》中，防止水害是和工程联系在一起的，所以管理水的官职是司空。历代关于水的官职还有很多，如《庄子》中有"监河侯"一职，"河"是黄河，可见黄河当时已有管理官吏。《汉书·百官公卿表上》记载有"奉常"一职，属员有"均官、都水两长丞"。颜师古引用如淳语注解说，都水的职责

是管理渠堤水门。《三辅黄图》上说，三辅皆有都水也。又据《百官公卿表上》记载，治粟内史、少府、水衡都尉、内史、主爵中尉属下都有"都水"之职。《汉书·刘向传》记载，刘向就曾经担任中郎，领护三辅都水的官职。据颜师古注引苏林语云，三辅地区多灌溉渠，全由三辅都水主管，所以这个官职叫作"都水"。

关于土地管理的官职，《周礼》记载有大司徒、小司徒、"遂人"、"土均"、"土训"、"均人"等。小司徒的职责是熟知百姓和土地的数量，把土地分为上中下三等，分配给百姓。遂人管理土地中的沟渠，土均负责平均税负，土训负责教民因地制宜耕种。古代从事山脉的保护工作的官职是"山虞"。《周礼》记载有"卝人"一职，是管理矿产资源的官吏。他的职责是掌管金玉锡石产地，厉禁以守之。卝人取矿产供给冬官制作器物，供君王使用，百姓不得染指。卝人厉守资源地具有垄断的性质，这在客观上维护了山林的生态平衡。

（二）自然保护的政令与法律

在《逸周书》《礼记》等典籍中，动物保护的政令与法律甚多，其中最为系统的是《礼记·月令》。如孟春之月："牺牲毋用牝。禁止伐木，毋覆巢，毋杀孩虫，胎夭飞鸟，毋麛毋卵。"郑玄认为，这是为了防止"伤萌幼之类"。与此相同的规定还出现在《吕氏春秋》中，这表明动物保护的思想在当时已经相当普遍。目前发现的最早的动物保护法律出现在睡虎地出土的《秦律十八种·田律》中，如"不夏月，毋敢……麛𪉖（卵）𪉦，毋□□□□□毒鱼鳖，置穽（阱）罔（网），到七月而纵之"。西汉时期汉宣帝曾下令说："前年夏，神爵集雍。今春，五色鸟以万数飞过属县，翱翔而舞，欲集未下。其令三辅毋得以春夏摘巢探卵，弹射飞鸟。具为令。"近年考古学界在甘肃省敦煌悬泉置汉代遗址发现的泥墙墨书《使者和中所督察诏书四时月令五十条》中，也有不少保护动物的法令及对法令的解释。

林木保护的政令，仍以《礼记·月令》最为系统。受儒家文化的影响，除了政令，历代还有一些保护林木的法律，如《秦律十八种·田律》、居延汉简等。《秦律十八种·田律》规定："春二月，毋敢伐材木山林……。不夏月，毋敢夜草为灰，取生荔……到七月而纵之。唯不幸死而伐绾（棺）享（椁）者，是不用时。"

儒家对于土地的生态性管理是十分重视的。《周礼》记载有"土宜之法""土会之法""土化之法"等。"土宜之法"是辨别十二个地方的不同物产，帮助和教导人民定居、繁衍、从事农业和种植树木，促使鸟兽繁殖，草木繁荣，从而充分发挥土地的作用。"土会之法"是把地貌、地质分为山林、川泽、丘陵、坟衍、原隰五类，辨别各种地质的物产和那里的人民的特点。"土化之法"是肥田的方法，其方法是用草木灰改良土壤，确定适宜种植的植物。"草人"负责这项工作。休耕是中国古代保持土地肥力的一项重要措施，也叫"爰田""辕田"等。据《周礼》记载，官府授田给百姓，"不易之地家百亩，一易之地家二百亩，再易之地家三百亩"。"不易之地"不需要休耕，"一易之地"休、耕间隔一年，"再易之地"休二耕一。此外还有保留荒而不耕的草地的做法，这对于维持生态平衡具有积极意义。

《礼记·月令》等典籍记载了一些关于水域管理的政策和法令，反映了当时人们对于保护水域的认识。《礼记·月令》上说，仲春之月，不得竭川泽、漉陂池。在秦代，水源保护已经成为了法律。《秦律十八种·田律》中也有"春二月，毋敢……雍（壅）堤水"的条文。水资源管理、保护措施在汉代得到了继承。据《汉书·儿宽传》记载，左内史儿宽在管理水利设施时，曾经制定过渠水分配措施"水令"，合理分配水源，扩大灌溉面积，这可能是中国历史上首个灌溉用水的管理制度。

纵观历史，儒家生态思想是十分丰富和系统的，在实践中的落实也是十分自觉和有效的，为中华文明绵延繁荣提供了稳固的生态环境基础。今天我们建设社会主义生态文明，仍然可以从中吸取有益的思想智慧。

🎤 第十六讲

中国传统生态文化之二：道家生态文化

马鹏翔[*]

引言 当代生态哲学思想的重要思想资源之一，无疑是来自中国的道家思想。不少生态学者认为，生态危机的思想根源是西方的人类中心主义以及人与自然对立的二元论思想，而道家则提供了有机和谐的整体论宇宙观，"因循自然"的生态实践观，"物无贵贱"的生态平等观以及人与自然和谐相处的美好图景。受道家、道教思想的影响，一些西方生态学者提出了深生态学、非人类中心主义等理论。本讲主要介绍先秦道家的重要流派老子、庄子以及黄老道家所蕴藏的丰富的生态智慧，以便更深入系统地认识道家生态思想。

　　道家是由春秋末期思想家老子所创立的哲学派别。这一派别以"道"为理论的核心，认为"道"是宇宙的本原和规律，是万物的主宰；柔弱因循是道的作用，无为而治是道的政治原则。道家和道教不同：道家是哲学、思想；道教则是东汉中后期产生的本土宗教，不仅有独特的经典教义、神仙信仰和仪式活动，而且还有其宗教传承、教团组织、科戒制度、宗教活动场所。道家追求的是对世界本原和规律的认识，以此作为治国、人生的指导；道教追求的则是长生不老，得道成仙。不过，道教的核心思想来自道家，以老子作为教祖。

　　道家思想颇受西方生态学者青睐，他们认为道家思想中蕴含着独特的生态意识和深刻的生态智慧，可以为生态哲学的发展和完善提供思想资源。如美国科学家卡普拉指出："在伟大的诸传统中，据我看，道家提供了最深刻并且最完善的生态智慧，它强调在自然的循环过程中，个人和社会的一切现象和潜在

* 马鹏翔，周口师范学院老子暨中原文化研究中心副教授。主要研究领域为先秦道家与魏晋玄学。

的两者的基本一致。"① 本讲主要介绍道家中最具特色的老子、庄子、黄老道家的生态思想，道教则在下一讲涉及。

一、老子的生态思想

老子姓李名耳，是楚国苦县的厉乡曲仁里（今河南鹿邑县太清宫镇）人，生于春秋末期，曾任周王朝的"守藏室之官"（顾问与管理藏书的官员），是道家学派的创始人，也被道教尊为教祖。

老子所著《道德经》（亦名《老子》）虽仅五千余言，但其内容丰富，思想深邃，对中国传统文化乃至世界文化都产生了极为深远的影响。现代生态运动兴起后，很多西方学者认为，以老子为代表的道家思想能够为他们提供更为丰富和深刻的生态智慧。德国汉学家汉斯–格奥尔格 · 梅勒就认为："《道德经》则把人类世界看作是在整个大自然和宇宙中的，人类世界并不具有任何特殊的本质。在这一方面，《道德经》与当代的'深层生态学'是非常相似的。人类在本质上与其他正在生产的或正在消逝的事物没什么不同。对于伦理、政治甚至性，道家都是从一个非人类中心主义的观点来看的，不存在特别的人的价值。"②

（一）"道生万物"：《老子》的生态宇宙观

《老子》一书最突出的贡献就是给世人提供了一个独特的宇宙观，也就是道生万物的宇宙观，从现代生态学的角度考察，这是一幅整体有机的宇宙图景。

"道"是《老子》哲学体系的起点，是宇宙的本原和实质，也是生态法则和自然规律，是其生态智慧的根本。《老子》所追求的最高境界是人与自然相和谐的生态整体境界。老子认为"道"是宇宙万物的本原，也是宇宙万物存在的根据；又是它们生生不息的动力之源。老子说："道生一，一生二，二生三，三生

---

① 弗 · 卡普拉：《转折点——科学、社会、兴起中的新文化》，冯禹等译，中国人民大学出版社1989年版，第310页。

② 汉斯–格奥尔格 · 梅勒：《〈道德经〉的哲学》，刘增光译，人民出版社2010年版，第194页。

万物，万物负阴而抱阳，冲气以为和"（第42章），"天下万物生于有，有生于无"（第40章），"道者万物之奥"（第62章），"大道泛兮其可左右，万物恃之以生而不辞"（第34章）。这些都表达了道是万物的基础和存在根据的思想。

老子认为，道生于天地万物之先，理应成为"天地万物之母"。《老子》说："有物混成，先天地生，寂兮寥兮，独立而不改，周行而不殆，可以为天下母。"（第25章）又说："道冲，而用之或不盈，渊兮，似万物之宗"，"吾不知其谁之子，象帝之先"（第4章）。这样，老子就确立了"道"的"母体"地位，这是老子在宇宙视野下对天地万物生成的洞察。此后，"道生万物"成为了中国古代关于宇宙生成和演化的最重要的思维模式之一。

在老子思想中，"道"作为最高范畴，取代了主宰和上帝，天地万物在"道"的作用下成为一个相互联系的整体。用现代科学的语言来说，老子宇宙整体观是一个自组织的思想，天地万物是一个自组织自我演化的过程，"道"则是对这一自组织自演化的动力、过程和状态的勉强的描述。万物的价值来自于"道"的创设和赋予，自组织的整体性、有机性来自于自组织内部的"道性"，表现为各个因素之间的依赖性、关联性。

老子道论宇宙观认为，在"道"的创生过程中，天地万物由于由共同的终极根源化生而来，因而彼此之间存在着无不相交、无不相依的动态网络存在状态。这时，宇宙整体的演化不仅是"生生不息"的生命繁衍延续的生成过程，而且宇宙各个组成部分在各种道性的作用下彼此形成内在联系的有机整体。人为天地所化生，与万物一样是宇宙动态整体的一个有机组成部分。"道大，天大，地大，人亦大。域中有四大，而人居其一焉。"（第25章）人在道之自然法则下来利用自然万物，并从自然法则中悟出社会"无为"之治的法则。人与天地万物应始终处于和谐之中，这完全是出自于人与天地万物相互依存，彼此同在一个整体之故。当代生态科学也认为，生态系统是一个有机联系的整体，它的复杂结构的产生和维持，依赖于能量的连续流动，每一有机个体的存在都是整个有机体构成的能量网络结构的一个纽结。老子的宇宙整体性、有机性思想与当代生态主义哲学在基本向度上是一致的。中国科学技术史家李约瑟指出："假如有一种观念是道家比对其他观念更为强调的话，那就是自然界的统一性，以及道的永恒性和自发性。"[1]

（二）"道常无为"：《老子》的生态实践论

老子认为，天道自然无为，道生万物，却"生而不有，为而不恃，长而不宰"（第10章）。老子说："道常无为，而无不为。侯王若能守之，万物将自化"（第37章），又说"功成事遂，百姓皆谓我自然"（第17章）。就是说，道是自然成其功，遂其事，没有任何故意的作为。在老子看来，天地万物各有其规律，即万物各有其性，任何的"有为"都会出现"不知常，妄作，凶"（第16章）。

老子讲的无为并不是无所作为，而是与"人为"相对的"有为"。老子说："天长地久，天地所以能长且久者，以其不自生，故能长生。"（第7章）这里表面是说天道的一切作为都不是利己而为，因而能永久运行，其深层次道出了天道的"有为"，天道也在创生万物，覆载万物，也即"天之道，利而不害"（第81章）。好生恶杀，利而不害，正是"道"之本性的展示。人效法天道，遵道贵德，顺应自然，就是"无为"。李约瑟特别指出："就早期原始科学的道家哲学家而言，'无为'的意思就是'不做违反自然的活动'，亦即不固执地要违反事物的本性，不强使物质材料完成它们所不适合的功能。"[2]

老子的"无为"还体现在其提倡的"少私寡欲""崇俭抑奢"的生活态度上。老子反对贪欲，认为人之祸害都来源于贪欲。老子说："罪莫大于可欲，祸莫大于不知足，咎莫大于欲得。故知足之足，常足矣。"（第46章）老子也指出，过分的物质欲求将使人反受其害。"五色令人目盲，五音令人耳聋，五味令人口爽，驰骋畋猎令人心发狂，难得之货令人行妨。"（第12章）"甚爱必大费，多藏必厚亡。知足不辱，知止不殆，可以长久。"（第44章）他主张"见素抱朴，少私寡欲"（第19章），就是说，人应保持素朴之心，抑制欲望，回归到质朴的自然本性。老子说："我有三宝，持而保之。一曰慈，二曰俭，三曰不敢为天下先。慈，故能勇；俭，故能广；不敢为天下先，故能成器长。"（第67章）意思是说，人如能保持慈爱天下，清净质朴和退让之德性，便能与天地共长久，与万物共

---

① 李约瑟：《中国科学技术史·科学思想史》，何兆武等译，科学出版社1990年版，第50—51页。
② 李约瑟：《中国科学技术史·科学思想史》，何兆武等译，科学出版社1990年版，第76页。

生存。当今世界之所以出现全球性的生态危机，根本原因即在于人的贪欲过度，永无止境地追求物质财富和感官享受。老子所倡导的简朴生活、少私寡欲，正是当今生态哲学提倡的"绿色生活"的先声。

（三）"道法自然"：《老子》的生态境界论

"自然"概念是《老子》首先提出的，关于自然的观念和理论是《老子》思想中最重要、最核心的部分，对中国传统文化有重大而深远的影响。"自然"有两种性质：（1）最为根本的特性——自然而然的本然状态。"道"化生万物，其成就事物的过程无目的、无意识，而又顺乎事物的无功利的自然情势，这是大道的自然本性。宇宙万物都由"道"而生成、成长和消灭，这一切过程都自然而然，只依靠自然自身的力量来进行，因此《老子》说"道生之，德畜之，物形之，势成之，是以万物莫不尊道而贵德。道之尊，德之贵，夫莫之命而常自然"（第51章）。（2）万物存在和运动的内在规律。作为自然而然的"道"，体现着自然界万物及社会中人类共存相处的内在秩序、共同规律和必然法则。道是不可言说的世界本体，宇宙演化的过程动力和法则，自然无为的天然状态，它时刻昭示人们应循"道"而为，从而经由对自身在宇宙中所处位置的把握达致生命的最高境界。宇宙过程作为天地万物演化之流的总汇，是由道所推动的万物自生、自长、自为、自化，具有不受超自然的外物控制的自己如此、本然如此、当然如此的过程。生灭变化从总体上看，都是宇宙过程的一个组成部分，都是"道"的显现和实现。

既然人与万物都平等地处于宇宙的大化流行过程中，那么人就应该参与这个宏大的变化过程，对自身的生命根源及其与天地自然关系获得本真的了解，从而顺应宇宙过程，在遵循自然变化过程中形成一种"与道为一"的超脱的生命境界。《老子》中的"自然"智慧所追求的最高境界毫无疑问是人与自然相和谐的生态整体境界，在此意义上，《老子》的"道"同时又是一种尊重生命和自然的伦理观。它启示我们，人的活动应尊重天地自然，尊重一切生命，与自然和谐相处。当代生态危机问题的根源和要害恰恰在于人与自然关系的严重扭曲。随着文明发展，人类以自我为中心，凌驾于万物之上，认为人对宇宙万物的所有征服和改造都是必要的。为了满足自身的欲望，人不仅把自己看作是万物之灵，高居于自然之上，而且根据自己的意志去改变自然、奴役自然，最终造成了人与自然关系的紧张对立。人类要克服当前日益深重的生态危机，首先要解决的问题是，找到人类自身在自然界中应有的地位和作用。在这方面，《老子》中的"道法自然"的命题能给现代人类以深刻的启迪。

二、庄子的生态思想

庄子，姓庄，名周，战国时期宋国蒙人（今河南商丘人），著名的思想家、哲学家和文学家，道家学派的主要代表人物之一，后世将其与老子并称为"老庄"。其著作《庄子》分内、外、杂篇，原有五十二篇，目前所传三十三篇。

（一）道通为一：《庄子》的气化论宇宙观

庄子继承了老子"道的本根说"和"道法自然说"，又有新的发展。庄子进一步关注道的遍在性，强调道的整体作用，提出"道通为一""自然化生"的思想，形成了独具特色的气化论宇宙观。

在庄子看来，"道"贯穿万事万物，将它们组成一个整体；万事万物则成为整体中的部分或因素。道规定了宇宙万物的发展秩序和趋势。在事物不停地变化过程中，一个事物的分解消亡，可能正是另一个事物诞生的主要因素；新生事物的形成，既包含了旧事物的因素，又孕育着再次更新变化的因素。事物固然有分有成，但从整体上来看，任何事物的生灭变化，都不过是自然界全部发展过程中的一个部分，整个世界是一个生命和谐的整体。所以《齐物论》说："物固有所然，物固有所可。无物不然，无物不可。故为是举莛与楹，厉与西施，恢恑憰怪，道通为一。其分也，成也；其成也，毁也。凡物无成与毁，复通为一。"庄子"道通为一"的观点说明了道与天地万物的生成关系，借此，庄子说明整个宇宙万物构成一个有机的生态整体系统。

庄子认为，"道"产生万物的过程是自然化生，没有什么外来意志。《知北游》说："合彼神明至精，与彼百化；物已死生方圆，莫知其根也。扁然而万物自古以固存。六合为巨，未离其内；秋豪为小，待之成体。天下莫不沉浮，终身不故；阴阳四时运行，各得其序。惛然若亡而存，油然不形而神，万物畜而不知。此之谓本根，可以观于天矣。"这里形容了宇宙天地万物自然化生的现象，庄子认为万物自然生长、宇宙自然变化、四时自然运行所凭借的本根就是"道"，天地之间万物的发展变化并不是什么超越性的力量在安排控制，一切都是在不知不觉中自然发生的。

为了说明"道"的普遍性以及自然化生性，庄子又引入了"气"的概念，使其宇宙论变为气化宇宙论，对后世产生重大影响。庄子的"气"是一个存在论意义上的范畴，它是"道"所具有的本原性和过程性统一的形象体现。庄子认为，天地之间万物的产生是与对立的阴阳之道（气）的相互作用有关。《田子方》说："至阴肃肃，至阳赫赫；肃肃出乎天，赫赫发乎地；两者交通成和而物生焉，或为之纪而莫见其形。"这段话中的"肃肃"形容阴气的寒冷，"赫赫"形容阳气的炎热，当阴气自天而降，阳气自地而升，阴阳二气相互融合，那么万物就随之而化生，这里就提出了万物生成过程中的一个原则性思想，即阴阳"交通成和"而化生万物，这是庄子用"气"来解释万物生成的理论的支撑点。

庄子不仅认为阴阳之气产生万物，而且他还认为阴阳之气贯穿于万物的生成、发展和灭亡的过程之中，将宇宙和天地万物联结成一个有机的整体系统。《庄子·至乐》通过庄子妻死的故事来说明这个道理。庄子说："察其始而本无生，非徒无生也，而本无形；非徒无形也，而本无气。杂乎芒芴之间，变而有气，气变而有形，形变而有生，今又变而之死，是相与为春秋冬夏四时行也。"在这里，庄子先是把"气"与"形"区别开来——气是无形的存在，形是由气变化来的，然后说明人都是由"芒芴"的道化生的，道变而产生气，气变而产生形体，形体变而产生有生命的人。人死了生命就会停止，然后形体分解又复归于气，气又随着春夏秋冬运行变化。由此，我们看到庄子把"气"看成是"道"自然化生万物的过程中存在的一种现象，万物的生命和精神来源于道又回归于道，最终都离不开气的参与。由此，庄子得出了一个"通天下一气"的重要结论，《知北游》说："人之生，气之聚也；聚则为生，散则为死。若死生为徒，吾又何患！故万物一也，是其所美者为神奇，其所恶者为臭腐；臭腐复化为神奇，神奇复化为臭腐。故曰：'通天下一气耳。'圣人故贵一。"庄子在这段话中特别指出，气对人和万物来说，就是生命，就是活力，缺乏了生命和活力，万事万物的生灭变化无非是气的聚散离合。正是因为庄子"道的自然化生"思想中引入了"气"，所以我们更容易直观看到他的宇宙观中人与自然万物之间一气相通的现象。借助于"气"，天地万物构成一个有机的生态整体系统得到了更好的说明。

（二）以道观之：《庄子》的万物平等论

现代生态主义者对传统的人类中心主义思想进行了严厉批评，认为这是生态危机发生的重要理论根源，要求承认万物的内在价值。《庄子》的思想无疑是这些生态中心主义思想的先声。

庄子认为人就是万物的一种，都是道的"自然生化"的结果。《秋水》说："以道观之，物无贵贱；以物观之，自贵而相贱；以俗观之，贵贱不在已。"万物的存在是平等的，不能用什么标准来评判它们的贵贱优劣。因为事物是彼此依存相形而成的，总是处于不停的变化之中，彼中有此，此中有彼，互相转化。判断事物的价值标准也是随之发生变化的，它们的贵贱优劣是不确定的，人不能以人的价值标准来评判一切事物。概而言之，人与物是平等的，物与物也是平等的。

庄子的万物平等思想在《齐物论》中有深刻的体现。《齐物论》借王倪之口说："民湿寝则腰疾偏死，鳅然乎哉？木处则惴栗恂惧，猿猴然乎哉？三者孰知正处？民食刍豢，麋鹿食荐，蝍蛆甘带，鸱鸦耆鼠，四者孰知正味？猿猵狙以为雌，麋与鹿交，鳅与鱼游。毛嫱、丽姬，人之所美也，鱼见之深入，鸟见之高飞，麋鹿见之决骤，四者孰知天下之正色哉？自我观之，仁义之端，是非之涂，樊然淆乱，吾恶能知其辩！"庄子认为人不能成为万物的尺度，正像鳅鱼、麋鹿和猿猴不能成为人的尺度一样。每种生物本来都是平等的，都有其特定的适应环境的生存方式，只因为有人的需要，才被纳入"有用"与"无用"的范围；只因有人的主观评价，才被划分出优劣高下。因此，人应该尊重物的存在方式及其尺度，不能干扰甚至破坏它们的基本生态体系。

不但万物平等，而且从"道"的角度来看，还应该是"万物一体"。《秋水》认为："以道观之，何贵何贱，是谓反衍；无拘而志，与道大蹇。何少何多，是谓谢施；无一而行，与道参差……兼怀万物，其孰承翼？是谓无方。万物一齐，孰短孰长？"庄子是从自然之道的立场出发消解人的"自我中心"立场，大自然中的万事万物都是生态世界中平等的一员，都有其平等的自然价值或内在价值，在这个万物平等的世界之中，人与万物也是平等的，人又怎么能有高于万物一等的感觉？《大宗师》就特别提出："今一犯人之形，而曰'人耳人耳'，夫造化者必以为不祥之人。"庄子认为，人不过是自然演化的一部分，我们实在不必因生而为人就洋洋自得。

庄子明确认识到，人不应该仅仅从自身的需要、利益和是非出发对待万物，更不应该将自然万物分出高低贵贱，即不能仅仅以万物是否对自己有用或有利来作为评价的标准。人类与万物之所以不能平等相处，全是由于人的"成心"造成的。《齐物论》说："夫随其成心而师之，谁独且无师乎？奚必知代而心自取者有之？愚者与有焉。未成乎心而有是非，是今日适越而昔至也。"在这里，庄子认为是非之心是由于各人的"成心"造成的。因为"成心"是每个人的主观成见或一群人的世俗成见，是在自我与他者的对立中形成的，所以在面对他人或他物时，如果人们不是以天地万物的自然之道为师，而是以自己的"成心"为师，就会带有成见、偏见，以自我为中心和出发点去思考问题和看待事物，产生各种各样的是非而互相争论不休。因为"成心"是造成人与人、人与万物不能平等相处的重要根源，所以庄子主张应该消除"成心"灭是非的界限。

（三）至德之世：《庄子》的生态和谐论

庄子的万物平等或万物一体的思想，使他很自然地追求万物和谐相处的至德之世，而对人们因为自己的私欲破坏自然物的本性提出了尖锐批评。

庄子反对人对自然规律的干预，他用"天"和"人"分别代表自然和人为，主张是"人"从属于"天"而非相反。庄子常常天人对举。《在宥》说："有天道，有人道，无为而尊者，天道也；有为而累者，人道也。主者，天道也；臣者，人道也。天道之与人道也相去远矣，不可不察也。"庄子认为天道是"无为而尊"，而人道是"有为而累"，人道与天道相差很远。庄子显然是站在天道的立场上来看问题，明确肯定"自然"（无为）的价值原则，要求"有为而累"的人道应臣服于"无为而尊"的天道，以重新整合分裂的天道和人道。当他认为人道应该服从天道时，就主动把人看成是自然界的一部分，主张自然界本来就是一个值得尊重和爱护的生命有机体，人不应该任由自己的主体性认识去随便改造客观的自然界。《秋水》说："牛马四足，是谓天。落马首，穿牛鼻，是谓人。故曰：'无以人灭天，无以故灭命，无以得殉名。谨守而勿失，是谓反其真。'"余正荣认为："庄子鲜明地表达了自己尊重生命的立场，反对人类出于自己的需要而找害生物的本性，要求人类尊重生物的自然生活习性，这种对天地间的万物采取因任自然、无为为之和反对'以人灭天'的态度，对于维护自然生态系统的稳定和有序，是一种非常深刻的智慧。"① 蒙培元则认为："庄子的这一学说有其深刻的含义，他意识到人与自然有一种生命的内在联系，而不是外在的对待关系，更不是认识与被认识、掠夺与被掠夺的关系。自然之道内在于人而为人之性，从这个意义上说，天在内；人为的功利机巧之心、认知之心虽然是人所特有的，但不是根源于人的自然之性，从这个意义上说，人在外。"②

庄子对文明的发展造成的对自然的破坏深感忧虑，这也和许多生态主义者心意相通。《马蹄》篇想象了一幅至德之世的图景，这是庄子的社会理想。"故至德之世，其行填填，其视颠颠。当是时也，山无蹊隧，泽无舟梁；万物群生，连属其乡；禽兽成群，草木遂长。是故禽兽可系羁而游，鸟鹊之巢可攀援而窥。夫至德之世，同与禽兽居，族与万物并，恶乎知君子小人哉！"在"至德之世"的社会里，人们都能够安居乐业，并且人们的道德都很高尚，不会勾心斗角，这是处于一种"天放"的状态。处于这种状态的人，就能够享受到充分完美的自由和快乐。在"至德之世"这样的社会里，人们不再凭借自己智巧来开辟道路、建造船和桥梁，只要能够满足基本的生活需要就够了，而不是无限制、无止境地开发自然资源，更不会伤害自然界的生命，在这种情况下，万物都能够欣欣向荣地生长，禽兽也不会攻击和伤害人，甚至可以用绳子牵着它们到处游

---

① 余正荣：《中国生态伦理传统的诠释与重建》，人民出版社2002年版，第68页。
② 蒙培元：《人与自然——中国哲学生态观》，人民出版社2004年版，第230页。

玩，鸟雀的巢穴也可随时被人偷看而不影响它们的生活。在"至德之世"这样的社会里，不再区分人与物，不再区分天之小人和人之君子；之所以会出现这种现象，完全是由于人"民性素朴"造成的，民性素朴则无欲，返回到人的本真生存状态，不会做出任意伤生残性的行为。庄子在这里为我们勾勒了一幅至德之世中人与自然、人与人之间普遍共生、友好相处的理想的生态社会之蓝图。

三、黄老道家的生态思想

先秦道家自老子之后，很明显地出现两大分支。一个分支以庄子为代表，包括列子，其关注焦点在于天道与人生境界的超越，被后世称为老庄道家；另一个分支则是以《管子》《黄帝四经》《吕氏春秋》等为代表的黄老道家，其学术重心在于治国和养生。黄老道家从战国中期后开始盛行，并成为当时思想界的主流思潮。

（一）《管子》四篇的道家生态思想

《管子》一书依托春秋之初齐相管仲而得名，目前学界普遍认为《管子》并非管仲所著，而为推崇管仲功业的管仲学派和稷下学派等多人多时所著。《管子》篇幅宏巨，思想庞杂，无论从广度还是从深度而言，都明显有汇集融合百家之言的趋势。《管子》一书，其天道观体现了黄老思想的特色，其中《心术·上》《心术·下》《白心》《内业》四篇最为集中体现黄老哲学思想，其他如《形势》《宙合》《枢言》《水地》等篇也属于黄老道家的作品。

《管子》的天道观主要是对自然现象变化规律的总概括，它进一步丰富和发展了道家的自然主义天道观，对天地运行和四时变化规律的认识更加理性，并把这种自然理性提升为治国理政的指导原则。《管子》天道论主要表现在三个方面：一是自然的天道观，二是精气生物的宇宙化生论，三是阴阳五行的宇宙图式。

《管子》的天道观明显具有老子道论与阴阳家思想结合的特征，其中建立了一个以道为本源、以四时阴阳为运行规律的宇宙模式，对中国传统文化有重大影响。"道"仍为《管子》的最高哲学范畴，这是对老子道论的继承和发扬。《管子·宙合》说："道也者，通乎无上，详乎无穷，运乎诸生。"就是说，道不是静止的、固定不变的，而是变动不居的，而且正是由于道的运动才使万物有了生机。《内业》说："凡道，无根无茎，无叶无荣，万物以生，万物以成。"道是万物生成的最终根源和始源，是生命的本体。《管子·心术上》说："道也者……万物皆以得，然莫知其极。"道与人的关系体现为道是生命之所出，而不是由人所生，人依赖道而存在；道则是不以人的意志为转移的客观存在，人在道的面前所能做的就是适应和掌握它。

"道"在天地间的运行具体体现为四时阴阳，对此的阐发形成了《管子》天道观的一大特色。《管子》中的四时，不再是简单的四季变迁的自然现象，而是天道阴阳的具体体现，是天地间的永恒规律，同时也是政治人事的形上根基。《管子·四时》说："阴阳者，天地之大理也；四时者，阴阳之大经也；刑德者，四时之合也。刑德合于时则生福，诡则生祸。"在此，《管子》建立了一种阴阳-四时-刑德相联结的逻辑结构，认为天地间最根本的道理就是阴阳变化，阴阳变化的根本规则就是四时运行，刑政和德政的施行都要符合四时的运行规律。刑德与四时相合则生福，与四时相悖则生祸。《形势解》对阴阳、四时和刑德的关系作了更细致的分析，所谓："春者，阳气始上，故万物生。夏者，阳气毕上，故万物长。秋者，阴气始下，故万物收。冬者，阴气毕下，故万物藏。故春夏生长，秋冬收藏，四时之节也。赏赐刑罚，主之节也。四时未尝不生杀也，主未尝不赏罚也。故曰：春秋冬夏，不更其节也。天覆万物而制之，地载万物而养之，四时生长万物而收藏之。古以至今，不更其道。故曰：古今一也。"四季的变迁体现了阴阳的消长，春夏两季是阳长阴消的季节，表现为万物的生长，秋冬两季是阴长阳消的季节，表现为万物的收藏，这是自然不变的节律，体现在人事上，统治者的赏赐刑罚也要因对自然节律的变化而施行。因此，《管子》屡屡强调统治者一定要"知四时""务时而寄政"。《四时》篇云："唯圣人知四时。不知四时，乃失国之基。""是故圣王务时而寄政焉，作教而寄武，作祀而寄德焉。此三者圣王所以合于天地之行也。"只有了解阴阳四时的变化，遵循四时的规律而施政，才能使国家风调雨顺、长治久安。如果统治者不能顺应天道，违背时节而施政，必然会造成政令不行、灾祸丛生的可怕后果。在《管子》书中，道论与阴阳五行学说的合流使得"四时阴阳"的观念从日常经验的观察总结上升到天道流行的理论高度，奠定了四时教令的基本内容，形成了一幅天、地、人、万物整体互动、遵时而行的宇宙图式，这其中蕴含着丰富而深刻的生态意蕴。

《管子》认为春生、夏长、秋收、冬藏是自然变化的主规律，是天道流行的具体体现，人们的活动要顺应自然节律的变化而开展，才能收到良好效果，由此《管子》提出了"因于时"的主张。《管子·宙合》篇云："'春采生，秋采蓏，夏处阴，冬处阳'，此言圣人之动静、开阖、诎信、渥儒、取与之必因于时也。时则动，不时则静。"《轻重己》篇又讲："历生四时，四时生万物。圣人因而理之，道遍矣。"也就是说圣人的出处行宜都要"因于时"。"因"是《管子》中非常重要的哲学范畴。《管子·心术上》这样解说："无为之道，因也。因也者，无益无损也。"又说："其应，非所设也。其动，非所取也。此言因也。因也者，舍己而以物为法者也。"由此可知，《管子》所说的"因"，就是抛弃自己的主观意见而以万物为法，如实地认识事物的本来面目，既不增加，也不减少。《管子》把"因"看作"无为之道"。那么《管子》所说的"因于时"就是顺应四时的变化而活动，而不是按照主观意愿肆意妄为，这体现了对自然规律的尊重和顺应。生态学者们大多认为生态危机产生的主要原因就在于人们把自己当作大自然的主宰者，不尊重自然规律，强行地改造自然和征服自然，《管子》提出的"因于时"的思想无疑隐含尊重自然、顺应自然的生态智慧。

《管子》"四时"观念中包含很多保护自然环境和自然资源的内容，主要体现在四时教令的"时禁"和"节用"。《管子·七臣七主》篇有"四禁"的说法，"四禁者何也？春无杀伐，无割大陵，倮大衍，伐大木，斩大山，行大火，诛大臣，收谷赋。夏无遏水，达名川，塞大谷，动土功，射鸟兽。秋毋赦过、释罪、缓刑。冬无赋爵赏禄，伤伐五谷。"主张春天禁止杀伐，不开掘丘陵和大山，不大火焚烧沼泽，不砍伐大树；夏天不要堵塞河流和山谷，不大动土木，不射杀鸟兽。《管子》警告说，违反时禁会导致各种灾祸的发生，"阴阳不和，风雨不时，大水漂州流邑，大风飘屋折树，火暴焚地燋草；天冬雷，地冬霆，草木夏落而秋荣；蛰虫不藏，宜死者生，宜蛰者鸣；且多膲膜，山多虫螟；六畜不蕃，民多夭死；国贫法乱，逆气下生"。主张天人感应、阴阳灾异的思想是阴阳家的理论特色，后世评价为"使人拘而多畏"，实际无非是想借助外在神秘力量强调遵循四时规律的重要性，使人产生对自然的敬畏。生态主义者认为，工业文明的发展、科学理性的高涨使人们失去了对自然的敬畏和膜拜，自然不再是神奇的与我们生命紧密相连的存在，而成为我们索取和掠夺的资源库。科学对自然的"祛魅"导致了人与自然的对立，因而出现了生态危机，因此有人喊出"返自然之魅"的口号。《管子》将"四时"观念神秘化尽管有着虚妄的成分，但在中国传统社会环境保护方面发挥了积极作用。

《管子·五行》篇提出了一个重要的生态命题："人与天调，然后天地之美生。"这句话主要强调了"天"，即自然界的独立性，"人"应主动与之协调，由此明确了"人"与"天"的主次关系。《管子·七法》指出："根天地之气，寒暑之和，水土之人民鸟兽，草木之生，物虽多，皆均有焉，而未尝变焉，谓之则。"也就是说，天地系统虽然品类繁多，是一个具有包括人的动植物的复杂系统，却以运行于天地系统之生命能量即气为根源，以四季气候为周期，以水、土等物质为基础，具有普遍（即均）、相对稳定（未尝变）的法则。对此法则的永恒普遍性，《管子·形势》还进一步阐述道："天不变其常，地不易其则。春夏秋冬，不更其节，古今一也。""万物之于人也，无私近也，无私远也……顺天者，有其功；逆天者，怀其凶。"《管子·正》篇说："无德无怨，无好无恶，万物崇一，阴阳同度，曰道。"这就是说，天地生态系统具有一种稳定的"常""则"，它古今如一，超越时间，不分季节，律则稳定，其作用对人来说，也是不例外的。人必须顺应它的规律，才能成功，违反它必然凶险。这种强制制约性是不顾及人的好恶的，因而才是生态系统的普遍的法则，也就是"道"。实现了"人与天调"，就可以实现《管子·五行》和《管子·四时》中所说的美好场景"天为粤宛，草木养长，五谷蕃实秀大，六畜牺牲具"，"柔风甘雨乃至，百姓乃寿，百虫乃蕃"。这是一幅生态和谐的美丽画面。

总之，《管子》的生态观，一方面以道为根本，注重自然的本体存在，另一方面以适度为原则，注重生态系统的变化与均衡。在《管子》看来：只有坚持道是万物的生命本原，万物才能各安其所，各得其性；只有坚持适度原则，人才能更好地尊崇自然，效法自然，顺应自然，造化万物，抚育生灵。《管子》建立在以"道"为核心的自然本体论和"天人合一"的整体宇宙观基础上的生态观闪耀着生态智慧之光。

（二）《黄帝四经》的道家生态思想

1973年帛书《老子》在湖南长沙马王堆汉墓出土，在其甲本卷后、乙本卷前有《经法》《十大经》《称》《道原》等四篇。学者们经过考证认为这四篇就是《汉书·艺文志》里提到的"黄帝四经"，也有学者称之为《黄老帛书》。学术界对于《黄帝四经》的时代、地域、作者等问题存在着很大的争议，但无可争议的是，它是黄老道家的代表著作。

《黄帝四经》的道论继承于老子，其论"道"最为集中的是《道原》一篇。《道原》认为，"道"在"恒无之初"是一个混沌的存在，"虚同为一，恒一而止"。也就是说，它不是对象性的存在，而是整体性的。"古无有刑（形）""太迥无名"，此是说，道"无形无名"。"天弗能覆，地弗能载"，此是说"道"是比天地还要根本的存在，所以《道原》用"虚""一"来指"道"。"天地阴阳,（四）时日月，星辰玄气，蚑行蟯重（动），戴根之徒，皆取生，道弗为益少；皆反焉，道弗为益多。"此是说，"道"生成了天地万物，并主宰着天地万物的运动发展，天地万物的运动是一个循环往复的过程，背后就是那个最根本的"道"在起作用。这个"道"渗透到万事万物中，我们是可以认识的；万事万物有很大不同，但却可以并行不悖，秩序井然，这种自然规律是人们可以认识并效仿的。

《黄帝四经》认为"道"不但体现为自然的规律，也体现为人类社会的规律。《经法·四度》说，"极而反，盛而衰，天地之道也，人之理也"。在《黄帝四经》的其他篇章，存在类似的道论。《经法·道法》说道"虚无形，其寂冥冥，万物之所从生"。"道"生成世界万物以后，主导着世界万物的发展变化，"故同出冥冥，或以死，或以生；或以败，或以成"。《黄帝四经》中的道论，虽然基本继承了老子道论的特点，但它更重要的是凸显了老子道论中关于规律的内涵，将道诠释为世界的总规律，这个规律是客观存在的，可以被人们所认识和掌握。

相比老子和庄子，黄老道家明显更为重视"因"的作用，《管子》如此，《黄帝四经》同样如此，它将"因"根据因循对象不同分为"因天""因时""因民"，并避免了老子思想中缺乏实施方法的弊端，把"因"这一方法应用在具体社会实践中，形成了因循自然而有为的治国思想。

黄老道家的一大特色就是"推天道以明人事"，而天道具体表现为阴阳四时的循环往复，因为这是宇宙的总规律、总准则，是不以人的主观意志而转移的，并决定着万事万物的变化和发展，所以就要"因循""因顺"天道行事，才能获得比较好的结果。《黄帝四经》中与"天道"相近的概念很多，如"天极""天功""天当""天时"等，这些概念集中于《经法·国次》《经法·四度》等篇。《经法·国次》说："不尽天极，衰者复昌。诛禁不当，反受其央（殃）。禁伐当罪当亡，必虚（墟）其国，兼之而勿擅，是胃（谓）天功。天地无私，四时不息。天地立（位），圣人故载。过极失（当），天将降央（殃）。人强朕（胜）天，慎辟（避）勿当。天反朕（胜）人，因与俱行。先屈后信（伸），必尽天极，而毋擅天功。""极""当"是度数的意思，那么"天极""天当"就是"天道"所显示出的度数。《经法·道法》说："天地之恒常，四时、晦明、生杀、輮（柔）刚。"可见《黄帝四经》一再强调的"度""数""稽"都是"天道"向人开显出的具体准则。陈丽桂认为："人事上的建功立名、祸福生死是和天道、天常息息相关，且相应相配，分毫不爽的。"[①]

《黄帝四经》的"天道"范畴很好地把"因""时""度"辩证地统一起来。在因循"天道"规律的同时，注重在适当的度数上和适宜的时机发挥人的主观能动性，对客观规律的把握更为准确和细致。这种因循思想所要求的行为其实是尊重世界的本原，尊重事物的本质的行为。这种因循观念是尊重万物本身的权利的人、物平等观。对万事万物，要求不要把人自身的意志强加给它们。因循的对象是面向整个物质世界的，也就是说既包含万事万物，又包含了道和自然，对生态文明的建设极具指导意义和借鉴作用。

---

① 陈丽桂：《战国时期的黄老思想》，联经出版事业股份有限公司1991年版，第70页。

🎤 第十七讲

中国传统生态文化之三：道教生态文化

陈 霞*

引言 道教是我国本土自生的一种宗教。"生态"不是道教的固有术语，道教也不是专门讨论生态问题的宗教，但当我们从阐释学的视野与之对话时，就会发现其中蕴含的生态观念、生态精神、生态实践。道教教义的要旨即成仙得道、长生久视，它不把希望托付给彼岸和未来，而给予现实生命及其环境以高度重视。道法自然、贵人重生、返璞归真、少私寡欲、形神俱妙、无为而治、贵柔守雌、天人合一、贵生戒杀等思想，对于现代人回归真性、尊重个体、树立环保意识、选择合理的消费模式，促进人类社会的可持续发展，都具有重要的现实意义。

道教中蕴藏着极为丰富的生态智慧，我们有责任将这些智慧提炼成思想理论，变成人们行为的指南，为当今世界生态危机提供解惑之道。

一、国外道教生态思想研究

在生态哲学的发展中，道教一直受到世界各国学者的重视，深生态学、生态女性主义都受到了道家道教的启发。道家道教的本体论、自然观、政治学、价值论、认识论中不乏关于人与自然关系的真知灼见，极大地鼓舞、支持着致

---

* 陈霞，中国社会科学院哲学研究所研究员、博士研究生导师，中国社会科学院大学教师，全国政协委员，《哲学动态》《中国哲学年鉴》编辑部主任，国际哲学与人文科学理事会（CIPSH）执委（2020—2023年），丝绸之路青年学者资助计划信托基金项目国际科学评审委员会副主席。

力于克服环境和社会危机的生态学家们。美国科学家弗·卡普拉认为，在东方传统文化中，道家提供了最深刻最完善的生态智慧。[①] 汤川秀树惊讶在两千多年前，在科学文明发展以前，老子就已经预见了今天人类文明的状态，向近代开始的科学文明提出了严厉的指控。[②] 克拉克在道家里发现了"慈"和对强作妄为的拒绝。德沃尔和塞辛斯认为"道家生活的基础是同情、尊重和慈爱万物"，"我们常谈到的一个道家形象是有机自我。道家告诉我们有一种呈现方式内在于所有事物之中"[③]。拉卡佩勒认为道家构成其深生态学的核心，"西方在紧急关头，努力抓住一些'新思想'是不必要的。几千年前的道家已经为我们考虑到了"[④]。叶保强把西方哲学看成明显反生态的，认为老庄哲学能够为环境伦理学提供形而上的基础。道家表现在自然观、本体论、价值论里面的平等观念以及"无为"的教义有助于环境伦理学的建立。在道家的世界观里，人与自然之间没有不可逾越的鸿沟，因为每件事物都内在地与其他事物关联着。我们现在需要一种哲学来清除西方分隔人与自然的形而上学障碍，能为其他物种提供不以人类需求来衡量其价值的哲学，一种能告诉我们人是自然的一部分的哲学。道家哲学就能满足上述需求。[⑤] 马夏尔在其著作的第一章"道家：自然之道"中说："在公元前6世纪，中国道家已经表达了最早的、清晰的生态思想……道家提供了最深刻、最雄辩的自然哲学，首次启发了人们的生态意识。""道家为一个生态社会提供了真正的哲学基础，提供了古人解决人与自然对立的方法。"[⑥]

塞尔凡和本尼特指出，道家能为深生态学提供许多资源，包括哲学的、政治学的和个人修养方面的独特见解。它能修正、调整和极大地丰富深生态学理论。"道法自然"为绿色生活提供了坚实的哲学基础。在哲学上，道家认为，自然包含着价值，"道"是多样性的统一，这种对世界的认识与霍布斯、洛克正好

① Frijof Capra, *Uncommon Wisdom*: *Conversations With Remarkable Peaple* (Simon and Schuster, 1989), p.36.

② 汤川秀树：《创造力和直觉》，周林东译，复旦大学出版社1987年版，第46页。

③ Bill Devall and George Sessions, *Deep Ecology*: *Living as if Nature Mattered* (Salt Lake City: Peregrine Smith Books, 1985), p.100.

④ Dolores LaChapelle, *Sacred Land, Sacred Sex*: *Rapture of the Deep*: *Concerning Deep Ecology and Celebrating Life* (Silverton, Colo: Finn Hill Arts, 1988), p.90.

⑤ Po Keung Ip, "Taoism and the Foundations of Environmental Ethics," *Environmental Ethics* 5, 1983.

⑥ Peter Marshall, *Nature's Web*: *Rethinking Our Place on Earth* (New York: Paragon House, 1992), p.413.

相反。在这方面，道家可以丰富和深化深生态学的价值体系。在人与自然关系中，道家的生活方式是深层的"慈""俭""不敢为天下先"。人是自然的伴侣，不应以人灭天，而应追求精神解放和自由。在消费和竞争方面，道家没有忽略有限度的自然竞争，这一点非常适合深生态学的环保的生活方式和非暴力策略。在道家看来，"夫惟不争，故天下莫能与之争"。对个人和社会而言，深生态学的最高目标是自我实现。道家"尊道贵德"，小我和大我的自我实现与"德"是相匹配的。[1]和道家一样，在深生态学中，"自我"被扩展到更宽的领域，如澳大利亚环保人士塞德把"我保护热带雨林"变成了"我是热带雨林的一部分在保护自己"[2]。此外，道家对僵化的学校教育、积累狭窄的专业知识的批评扩展到了对技术的批评。在这些方面，深生态学理论还缺乏足够的认识。笔者认为，道教的生态意蕴至少可以从以下几个方面得到说明。

二、强调责任和义务的弱人类中心主义

关于人与自然的关系，在生态伦理学研究中存在着人类中心主义和非人类中心主义两种观点。人类中心主义认为道德仅属于人类。非人类中心主义认为，自然物不仅具有外在价值，也具有内在价值，一切生物都是与人类有同样权利的道德主体，生态问题是人类中心主义导致的；相反，人类对自然没有价值，甚至是负价值。环境伦理学家罗尔斯顿认为自然界可以离开人，人却不能离开自然界。他说："就个体而言，人具有最大的内在价值，但对生物共同体只具有最小的工具价值。生存于技术文化中的人类具有巨大的破坏性力量，但很少有甚至根本没有哪一个生态系统的存在要依赖于处于生命金字塔顶层的人类。人们对他们栖息于其中的生态系统几乎没有什么工具价值；相反，他们表现出来的是某种工具性的负价值——打乱生态系统以便获取自然价值并把它们变为文化所用。"的确，谁需要人类呢？宠物倒是离开人活不了，那是我们把它们驯

---

① Richard Sylvan and David Bennett, "Taoism and Deep Ecology," Ecologist, Vol 18, 1988.

② 转引自 J. Baird Callicott, "The Metaphysical Implications of Ecology," in *Nature in Asian Traditions of Thought: Essays in Environmental Philosophy*, ed. J. Baird Callicott and Roger T. Ames, (Albany: State University of New York Press, 1989), p.64。

化得依赖人类了。它们的祖先没有人照料照样生存。按照这种思路，人不但对自然没有什么价值，反而是自然界的一种累赘、负担、麻烦制造者。要纠正人类中心主义带来的生态灾难，必须提倡非人类中心主义的伦理观。关于道教是不是人类中心主义的，也有两种意见。一种意见认为道教不是人类中心主义的，它有助于克服人类中心主义。安乐哲指出："那些作长远考虑的人（如哲学家）会发现非人类中心的道家伦理，在寻找新的处理人与周围环境的战略时富有吸引力和启发意义。"① 郝大维在《从参考到顺应：道家与自然》一文中认为，道家认识世界的美学模式与西方寻求普遍原则的逻辑模式相比，更关注特殊性。它把所有事物看作由无数个特殊"世界"构成的非连贯整体。特殊性优先原则排除了人类中心主义。道家的语言特色也旁证了上述原则。与在场性（presence）语言相比，道家多用隐含顺应的语言（allusive language of deference）代替精确指示和描述的语言。道家的缺席性（absence）语言指一个不能表达的物体。"有"指在场，"无"指缺席。在"有"缺少的情况下，事物之间的关系由事物自己构成，而非由普遍原则和关系结构的"有"来构成。与儒家的顺应相对照，道家的顺应行为更多地以"无"的形式表达出来，如无知、无为、无欲。"无"形式对理解道家的自我和个人十分关键。在西方认识论中，个人与世界和他人是紧张的。这种紧张使得我们以侵略或保护的方式来左右我们的意志。② 布尔德威斯托的题为《道家思想的生态问题：当代困境与古代经典》的文章中也指出了道家的非人类中心主义世界观特点，相信人有能力控制自然也许与《庄子》寓言中的井底之蛙没有什么两样。《庄子》假设所有知识都得自一个特殊的角度，没有一个观点是中立的；不同种类的事物可以和谐地相处于同一个世界，一个物种的成功不需要别的物种失败；生物与环境自然地联系着，多样性是生命繁荣的本质特征；人类的认识是有限的，应保持开放的心态；人类有责任促进生物与

---

① David L. Hall, "On Seeking a Change of Environment: A Quasi Taoist Proposal," *Philosophy East and West*, Vol 37, 1987.

② David L Hall, "From Reference to Deference: Daoism and the Natural World," in *Daoism and Ecology: Ways within a Cosmic Landscape* (Cambridge: Harvard University Press, 2001), pp.245-263.

环境之间的协调。[1]

　　另一种意见认为人类中心主义是不可避免的。道家或隐或显地是人类中心主义的。瑞丽女士在《智慧或负责的无为：进一步回应〈内业〉〈庄子〉〈老子〉》中提出道家的非干预性活动，是一种非直接的行动，在一定距离之外，不卷入英雄式的、有目的的，甚至是必要的故意干扰中。道士的行动与当代的英雄式干预不同，包括个人的修炼、以榜样形式转化、用特殊而有远见的智慧扩大其影响。道家经典提供了两种模式可代替英雄式的生态干预：自我修身和通过非直接行动影响环境。古代道家倡导的是通过间接方式，与自然过程一致而微妙地行动。道家的自然观类似现代西方的自然概念。不同之处是现代西方把自然理解为与人类文化相对立的东西，使得人们假定我们祖先的错误是人类中心主义的妄自尊大，认为对人类重要的才是真正重要的。这一切意味着我们今天热爱的"自然"在某种程度上完全是文化的创造。我们不可避免地是人类中心主义的。赋予"自然"价值是人类的理想，不是避免人类干涉就可以实现的。道教自然的关键思想——有机生态平衡，不是不触碰的自然，它暗示了"园林式的"生态方法，不是什么都不管。这点应成为生态运动的指南。[2]也有学者认为道家的自然不是一种理想的状态，对自然的顺应也不是盲目地迁就和顺从。自然为道士的修炼提供了基本的物质基础，自然界有神圣经文。道士通过修炼对自然的超越，暗含了某种人类中心主义立场。韩涛在《道教野地概念简介》中指出自然或天地在《老子》第23章中对应着飘风和其他灾害。"天地不仁"，自然被描述为不时会变得混乱和不可捉摸的景象，也被描述为未经驯服的、不开化的、不适合居住的地方。"野"指行政区划之外的地区。道教有丰富的野外生活经验，道士们尝试着控制最边缘、最难到达的地方，结果是该地区所有植物、动物听命于道士。走向荒野不是一个多愁善感的旅行，而是回家，回归"道"。荒野，就是家。荒野有无限的特征，"存在于钟表测量的时间之外，甚至仪式时

　　① Joanne D. Birdwhistell, "Ecological Questions for Daoist Thought: Contemporary Issues and Ancient Texts," in *Daoism and Ecology: Ways within a Cosmic Landscape,* (Cambridge: Harvard University Press), 2001, pp.23–42.

　　② Lisa Raphals, "Metic Intelligence or Responsible Non Action? Further Reflections on the Zhuangzi, Daodejing, and Neiye," in *Daoism and Ecology: Ways within a Cosmic Landscape* (Cambridge: Harvard University Press, 2001), pp.305–312.

间之外。它隐含着未被认识的潜力"。在野外生存中，道士们产生的极端生理现象被测量、被记录。他们在极端条件下使用的生存资料的确是他们如何节约自然资源的指标，也体现了自然资源对维持人的精神需要的重要意义。①

笔者认为，道教"天人合一"思想既肯定人是自然的一部分，应与万物平等相处，又提出人是万物之长，应该发挥自己的道德潜力，约束破坏自然的行为，辅助万物的生长，与自然同进步。道教天与人的辩证统一既克服了人类中心主义的妄自尊大，又弥补了非人类中心主义对人类主体性的贬损。这是一种弱化的人类中心主义主张，重点在强调人肩负的环境责任和义务。诺顿提出一种价值理论：如果仅以个人感性偏好的满足为参照，这是强人类中心主义；如果一种价值以理性偏好的满足为参照，它就是弱人类中心主义的。道教的"人为万物之灵"属于强调人的责任和义务的弱人类中心主义。道教在"贵人重生"的同时，不认为人是高于自然界的其他存在，不鼓励人与自然的分离，反对把自然界当作掠夺的对象、原料库和垃圾场等只具有工具价值的存在。从"道"的高度来看，万物是平等的，人与万物可同居同游。庄子在《马蹄》中描述那种景象说："当是时也，山无蹊隧，泽无舟梁；万物群生，连属其乡；禽兽成群，草木遂长。是故禽兽可系羁而游，鸟鹊之巢可攀援而窥。夫至德之世，同与禽兽居，族与万物并，恶乎知君子小人哉！"道教极力反对把贵贱观念用于自然界，反对人类妄自尊大，以自己为中心，把大自然当成自己征服和统治的对象。这正是环境伦理学批驳的人类中心论。这种人类中心论不顾自然界的承受能力和再生能力，大肆掠夺自然资源，带来了经济的增长，却毁坏了自己赖以生存的家园，使人的基本生存受到了威胁。道教的"贵人重生"思想体现了可持续发展的人类中心主义精神。因为它以人为贵而不以物为贵，追求人本身的价值而不是用外在物质的获得来淹没和取代人生存的目的，倡导返璞归真的高质量的人类精神生活，反对因追求外在物质享受而损害人的本质和生命。道教的"贵人重生"并没赋予人凌驾于自然之上的特权，而是要求人与自然和谐相处，弱化和限制了给自然界带来灾难的人类膨胀的自我意识。道教既肯定人

---

① Thomas H. Hahn, "An Introductory Study on Daoist Notions of Wilderness," in *Daoism and Ecology: Ways within a Cosmic Landscape* (Cambridge: Harvard University Press, 2001), pp.201-214.

与万物在"道"看来是平等的，否定了人与自然的分离。人不能凌驾于万物之上，享有烹杀宰煮的特权。一个物种主宰别的物种是最不稳定的生态系统。道教又强调了人作为万物之师长的辅助万物的功能。作为万物之长的人类，应该协助天地生养万物。由于他独具的理性，他的所作所为对自然界的影响特别大，万物的兴衰、贵贱都可以被人决定。人可以运用自己的道德力量，肩负起责任，约束那些违背自然规律的行为，维护自然界的生态平衡和繁荣，与其他物种伙伴似的相处。《三天内解经》说"天地无人则不立"。非人类中心主义不是说人对自然只有负价值吗？道教怎么说到天地还需要人了呢？天地在哪些方面需要人？人的特点和价值在哪里？《三天内解经》解释说："天地无人，譬如人腹中无神。"这意思就是说，没有人，天地间就没有精神、没有灵魂。这就如同人，没有精神和灵魂，就是行尸走肉。

　　道教对人在天地之间的这个理解很值得玩味。天地需要人，因为人是天人关系中的关键变量。他从自然中进化而来，但他是大自然的最高杰作。他不同于那些自身活动与生命活动直接同一的动物：动物是特定化的，靠着改变自身的身体结构来适应环境，活动维持在天然自然之中；人在某种程度上是靠改变外在环境来满足自己的生存和发展，人活动在天然自然与人工自然之间，他以文化的方式应对自然。就我们目前的所知而言，人是生命进化的最高形式。人类除了具备生物的本能，还能主动去规定自己的目的。人的一个突出特性是创造目的。在自然、社会、人这个统一的目的性系统中，唯一能规定自己的目的、能对自然作出价值判断的存在者是人。非生物不存在创造目的的问题。在自然大系统中，它们有其外在的目的，服从于自然的整体目的性。这些目的不是主动选择和设定的结果。

　　"人法地，地法天，天法道，道法自然"，"自然"就是万物自己如此，但是对于"如此"的"此"、"自然"的"然"，就是那个样子的样子，并没有事先的规定。所有的规定，都是人按照自己的意愿作出来的，是从"无"中创造出来的。人能无中生有，这确实是自然进化的最高成就。由于人要创造目的，把自己变成想要的样子，并让世界成为我们想要它成为的样子，因此人就有了其他物种无法与之匹敌的巨大能量。人的这种能量是一把双刃剑，既可以让万物繁荣，也可以让万物毁灭。如果其自由创造能力发挥不当，就会影响万物的兴衰和整个生态的平衡。

道教提出的"人为万物之灵""其王""司命神"等角色认定，把人抬高到掌管万物命运之"神"的地位。为什么要定位这么高呢？这个高定位其实是在强调人的责任和义务。如果这也属于一种人类中心主义，这种中心主义是一种弱化的人类中心主义。因为它不主张人肆意控制、占有、挥霍自然，而是提醒世人肩负起责任，维护自然界的生态平衡和繁荣。它敦促人类行使爱护其他物种的神圣使命，运用自己的理性和道德力量，拓宽道德关怀的视野，约束那些违背自然规律的行为，与自然万物和谐共生。

如果人错误地使用自己的力量，那就是毁灭。《黄帝阴符经》提醒："天生天杀，道之理也。天地，万物之盗；万物，人之盗；人，万物之盗。三盗既宜，三才既安。"这本经书用了"盗""贼""害""杀"等词语来警醒人与自然之间还存在着矛盾、对立和紧张。天地人互相盗窃、残害，是恩仇相报的。《黄帝阴符经》说人若伤害自然，自然就要采取天发杀机、人发杀机，或者天人合发杀机的形式报复人类。它展示的不是温情脉脉的天人合一。恩格斯在论述《劳动在从猿到人转变过程中的作用》时也曾说过："我们不要过分陶醉于我们人类对自然界的胜利，对于每一次这样的胜利，自然界都对我们进行报复。"总之，道教关于"人为万物之师长"的角色认定既肯定人是万物之一员，提醒人与其他物种同处于生物圈的平等关系，又敦促人类行使爱护其他物种的使命，呼吁人类肩负自己的职责。这克服了人类中心主义式的妄自尊大的偏狭，拓宽了道德关怀的对象；弥补了非人类中心主义对人的主体性的贬损，提出人在维护生态平衡中的责无旁贷的任务。它高度赞扬自然的价值，把自然身体化，赋予自然以生命，甚至神学化地想象自然的人文性。道教"贵人重生"，以人的生命价值的充分展开为鹄的，但并不认为人可以肆无忌惮地为所欲为。这与非人类中心主义不同，它认为人对自然不仅不是负价值，而且是能使自然生命成为自觉的高级生命形态，赋予了人重大的环境责任。如果把人看成与其他生物有着同样权利的物种，有将人类还原为"物"的危险，并降低人类为保护环境应该付出的主观努力。当今生态环境的紧迫形势需要唤醒人们的主体意识，主动采取环保措施，而不是贬低人类的价值，从而在这关键时刻阻碍人的作用的发挥。《太平经》强调人的责任重大："夫天地之为法，万物兴衰反随人。故凡人所共兴事，所贵用其物，悉王生气；人所休废，悉衰而囚。""凡人兴衰，乃万物兴衰，贵贱一由人。""故万物芸芸，命系天，根在地，用而安之者在人；得天意者寿，失天意者亡。凡物与天地为常，人为其王，为人王长者，不可不审且详也。"[①]

保护生态，通常与培养保护生态的文化习惯和传统联系在一起。道教在中国有近两千年的历史。道教教义的要旨就是长生久视，它要在此生此世延年益寿。古典小说里经常有神仙下凡、思凡的故事。这个凡间是如此富有魅力，以至于神仙都想下凡。由于道教不把希望托付给彼岸和未来，它最大的特点就是对现实生命及其环境的高度重视。大家都特别熟悉道教养生，尤其能说明这一点。道教非常重视和关注身体，把身体放在突出的位置。身体就是生命。生命具有唯一性、神圣性和极高的不可取代的价值。道教发展出了深刻的关于身体的思考，以及提升生命质量的养生实践，提出了"贵以身为天下，若可寄天下""两臂重于天下""天地大人身，人身小天地""天地宇宙，一人之身也""身国同构""身国同治"等观点。这样来看，道教的身体既是个体的自然生命体，它也把人与人组成的社会和自然当作身体。成全万物、爱护自然，就是爱护我们的身体，肩负这种重大的环境责任不仅成全人性、尊重生命，提升了个人生活的质量和价值，同时也提高了人对社会和自然的使命。这是道教的一个独特贡献。

三、"富之为言者，乃毕备足也"——道教的天地财富观

追求财富是人的天性。道教顺应民心，并不是视钱财如粪土，而是鼓励个人合理合法合情地追求和创造财富。道教神谱里有众多保佑人们发财致富的财神，如赵公明、文财神比干、武财神关羽、五路财神等不一而足。道教还有一

---

① 王明：《太平经合校》，中华书局1960年版，第174页。

种财富观，今天尤其值得提及，这就是天地财富观。这种财富观具有十分重要的生态意义。道教对贫富的划分是看拥有的物种的数量。《太平经》讲：

> 富之为言者，乃毕备足也。天以凡物悉生出为富足，故上皇气出，万二千物具生出，名为富足。中皇物小减，不能备足万二千物，故为小贫。下皇物复少于中皇，为大贫……子欲知其大效，实比若田家，无有奇物珍宝，为贫家也。万物不能备足为极下贫家，此天地之贫也……此以天为父，以地为母，此父母贫极，则子愁贫矣。[①]

道教认为，真正的富足是拥有最多的物种，而万物不能备足则是赤贫，这是天地的贫穷。人对于此种贫穷负有直接责任。这涉及生物多样性的问题。

> 蠕动之属，悉天所生也，天不生之，无此也。因而各自有神长，命各属焉。比若六畜，命属人也，死生但在人耳，人即是六畜之司命神也。[②]

创造、保护、增长人的财富，人们要求助于财神，而要保护天地的财富却又要依赖于人。神是人的财神，人则是万物的财神。道教说"天地之为法，万物兴衰反随人故""乃万物兴衰，贵贱一由人"。人是天地的子嗣，但又是万物的保护者，道教所称的"人为其王"，是万物的"司命神"，万物的命运掌握在人的手里，都是提醒世人保护生物的职责。

道教把物种的灭绝看得十分重要。《太平经》说："一物不生一统绝，多则多绝，少则少绝，随物多少，以知天统伤"，"一物不具足，即天道有不具者"。道教认为如果任意残杀生物，致使它们不能竟其天年而夭亡，万物就会怀冤结而不解。其怨气郁结，会阻塞天地之气的流动、阻碍天地人之间的交流，万物都将受到影响，并流及个人和国家。那时就会出现"国家为其贫极，食不重味，宗庙饥渴，得天下愁苦，人民更相残贼，君臣更相欺诒，外内殊辞，咎正始起

---

① 王明：《太平经合校》，中华书局1960年版，第30页。
② 王明：《太平经合校》，中华书局1960年版，第383页。

于此"。

关于地球上物种不断减少的事实，已为现代科学所证实。生物学家估计，现在地球上有500万至1000万个物种，但在地球生物史最昌盛时期有1亿至2.5亿种。在中生代，物种的淘汰消失频率是每千年一种；16—19世纪，消失频率为每4年一种；到了20世纪70年代，每天一种。生物多样性对于生态系统和整个生物圈的正常功能是必需的。除实用以外，保护野生物种还有道德、伦理、文化、美学以及纯科学的理由。现存物种的自然灭绝率突然加速了上千倍，每一个物种稳定持续地存在，都需要经历几千年的生存适应过程。因此灭绝一个物种就是停止一个物种几千年的历史。物种一旦消失就不可复得，我们将永远失去利用它们的可能性。另外，每一物种的消失还有引起另外的二三十种生物生存危机的负面影响。

在道教以物种多少来评价贫富的天地财富观，以及保护生物多样性的理财思想里，顺应万物的自然而不伤，维护自然界的平衡、稳定，保护生物多样性被明确认为是人的职责。这是在今天仍然值得我们反思的财富观。

四、道教善书的动物保护思想

在世界科技快速发展、经济日益发达、人类生活水平逐步提高时，动物的处境却越来越糟糕。自然界本身也存在物种的生灭，但人为因素引起的物种灭绝速度是自然因素的100倍。在保护动物方面，影响较大的是动物权利论。它是当今众多环境哲学、环境伦理学流派中的一支，源于19世纪功利主义哲学家边沁（Jeremy Bentham）的观点，即动物感受痛苦的能力使它们有权不受人类的任意侵害。英国皇家生理协会发布了一份报告，提出了诸如猴子、猿等灵长类动物的"道德地位"问题，指出是否应根据动物的社会及心理痛苦的承受能力而单独对其实行特别保护。美国哈佛大学法学院开设了"动物权利法"这一新学科，主要讨论为什么人类有种种权利而动物没有，是否应将法律权利推广到人类之外。动物权利论的当今代表是辛格（Peter Singer）和里根（Tom Regan）。动物权利运动希望完全废除把动物应用于科学研究，完全取消商业性的动物饲养业，完全禁止商业性和娱乐性的打猎和捕兽。《世界自然宪章》（联合国第371号决议）规定："每种生命形式都是独特的，无论对人类的价值如何，都应得到尊重。为了给予其他有机体这样的承认，人类行为必须受到道德的约束。"为禁止世人为了商业利润和纯粹为了个人目的而虐待动物，世界各地都成立了保护动物的诸多组织，如国际素食联盟、国际动物保护协会、国际爱护动物基金会等。在中国悠久的历史中，并不乏保护动物的思想和措施。如公元前11世纪的西周王朝颁布了《伐崇令》："毋坏屋，毋填井，毋伐树木，毋动六畜。有不如令者，死无赦。"《逸周书·大聚解》也有"禹之禁，春三月，山林不登斧，以成草木之长；夏三月，川泽不入网罟，以成鱼鳖之长"的记载。

在道教伦理中，动物保护思想十分丰富。道教养生思想中的一些禁忌直接有利于动物的保护。如《老子中经》中有这样的文字：

> 食于天者，以身报天，上为真人神仙戏游；食于地者，以身报地，下为尸鬼；食于人者，以身报人，骨毛弃捐。兆欲为道，勿食飞鸟。天之所生，杀之数数，减子寿年。人畜食之，可以为厨宰六畜也。避六丁神，兽类也勿食。丁卯兔也，丁丑牛也，丁亥猪也，丁酉鸡也，丁未羊也，丁巳蛇也，此大禁之，六丁神之讳也。乘气服丹入室之时，无令生物，禁食五畜肉。五畜肉者，马、牛、羊、猪、狗也，但得食鸡子、鱼耳。禁食五辛，臭恶自死之物慎勿食，服丹尚可，乘桥禁之。

道教用神的名义颁布了保护动物的法令，如《老君说一百八十戒》《太上洞玄灵宝智慧定志通微经》《受持八戒斋文》《中极三百大戒》《太极真人说二十四门戒经》等，还发展了一套行之有效的方法来推动动物保护，保证其实施。施舟人在《道教生态学：内在转化，早期道教教团戒律研究》中指出：道教不仅思考自然环境和人在自然界中的位置，它还采取行动来实现其理想。早期道教最重要的戒律就是保护自然环境。在《老君说一百八十戒》里，有20多条戒律直接与保护环境有关。为了保护环境，道教采取的首要措施是禁止杀生，其内容庞杂，牵涉广泛的众多戒律无不以"戒杀生"为主要大戒。《洞玄灵宝太上六斋十直圣经纪》说："道教五戒，一者不得杀生。"南朝宋陆修静所撰《受持八戒斋文》也规定："一者，不得杀生以自活。"《思微定志经十戒》的第一戒也是"一者不杀，当念众生"。《初真十戒》的第二戒规定"不得杀害含生，以充滋味"。《妙林经二十七戒》《老君说一百八十戒》《中极三百大戒》等戒律中也都有"不得杀生"的规定。可见，戒杀是道教戒律中必不可少的内容。道教不只是泛泛地谈禁止杀生，而是有具体的规定。《老君说一百八十戒》中的第九十五条说："不得冬天发掘地中蛰藏虫物。"第九十七条说："不得妄上树探巢破卵。"第九十八条说："不得笼罩鸟兽。"《中极三百大戒》第一百一十二条规定："不得热水泼地致伤虫蚁。"可见，戒律的制定者对保护动物考虑得非常周到。

除了"不杀生"外，道教还反对惊吓、虐待动物。《老君说一百八十戒》中的第一百三十二条规定："不得惊鸟兽。"《中极三百大戒》中亦规定："不得惊惧鸟兽，促致穷地。"此外，《老君说一百八十戒》中的第四十九条规定："不得以足踏六畜。"第一百二十九条规定："不得妄鞭打六畜群众。"这方面很有成效的就是道教善书的大力宣传，它造成了家喻户晓的影响。

道教善书中有很多劝导人类爱护动物的内容，尊重动物的生存权利，把对待人的道德推广到动物界。善书中有大量爱护环境的内容，而关心动物特别能体现人的慈善。但人又必须依赖自然界提供生活资料，如植物、动物等。人不吃喝，就会饿死，人的生命就得不到保证。但人不能为了自己的贪欲、猎奇，过度地损害动植物的生命，尤其不要在动物产卵、孕育的时节打猎，不要破坏它们的栖息地，最好戒杀或买物放生。道教善书告诉世人：

> 野外一切飞禽走兽、鱼鳖虾蟹不与人争饮，不与人争食，并不与人争居。随天地之造化而生，按四时之气化而活，皆有性命存焉。……不杀胎、不殀夭、不覆巢，皆言顺时序、广仁义也。如无故张弓射之，捕网取之，是于无罪处寻罪，无孽处造孽，将来定有奇祸也。戒之，戒之。

《太上感应篇》短短几百字中就有29条涉及自然界，要求"积功累德、慈心于物"，不能"射飞逐走，发蛰惊栖；填穴覆巢，伤胎破卵"，"无故剪裁，非礼烹宰"，"埋蛊厌人，用药杀树"，"无故杀龟打蛇"等，并且说"昆虫草木，犹不可伤"。触犯这些规定一定逃不过神灵的惩罚，故《太上感应篇》被认为是环境伦理学的圣经。《阴骘文》有"救蚁中状元之选，埋蛇享宰相之荣"等善待动物得好报的故事，鼓励人们"济急如济涸辙之鱼，救危如救密罗之雀"，劝人们"勿登山而网禽鸟，勿临水而毒鱼虾""勿宰耕牛""或买物而放生，或持斋而戒杀。举步常看虫蚁，禁火莫烧山林"。《关圣帝君觉世真经》有"戒杀放生"的信条。

善书不仅宣传保护动物，它还有方法鼓励人们在日常生活中实施这些原则。道教功过格就是这样一类操作性很强的善书，对人们对待动物的善恶有非常详细的规定。最早的《太微仙君功过格》规定：

> 救有力报人之畜一命为十功（谓驼、骡、牛、马、驴畜等）；救无力报人之畜一命为八功（谓山野禽兽之属）；虫蚁飞蛾湿生之类一命为一功。……埋葬自死者、走兽、飞禽、六畜等一命为一功，若埋葬禽兽、六畜骨殖及十六斤为一功。
>
> ……害一切众生禽兽性命为十过；害而不死为五过，举意欲害为一过。……害人六畜一命为十过，令病为五过，举意欲害为一过……故杀有力报人之畜，一命为十过，误杀为五过；故杀无力报人之畜、飞禽走兽之类，一命为八过，误杀为四过；故杀虫蚁飞蛾湿生之属，一命为二过，误杀为一过；故杀伤人害物者、恶兽毒虫为一过（谓虎、狼、蛇、蝎、毒虫之属）；使人杀者同上论。

《警世功过格》规定："救一有力于人之物命（牛马犬类）五功至五十功"，"救一无力于人之畜命（猪羊之类）三功"，"教人渔猎三十过，毒药杀鱼三十过"，"杀禽鱼昆虫一命三过"，"劝化人弋猎屠钓回心，不从一功。从者十功。改者百功"，"救一禽鱼虫蚁物命，一功"。

《十戒功过格》规定："贪其滋味或利其毛骨而杀者曰爱杀（如虾螺为馔、牡蛎为药、蚌珠为饰之类），一次为二过。至百命外加二过，千命为二十过"，

"牢养调弄曰戏杀（如斗蟋蟀、拍蝴蝶之类），一命为一过。虽不伤命而调弄不放亦为一过。见卑幼牢养调弄，可禁止者不为禁止亦作一过"。

至于救护生命，则会有"计功"，其规定如下：

救微命：触境生怜、方便释放者曰哀救，一次为一功；至百命外加功；作意放生、劳力营救者曰力救，一次为一功，百命外加功；出钱买放者曰破财救，自百命至千命为一功，千命外加功所费照三十文为一功，例另记；凿池开围、广劝放生者曰法救，倡议者为百功。

救小物命：哀救者一次为一功；力救者一次为一功；破财救者一次为一功，费以三十文为一功；法救者一事为百功；因放生致缺孝养，亲心不当，反为二过。亲心悦，功可加一等。

救大物命：救一伤人之物曰过情救，为二功；救一无害于人之物曰大慈救，为十功；救一有功于世之物曰报德救，为五十功；设法禁止屠杀牛犬或劝化屠猎等人改业曰普护救，为百功。

善书对世人对待动物的善、恶行为进行了详细的分类和记录。为了方便不识字的人记录准确，还专门设计了简易的格子，或画圈、或数黄豆黑豆等。善书自宋代开始流行，持续到民国，它的出现反映了当时的人对道德滑坡和虐杀动物的忧虑。善书无孔不入的宣传力度和简便易行的操作方法，吸引了当时社会上很多人实践，各类"放生会"多如牛毛，在一定程度上缓解了人与自然的矛盾，培养了世人的爱心。

今天，人类社会面临着紧迫的环境压力，但人们对野生动物的保护还缺乏认识；人口的增加和经济发展使动物的栖息地和食物日益减少，人的干扰和商业捕捉都使野生动物处境岌岌可危；野生动物的药用、皮用、肉用的高经济价值吸引着不法分子铤而走险。中国习俗中流行"吃什么，补什么"，致使总有一些唯利是图的人想方设法捕捉、盗运、贩卖、烹饪、食用野生动物。达尔文曾说过，关心动物是一个人真正有教养的标志。我们必须立即采取行动，从自身做起，从小事做起，从餐桌做起。拖延时间只会延误人类拯救地球、拯救自己、拯救动物的机会。

总之，生态文明建设需要培育生态文化，道家道教生态思想将是重要的资源，以增强全社会生态文明意识，养成勤俭节约、绿色低碳、文明健康的生活方式。我们应该从生态学、哲学、宗教学等角度重新阐释道教文化的精髓，弘扬其当代价值，开展道教与当代全球问题、各种思潮的对话，促成道教的现代转化：使道教在新的历史条件下有所突破和发展，使得民族文化具有普世意义；在维护生物多样性的同时，维护文化的多样性；在中国经济发展的同时，让中国传统文化也发挥其应有的价值。

中国传统生态文化之四：佛教生态文化

陈红兵[*]

引言 佛教在中国传播的过程中吸收融合了传统儒家、道家的相关内容，形成了中国佛教。故中国佛教是印度佛教中国化的产物，其中的生态文化是传统生态文化的有机组成部分。本讲拟在系统阐述佛教生态思想文化的基础上，突出中国佛教生态思想文化的独特内涵；主要从"依正不二"的天人关系思想，众生平等、无情有性的生态价值观，净化人心、戒杀护生的生态实践观等三个方面，系统阐述佛教生态思想文化的基本内涵及其对于当前生态文化建设的启迪意义。

天人关系探讨的是人与自然生态环境之间的关系。佛教的天人关系思想一般是借"依正不二"观念表达的。不过，佛教关于"依正不二"的论述并不多，要揭示其天人关系思想，还应将"依正不二"与佛教缘起论及其历史发展联系起来。

一、"依正不二"的天人关系思想

"依正"是从佛教因果观念来的概念，"依"即"依报"，"正"即"正报"，均是指人之前思想行为产生的后果（即佛教所说的"果报"）。所谓依报，是指人所依居的生存环境，包括自然生态环境。所谓正报，是指人的身心精神。佛

---

* 陈红兵，山东理工大学教授、硕士研究生导师，山东省生态文化与可持续发展研究基地副主任，中国伦理学会环境伦理学研究会副理事长，中国生态文明智库特约研究员。

教认为，人当下的身心精神和所依居的生存环境，均是之前思想行为的果报。"依正不二"是中国佛教提出的命题，突出的是人与所依居的生存环境之间存在的一体性关联，包含两方面内容。一是人与生存环境之间的因果关联，即人所依居的生存环境是人之前思想行为的后果；二是人与生存环境之间的一体性联系。相对而言，印度佛教缘起论更关注前者，中国佛教缘起论更关注后者。

（一）人与生态环境的因果关系

佛教以人生烦恼痛苦的解脱为主题，注重从人自身的认识、贪欲及由此而发的行为追索人生烦恼痛苦的根源。不过，佛教关注的人生烦恼痛苦主要是与个体生命相关的生老病死之苦、与人的社会际遇相关的"怨憎会""爱别离""求不得"之苦，以及与人内在身心感受相关的"五蕴盛"之苦，很少关注我们今天面对的生态环境问题及其给人们身心健康带来的烦恼痛苦。但佛教关于人生烦恼痛苦根源的探讨，对于我们追寻生态环境问题的根源具有启迪意义。

佛教缘起论最初的主题是探索人生烦恼痛苦的根源及其解决方式与途径。佛教缘起论一般注重从人自身的无明、贪欲及由此而发的行为来阐释人生烦恼痛苦的根源及其生成过程。如十二因缘说从"无明—行—识—名色—六入—触—受—爱—取—有—生—老死"十二个环节说起，赖耶缘起从八识的造作及其相互关联说起，来阐释人生烦恼痛苦的根源及其生成过程。佛教所说的"无明"是指对佛教所揭示的真理性认识的无知。从一般哲学意义理解，主要是指从自我中心立场出发，将自身与环境分离对立起来的认识思维方式；而"贪欲"则体现为对物质欲望满足的追求，体现为物质主义、消费主义的价值观。佛教认为正是建立在无明和贪欲基础上的行为活动，导致人们陷入烦恼痛苦的境地。

佛教缘起论关于人生烦恼痛苦根源的相关理论，对于我们今天探讨生态环境问题的根源同样具有启迪意义。当代佛教思想家也多注重从人的无明、贪欲等方面揭示生态环境危机的根源。如日本当代思想家池田大作从佛教缘起论和"依正不二"观念出发，将人的无明和贪欲视作当代生态环境危机的根源。他说："现代文明之所以走到破坏自然这一步，其根本原因……是认为自然界是与人类不同的另一个世界。"[①] 而"在人类对'自然'与'生命网络'不够尊重之时，便会忘记人与自然共生的'生命的存在'，进而产生利己主义思想，认为迫令其他生物与自然界均为自己服务是理所当然的"[②]。这种将人与自然分离对立起来的认识思维方式，以及将人凌驾于自然之上的人类中心主义观念，一旦与人的贪欲结合起来，必然导致今天的生态环境危机。池田大作还将生态环境危机与人类内在的"魔性的欲望"联系起来，认为人"一旦失去内心世界本来的韵律，生命能源就会出现不畅快的波动，变成破坏性的、攻击性的、支配性的欲望和冲动的能源……外部地球的沙漠化与人类生命的'精神沙漠化'是分不开的"。"从'内部环境'的被污染，出现沙漠化的人的内心深处喷发而出的利己主义变成对文化、社会环境及自然环境所构成的外部环境的支配、掠夺和破坏。"[③] 总之，生态环境危机的根源在于人内在的贪欲，地球生态环境的沙漠化是与人内在精神的沙漠化相对应的。不难看出，池田大作关于生态环境危机根源的观念，是对佛教缘起论以及"依正不二"的天人关系思想的生态演绎。

佛教中与此相关的"别业""共业"思想，也有助于我们认识生态环境问题的根源。佛教将人的行为果报划分为"别业"和"共业"两方面。所谓"别业"，是指不同众生自身的思想行为，其所招致的果报主要是其自身的身心精神和特定生存环境。"共业"则是指众生群体共同的思想行为，其所招致的果报是共同的生存环境。从一定意义上说，当代生态环境问题的主要根源，是由人们共同的思想观念和生产生活方式造成的。如从现代工业文明发展而来的人类中心主义观念、物质主义和消费主义的价值导向，在当代对民众存在广泛的影响，直接影响到现代社会生产方式和大众的生活方式，这才是当代生态环境危机的真正根源。

（二）人与生态环境的一体性关系

中国佛教中提出的"依正不二"观念突出了人与生态环境之间的一体性关

① 汤因比、池田大作：《展望二十一世纪》，荀春生等译，国际文化出版公司1985年版，第31页。
② 池田大作：《我的人学》，铭九等译，北京大学出版社1996年版，第600页。
③ 池田大作：《池田大作先生集——环境问题指南》，苗月译，上海远东出版社1997年版，第261页。

系。天台宗湛然《十不二门》中专门阐述了"依正不二"的内涵。其关于"依正不二"的论述是建立在天台宗"一念三千"观念基础上的。"三千"即三千世间，包含天、人、阿修罗、畜生、饿鬼、地狱"六凡"（六道），阿罗汉、缘觉、菩萨、佛"四圣"，共"十法界"。十法界相互涵摄，任一法界涵摄其他九法界，由此十法界而为百法界。每一法界又各具自身的形相、性分、体质、功能、造作、因由、条件、果报、本末、究竟"十如是"，由是"百界"而为"千如"。世间又可划分为五阴世间、众生世间、国土世间"三世间"，即身心世界、生命世界、生存环境。千如与三世间结合而为"三千世间"。可见，天台宗的"三千世间"是包含生存环境、生命世界、身心世界在内的一切事物现象的整体。"一念三千"即众生当下一念心具足三千世间，与三千世间存在本然的整体性关联。关于"依正不二"，《十不二门》中说，三千世间中身心世界、生命世界"二千"属于正报，生存环境"一千"属于"依报"。身心世界、生命世界与生存环境均是真如一心的显现，因此具有一体性，没有主客二分的差别。虽然没有主客二分的差别，但又具体显现为身心世界、生命世界与生存环境现象，体现出生命主体与生存环境之间的因果关联。从中可见，天台宗"依正不二"也肯定人与生存环境之间的因果关联，但更多强调的是两者之间同属真如一心的整体性。从生态世界观角度言，即阐明了人的心念与三千世间整体之间、生命主体与生存环境之间的一体性关联。

中国佛教关于人与生态环境一体性关系的思想还突出体现在华严宗"六相圆融""十玄门"思想中。其中，"六相圆融"主要揭示的是整体与局部之间对立统一的关系，它一方面强调整体是由各要素有机结合的统一整体，另一方面肯定构成整体的各要素具有自身的相对独立性。"十玄门"则将整个世界看作由无限事物相互关联、相互涵摄、相互映照构成的有机统一整体。就具体事物而言，一方面每一事物具有自身的相对独立性，另一方面每一具体事物均涵摄其他所有事物及存在整体。同时，每一具体事物又涵摄于其他所有事物及存在整体当中。"六相圆融""十玄门"虽然没有专门论述人与生存环境之间的关系，但循其理路可以推知，现实的人与环境万物及环境整体之间同样存在着全息关联。一方面，现实的人与环境万物都是真如性体的显现；另一方面，现实的人与万物均包含现象世界的全部信息，与现象世界的其他事物均存在着本然的生命关联。华严宗"六相圆融""十玄门"思想所揭示的整体与部分之间、事物与事物之间既相互关联又相对独立的关系，与当代系统科学及生态世界观的认识相一致，是一种有机整体论的世界观。正如方东美先生所说："佛学发展到唐代的华严宗哲学，才是真正机体统一哲学思想体系的成立……我们便会发现在华严宗思想的笼罩下，宇宙它才彻始彻终、彻头彻尾是一个统一的整体，上下可以统一，内外可以一致，甚至于任何部分同任何部分都可以互相贯注，而任何部分同全体，也可以组合起来，成为一个不可分割的整体。"① 华严宗"六相圆融""十玄门"关于缘起整体性的直观还具有当代生态世界观未能意识到的内涵，如从内在关联的角度，突出事物之间相互涵摄、相互映照的关系，实际上已经超越现象层面揭示了事物之间的深层联系。同时，其关于每一事物涵摄其他所有事物及存在整体的观念是一种全息整体观念，这一观念对于我们研究生态整体论的世界观具有启迪意义。佛教关于世界是由无限事物相互关联、相互涵摄、相互映照构成的有机统一整体的观念，特别是其因陀罗网之喻更被当代许多生态思想家视作生态世界观的经典表述。

二、"众生平等""无情有性"的生态价值观

生态价值观包含生态价值取向及人与自然万物价值关系的认识两方面。前者体现特定文化关于人与自然万物关系的理想状态的认识，后者则体现特定文化关于自然万物价值，以及人与自然万物价值关系的认识。本部分主要从大乘佛教"利乐有情，庄严佛土"思想中蕴含的生态文化价值取向，以及"众生皆有佛性""无情有性"思想中蕴含的平等价值观两方面论述佛教生态价值观内涵。

（一）"利乐有情，庄严佛土"的生态价值取向

大乘佛教以"利乐有情，庄严佛土"为自身理想追求，而"利乐有情，庄

---

① 方东美：《华严宗哲学》下册，（台北）黎明文化事业股份有限公司1980年版，第3页。

严佛土"恰恰体现了佛教利益有情众生，令有情众生欢喜，及建设理想生存环境的生态价值取向。

首先，大乘佛教"利乐有情""普度众生"中蕴含的关爱生命、保护动物的价值取向。佛教中所说的"有情""众生"指有情识的生命，包括人与其他动物，也包括天人、阿修罗、地狱、饿鬼等精神性存在。大乘佛教所谓"利乐有情""普度众生"主要是指帮助众生从六道轮回的痛苦中解脱出来。同时，它也从众生的福乐出发，关注众生的生存利益。佛教对众生利乐的关注突出体现在大乘佛教慈悲观念中。《大智度论》中说："大慈与一切众生乐，大悲拔一切众生苦。"也就是说，慈悲即是给予一切众生欢乐，救拔一切众生苦难。佛教还从六道轮回的角度说明其他生命往昔曾为我们父母，论证戒杀放生，强调看到世人伤害生命，应方便救护，并教导世人戒杀护生。佛教"利乐有情""普度众生"思想对于我们今天倡导关爱生命、保护动物具有积极意义。佛教从六道轮回阐释对动物的爱护，肯定动物与自身的生命一体性；从慈悲角度阐明对其他生命的关爱，注重人自身内在德性的培养；在对其他生命的关爱上，不仅注意其他生命的福乐，而且关注其轮回痛苦的解脱……其关爱生命、保护动物思想具有自身独特内涵，对于丰富当代动物保护思想，促进人们生命关怀意识具有多方面价值。

其次，大乘佛教净土理想体现了建设理想生态环境的生态价值取向。佛教净土思想是伴随大乘佛教思潮产生的。佛教中比较著名的佛国净土有西方极乐世界、东方琉璃光净土、弥勒净土等。如《称赞净土佛摄受经》关于西方极乐世界理想生态环境的描述，与我们当下世界成鲜明对照。如极乐世界水质澄清甘美："极乐世界，净佛土中，处处皆有七妙宝池，八功德水弥满其中。何等名为八功德水？一者澄清，二者清冷，三者甘美，四者轻软，五者润泽，六者安和，七者饮时除饥渴等无量过患，八者饮已定能长养诸根四大，增益种种殊胜善根。"极乐世界有香气芬馥的鲜花："诸池周匝有妙宝树，间饰行列，香气芬馥。……是诸池中，常有种种杂色莲花。"极乐世界常有增益身心健康的花雨："昼夜六时，常雨种种上妙天华，光泽香洁，细柔杂色。"极乐世界有奇妙可爱的鸟类："昼夜六时，恒共集会，出和雅声，随其类音宣扬妙法。"①从西方极乐世界自然生态环境的和谐有序、水质甘美、空气清新、树木鲜花及鸟类繁多不难看出人们对理想生存环境的期望。相对于今天人们心目中的理想生态环境而言，西方极乐世界具有佛教自身的思想特质，这主要体现在其对精神的清净无染的关注上。一方面，西方世界的八功德水、众妙伎乐、上妙天华等具有明显的精神性特征；另一方面，经中特别强调极乐世界的生存环境对于净化众生身心的价值，如强调八功德水能令饮者"增益种种殊胜善根"，上妙天华能够"增长有情无量无数不可思议殊胜功德"，等等。西方极乐世界对精神清净无染的关注，与佛教对精神清净解脱的追求一致，是佛教解脱论在净土思想中的体现。大乘佛教净土观念对精神清净无染的强调具有当代生态环境理想所没有的独特内容，对于我们今天突出克制物欲对于理想生态环境建设的价值、认识理想生态环境的精神层面等具有启迪意义。

（二）"众生平等""无情有性"的平等价值观

"众生皆有佛性"是大乘佛教如来藏系的佛性论，在中国佛教中得到了充分阐发；"无情有性"则是中国佛教提出的佛性思想。"众生皆有佛性""无情有性"体现了佛教人与动物生命平等、人与自然万物平等的生态价值观。

所谓"众生皆有佛性"，是说所有有情识的生命均有佛性，均具有成佛的潜能。大乘佛教"如来藏"系肯定一切众生烦恼身中隐藏着自性清净的如来法身，肯定"一切众生皆有佛性"。②"众生皆有佛性"思想在印度佛教中由于与"无我说"矛盾，一直未能占据重要地位，但在中国佛教中却得到充分的阐发。晋宋之际，竺道生在中土首倡"众生皆有佛性"思想，肯定"一切众生皆当作佛""一切众生莫不是佛"。隋唐宗派佛学中除法相唯识宗因循印度佛教观念，坚持一阐提不能成佛外，其他中国化佛教宗派则均肯定"众生皆有佛性"。禅宗将佛性落实到自心、自性层面，强调"见性成佛"。天台宗则从正因佛性、缘因佛性、了因佛性三方面阐明"众生皆有佛性"内涵，肯定众生本具佛性，具有

---

① 《称赞净土佛摄受经》，载《大正藏》第12卷，第348—349页。
② 《大般涅槃经》，载《大正藏》第12卷，第524页。

了悟佛性的般若智慧，能够在一定机缘下见性成佛。

佛教"众生皆有佛性"观念肯定人及其他生命同一实相，肯定众生皆具了悟实相的般若智慧，具有修行成佛的可能，实际上从实相、般若智慧、成佛可能等方面肯定了人与其他生命的平等价值，为论证"尊重生命"、爱护生命提供了新的思想视角。不过，佛教"众生皆有佛性"的生命平等观主要是从形而上的实相层面，从众生修行成佛角度论证生命的平等性，与当代西方生态思想家从自然万物具有自身的独特价值、内在价值，论证自然万物的生存权利，论证尊重生命、尊重自然，无论在思维视角还是在思想内涵上均有较大的差异。

"无情有性"是中国佛教阐发的思想观念。佛教所说的"无情"是相对于有情识的生命而言的，指包括花草树木、大地山河等无情识的自然存在物。所谓"无情有性"则是指花草树木、大地山河等无情物也具有佛性。天台湛然之前，净影慧远、吉藏、牛头法融均曾明确论述无情有性思想，天台湛然则在《金刚錍》及《止观辅行传弘决》卷一中系统论述了"无情有性"思想。"无情有性"思想主要包含如下几方面意义。一、从法性、实相、真如层面肯定无情有性，实际上从本体论的高度肯定了自然生态存在的平等价值。二、从"依正不二"角度说明众生（"正报"）及草木山河（"依报"）皆有佛性，众生成佛时，与其息息相关的草木山河亦随之成佛。三、把"无情无性""无情有性"观点的不同归之于人的认识思维方式及思想境界的不同，认为佛教经典中之所以存在否定无情有性的观念，不过是随顺大众主客二分思维及思想观念的方便说法；如果超越主客二分的思维及自我中心立场，体证到诸法实相，则能认识到佛性普遍存在于有情无情，因而从究竟立场上肯定"无情有性"观念。

中国佛教"无情有性"观念对自然万物价值的肯定，体现了与当代西方自然价值观相类似的生态价值观。一方面，两者均主张超越人类中心主义的价值立场，肯定自然万物的价值。另一方面，两者均将人与自然万物视作相互关联的系统整体，主张将自然万物的价值纳入到系统整体当中考察。不过，中国佛教"无情有性"观念与当代西方自然价值观也存在本质的差异。西方生态思想中的"内在价值"是从具体事物的本质属性意义上而言的，突出的是具体事物区别于其他事物的独特价值。从生态平等性意义上说，强调的是不同事物所具有的不依赖于其他事物的客观价值。如罗尔斯顿所说的自然的13种价值[1]，多属于自然万物的具体价值。相反，"无情有性"中的"佛性"则主要是从法性、真如、实相意义上言，是从超越的本体层面肯定自然生态存在的共同性、平等性，强调的是自然万物与人的生命的一体性，对自然万物的具体价值并不关注。佛教"无情有性"的生态价值观在历史上对生态环保曾发挥积极作用，在今天仍具有重要价值。一方面，佛教"无情有性"思想肯定花草树木、生态环境是佛性、真如的体现，肯定自然万物的超越性价值，这对赋予自然万物神圣性，保护自然生态环境具有重要价值。另一方面，佛教"无情有性"说从法性、真如等的角度论证自然生态存在与人的存在的平等性，以其特有的思想视角为尊重自然的生态伦理提供了深层的理论根据，对于促进当代生态环保实践具有重要的现实意义。

三、净化人心、戒杀护生的生态实践观

佛教实践是围绕解脱、成佛的修行实践，佛教修行实践本身蕴含生态实践的意义。大体而言，佛教修行是建立在净化人心基础上的，大乘佛教"心净则佛土净"观念本身蕴含通过净化人心建设理想生态环境的思想；相对于其他思想文化而言，戒杀护生是佛教生态文化的重要方面。佛教戒杀护生实践具体体现在戒杀、护生、放生、素食等方面。下面我们从净化人心、戒杀护生两方面论述佛教生态实践观的内涵。

（一）"心净则佛土净"与理想生态环境建设

佛教始终将净化人心放在重要位置，大乘佛教开始关注"国土""佛土"论题，《维摩诘所说经》则从"心净—行净—众生净—佛土净"系统阐述了"心净则佛土净"的内涵，[2]其中体现了大乘佛教通过净化人心建设理想生态环境的认识。

---

[1] 霍尔姆斯·罗尔斯顿：《环境伦理学：大自然的价值以及人对大自然的义务》，杨通进译，中国社会科学出版社2000年版，第3—35页。

[2] 《维摩诘所说经》，载《大正藏》第14卷，第538页。

从《维摩诘所说经》的相关论述中可以看出：所谓"心净"即令心意清净，包含"直心""发行""深心"三个环节，突出的是菩萨对佛法的诚信，心意清净是其基本特征。所谓"行净"是指所行清净，包含"调伏""如说行""回向"三个环节，实际上是指以六度（布施、持戒、忍辱、精进、禅定、智慧）为中心的菩萨行。菩萨通过戒、定、慧等六度的修行净化自身。具体而言，持戒、禅定是佛教净化自身贪欲、妄念的有效方式，而布施、忍辱、精进、智慧则有助于在普度众生、服务众生的实践中净化自身，体证佛法智慧。所谓"众生净"即菩萨教化众生修习净土之行，包含"方便"和"成就众生"两方面。"方便"即菩萨随顺众生根性，因材施教的方法和智慧。"成就众生"是指教化众生令得清净解脱，入佛智慧。"众生净则佛土净"则是说"佛土净"是通过"众生净"实现的。所谓"佛土净"即通过度化众生实现众生所依居的器世间清净。通过前文论及的"佛国净土"的内涵可以看出，佛教净土理想带有较强的精神清净特征。受净土宗往生净土观念影响，人们一般不太关注净土本身的建设问题，似乎西方极乐世界等是天然存在的，只要发愿往生就行了。从上文相关论述可以看出，净土并非天然存在，而是菩萨在长期度化众生的实践中成就的。

大乘佛教将理想生态环境建设建立在"心净""众生净"基础上，其生态文化意义集中体现在对净化人心的强调上：关于净化人心，小乘佛教主要强调贪嗔痴等"烦恼"的息灭，大乘佛教则在此基础上，突出对法性、真如、实相的体证。从生态哲学角度言，突出净化人心对理想生态环境建设的意义，实际上突出的是转变物质主义、自我中心主义价值观，消解主客对立认识思维方式对于生态环境建设的重要性；同时，大乘佛教强调教化众生修习净土之行，从生态文化建设角度言，实际上强调了通过宣传教育，转变大众人生价值观、认识思维方式，对于生态环境建设的重要性。生态环境建设是一个全面系统的工程，本身要求调动广大民众的主动性和积极性。只有广大民众行动起来，自觉转变思想观念，将生态环保理念落实到自身的生产生活实践当中，生态环境建设才有希望。

（二）戒杀护生的动物保护实践

佛教戒杀护生的实践建立在业报轮回、慈悲利生、众生平等思想观念的基础上。前文论及，佛教从慈悲观念、众生久远以来曾作我们父母，以及众生皆有佛性等观念出发，论证尊重生命、关爱动物，这些为佛教戒杀护生提供了思想依据。此外，佛教以清净解脱为目的，认为动物是"不净气分"所生长，食众生肉会妨碍自身的清净，因而注重从清净修行的角度要求修行者"不应食肉"；佛教还从因果报应角度指出放生善行能得善报，杀生的怨气会导致战争的后果，以此劝人戒杀放生。佛教传入中国后，还吸收融合传统思想文化论证戒杀护生观念。如《法苑珠林》中说"兀兀杂类，莫不贪生；蠢蠢迷徒，咸知畏死……群生何罪，枉见刑残；含识无愆，横逢俎醢……纵彼飞沉，随其饮啄。当使紫鳞赤尾，并相忘于江湖；锦臆翠毛，等逍遥于云汉"，[①]从有情众生莫不贪生畏死、众生没有罪过、我们没有理由残害生命、让众生遂其本性等方面劝诫戒杀护生。

佛教戒杀护生实践具体体现在戒杀护生、放生、素食等多方面。"不杀生"处于佛教"五戒"之首。所谓"不杀生"即不人为或故意断除有情众生的生命。在佛教中，"不杀生"不但指不杀害高等动物，而且包括不伤害昆虫和水中的微生物。佛教认为，水中除了细菌外还有比较高等的生命，所以佛陀要求比丘喝水前须用滤水囊将这些微生物过滤掉。佛教还从正面论述"护生"。如佛陀制定结夏安居制度的一个重要原因就是因为在夏季，地上的虫蚁常出来爬行觅食，僧众们沿路乞食不免踩伤地面上的虫类及草树的新芽，因此佛陀出于爱护生命的慈悲心，制定夏季三个月出家众在界内精进用功的结夏安居制度。宗喀巴大师在《菩提道次第广论》中要求信众在皈依法宝以后应排除伤害众生的心念，对其他人或者畜生决不能鞭打、捆绑、囚禁、穿鼻孔、脚踢、追赶、强迫使其驮沉重的驮子等，强调的亦是对生命的爱护；佛教中与"护生"相关的还有"放生"。所谓"放生"是指"赎取被捕之鱼、鸟等诸禽兽，再放于池沼、山

---

① 《法苑珠林》，载《大正藏》第53册，第780页。

野，称为放生"①。中国佛教的"放生"观念源于《金光明经》的传译。自东晋末年至南北朝，上自皇帝，下至百姓，颇不乏喜好放生者。不过，这一时期的佛教放生主要属于个人行为。中国佛教大规模放生则始于天台智者大师。智者大师曾应临海内史计诩邀请，为渔民讲《金光明经》，使境内渔民不再"为梁""为簄"捕鱼，并舍六十三所"簄梁"作为"放生池"。②在他影响下，陈宣帝下旨将"从椒江口始，直溯灵江、澄江上游，整个椒江水系都作为放生池"。③自此以后，历朝历代放生制度一直延绵不绝。如唐肃宗时曾颁旨在全国的山南道、剑南道、荆南道、浙江道等地设立81处放生池，蓄养鱼虾之类。宋真宗天禧元年（1017年）敕令天下重修放生池。明末莲池大师云栖袾宏曾撰《放生仪》及《戒杀放生文》，完善放生仪轨。与戒杀、护生相关的还有佛教的素食传统。大乘佛教从慈悲观念出发，要求信徒素食。佛教传入中国后，梁武帝根据《梵网经》"不得食一切众生肉，食肉得无量罪"的规定，颁布《断酒肉令》，严格施行僧人吃素的制度。自此以后，中国佛教一直保持素食传统。

佛教戒杀护生观念及实践，不仅具有动物保护的意义，而且倡导素食对于缓解当前全球暖化、环境污染等生态环境问题具有重要意义。素食的生态环保价值主要是对照肉食和畜牧业生产对全球暖化、环境污染的负面影响体现出来的。在众多影响全球暖化的因素当中，畜牧业生产和肉食的生活方式是重要方面。畜牧业生产除会生产出大量的温室气体外，其所带来的大量禽畜粪便也会造成严重的环境污染。动物身体中排泄出大量硝酸盐、农药、生长素、抗生素等化学毒素，渗透到土壤中或流入河川、湖泊，渗入地下水，不仅污染水体，更危害人们的健康。可见，佛教戒杀护生实践具有多方面的生态环保意义。

总之，佛教生态文化有一个形成、发展的历史过程，具有不同形态。佛教传入中国后，形成了迥异于印度佛教的中国化佛教生态文化。如在人与环境万物关系上，印度佛教突出人的思想行为与生态环境的因果关系，中国佛教则突出人与自然万物的相融一体；印度大乘佛教形成"利乐有情，庄严佛土"的理

---

① 《佛光大辞典》第2册，北京图书馆出版社1989年版，第3274页。

② 《国清寺志》，华东师范大学出版社1995年版，第187页。

③ 王及：《中国佛教最早放生池与放生池碑记——台州崇梵寺智者大师放生池考》，《东南文化》2004年第1期增刊。

想追求，但其"众生平等，无情有性"观念则主要在中国佛教中得到充分阐发；印度佛教中也存在戒杀护生实践，但放生、素食则主要在中国社会文化环境中发扬光大。相对于其他形态的生态文化而言，佛教生态文化具有独自特质，如从人自身的贪嗔痴及行为阐释环境问题的根源，突出净化贪欲、转变自我中心及主客二分认识思维方式对于生态环境建设的意义，等等。佛教生态文化也存在自身局限，如突出主体自身德性修养，其生态环保意义往往是从主体自身的德性修养实践出发，较少出于对生态环境本身的关注。在当代，国内外佛教人士越来越强调将佛教修行与关注、参与现实生态环境建设结合起来。这些积极因素可以成为生态文明建设的有效助缘。

第三部分

生态实践篇

🎙 第十九讲

中国环境史概略

王利华[*]

引言 人类来源于大自然的生命创造，成就于其自身的文化创造。自从有了人，便有了人与自然的关系以及对这种关系的思考。每个时代的人类社会都拥有其"现实的自然界"[①]：从前代继承来的自然资源是今人生命活动的依托，被今人改造过的生态环境为后人生存发展预设前提。"只要有人存在，自然史和人类史就彼此相互制约。"[②] 当今人类面临着前所未有的严峻形势，如何维护从地方到全球的生态系统的生产力和稳定性，使之能够持续提供充足的生态产品和良好的生态服务，已经成为跨越人文科学、社会科学和自然科学疆界的极其复杂的理论与实践问题。环境史家试图透过时间纵深考察人与自然关系的演变史，了解不同时代人们究竟是在何种"现实的自然界"中谋求生存发展的、当今环境问题和生态危机是如何"积渐而至"的，整理过往经验教训，提取前人思想智慧，为当今环境保护和生态文明建设提供资鉴。

本讲概述中国古代自然与文明相互影响和协同演变的历程，期望引发一些深度思考，为生态文明建设提供文化资源。

---

[*] 王利华，南开大学历史学院教授、博士研究生导师，中国农业历史学会常务理事，中国唐史学会理事，北京大学中国古代史研究中心学术委员，教育部长江学者特聘教授。主要研究领域为中国环境史研究。

[①] 马克思在《1844年经济学哲学手稿》中指出："在人类历史中即在人类社会的形成过程中生成的自然界是人的现实的自然界；因此，通过工业——尽管以异化的形式——形成的自然界，是真正的、人类学的自然界。"参见《马克思恩格斯文集》第1卷，人民出版社2009年版，第193页。

[②] 《马克思恩格斯文集》第1卷，人民出版社2009年版，第516页。

一、自然环境变迁与中国文明起源

在漫长地球演化史上，中国大地历经沧桑巨变。印度洋板块向北俯冲，引起青藏高原强烈隆起，巨大地质运动造就了世界"第三极"，构筑了众多河流发源的"亚洲水塔"、中国三级阶梯的地形地势、水平和垂直分布的气候带等基本格局。进入第四纪以后，青藏高原持续上升，诸多自然营力协同作用，引起中国地质、地貌继续发生许多变化，风尘堆积和黄土地带的形成，黄河、淮河、长江、珠江等诸多水系的发育，秦岭、南岭的形成，东部和东南部海平面的上升和海岸线的变化……都对中国自然生态系统造成了巨大影响；而交替出现的冰期和间冰期，则对我国大气环流、季风强弱、土壤发育和动物植物分布，产生了广泛而深刻的影响。有学者认为：最近260万至250万年来，中国气候经历了37个（有的划分为25个）气候冷暖旋回，每个旋回通常包括一个冷干阶段与暖湿阶段交替。在气候暖湿时期，喜温、喜湿植物分布区域向北推移，华北地区植物种类具有较多南方成分，反之则出现阔叶树林减少和草原扩展等情况。反映在动物方面，喜温、喜湿和林栖动物种类随着气候冷暖、干湿变化而不断南北进退：在气候暖湿时期，大象、犀牛、貘、大熊猫、大灵猫、扬子鳄等动物曾经广泛分布于秦岭－淮河以北地区的森林和湿地；而在气候干冷时期，华北地区动物种类拥有更多草原动物组分。总而言之，第四纪环境变迁和生命演化，造就了"吾土"适宜人类生息、繁衍的生态家园，给"吾民"生活生存、创造历史提供了良好条件，同时也设置了诸多限制。这是中华民族先在的自然世界，也是中国文明演化的自然根基。

地质学上的第四纪，是人类创生和发展之纪。一方面，大自然并不因人类降生而终止其演变，地球环境变迁必然对生命系统进而对人类社会造成各种影响；另一方面，随着社会文化进步，人类力量逐渐增强，人类活动对自然环境的影响也不断扩大和加深，直到成为地球生态系统变迁的主导力量。

距今200万年前后，中国境内已有人类活动。南方地区最具代表性的是云南元谋猿人，其生活年代距今大约170万年；更早的可能还有重庆巫山人，距今大约200万年；北方地区最著名的是距今70万至20万年前的北京猿人，但距今200万至180万年前的河北阳原泥河湾一带可能已有猿人生活。经过缓慢体质进化，这些人类远祖逐渐由猿人进化成直立人，在距今约20万年前进化为智人。大荔人、丁村人、马坝人、长阳人、山顶洞人、资阳人、河套人、柳江人……都是处在智人阶段。到了距今1万年前，地球演变进入了所谓"全新世"，我们的祖先终于从晚期智人（新人）之中挺立而起，进化成为"现代人"。

在长达数百万年的漫漫岁月里，人们一直是通过采集、捕猎谋取生计，在南北各地山岭、原阜、湖滨、海岸、林麓、草泽……荒野觅食，完全仰赖天然资源，与禽兽同栖共处。如今无论我们如何放飞想象，都难充分了解远古人类的真实生活境况，但可以肯定的是，在中国大地上的人与自然关系故事，早在距今200万年前就已经开篇。由匍伏而行改为直立行走，是人类体质进化的关键一步，被解放的并且越来越加灵巧的双手，成为人们开展物质变换、突破自然限制和战胜环境威胁的第一重要武器。更重要的是，大脑进化使人类获得了独一无二的创造工具和运用符号的能力。早在旧石器时代，人们便开始制造和使用各种工具，包括石器、木器、骨器等，以增强肢体力量，减少能量的消耗，提高劳动效率；掌握取火、用火技术也是至关重要的发明创造。这些伟大发明创造，标志着人类获得了异于禽兽的心智、禀性和能力，步入了文化进化的轨道。从此以后，人们越来越主要采用文化的方式，通过与动物本能行为截然不同的劳动实践适应自然环境，利用自然资源，谋取生活资料，越来越同其他动物分道扬镳。

大约距今1.2万年前，北半球上发生了所谓"新仙女木"事件（Younger Dryas Event，简称YD），气候骤然变冷，寒冷气候持续了1000多年。此后则显著变暖，进入所谓全新世大暖期，人类社会进入了考古学上的新石器时代。在人类历史的长河中，那是一段令人激动的光荣岁月，人类在世界多个地区先后成功驯化了一批植物和动物，开始人工建设农田、牧场生态系统，在自然的经济体系中掀起了一场伟大的农业革命。

中华民族是神农氏的苗裔，拥有1万年的农业历史。复杂多样的生态系统和极其丰富的物种资源，使中国成为众多禽畜、粮食、蔬果、油料、纤维、染料和药用作物的原产地，更是茶叶的故乡。大量考古发现，证实中国乃是世界粟作（黄河流域）和稻作（长江流域）起源中心，也是最早驯养猪、鸡、犬、牛、马、羊等多种禽畜的国家。随着原始农业逐渐发展，距今5000多年前，经济生产水平和社会复杂程度都显著提高，大小农业村落如满天星斗散布在辽阔的大地上，一些地区出现了大型聚落甚至中心城市，红山文化、龙山文化、良渚文化、二里头文化等考古遗址中的一批重要发现，证实那些地区正在跨进文明社会的门槛。

新石器时代的农业革命，既是前所未有的经济变革，更是意义深远的人与自然关系变革。由于种植和饲养的发明，人类从众多灵长类动物里超拔而起，成为"万物之灵长"，一步步挣脱大自然的襁褓，由被动接受大地母亲哺喂的婴儿，成长为"参天地、赞化育"的劳动者，依靠自我创造的文化而非先天遗传的本能开展物质生活，获得生活资料。在农业实践中，人们同一些动植物结成了长期稳定的共生、互养关系（如作物、畜禽），同另外一些种类则是相互排斥甚至敌对的关系（如杂草、害虫）；人类还按照自己的意愿和目的，不断垦辟农田、开凿沟渠、修筑道路、冶铸金属、营建聚落……由此，周遭环境之中的植物生长、动物繁息、水土变化便不再是纯粹的自然过程，而是天生、地养、人成的社会－经济－自然复合生态系统过程。

二、文明时空过程与自然环境变迁

中国地理疆域辽阔，自然差异显著，塑造了丰富多彩的社会、经济和文化风貌，考古学家认为新石器时代中国就已经形成六大文化区系（分区），经过漫长发展、演化，逐渐集结形成了两大文明类型（农耕文明、游牧文明）和三大经济板块（游牧区、旱作区和稻作区）。成千上万年来，中国文明从满天星斗到众星拱月，因百川汇流而多元一体，众多部族在这片辽阔的生态家园绵延生息，逐渐凝结成为世界上最大的一个血缘—文化共同体。这既是一个人类社会持续发展的过程，也是一个人与自然协同演进的过程。

大自然始终是人类生存发展的依托，既提供资源和条件，又设置障碍和限制甚至造成威胁和灾难。任何文明体系的建立和成长，都始终伴随着生态适应和环境治理，不仅需要积极利用自然资源，而且需要随时迎接环境挑战。英国历史学家阿诺德·汤因比（1889—1975年）曾经基于大量文明史实提出"挑战与应战"理论模式，其所列举的诸多"挑战"首先包括"困难环境的刺激"和"新环境的刺激"。中国各大区域文明，由于生态环境差异，历史发展的路径、先后、快慢不一，曾经遭遇的环境挑战也不相同，在文明国家起源阶段就已经具有显著表现。汤因比认为，中国文明之所以在黄河流域而非其他地区最早形成和发展，是由于历史早期那里的人们遭遇了更大环境挑战并且成功应战。[1]

距今5000年前，黄河、长江、辽河流域纷纷出现古城、古国及其他重要文明因素。然而在距今4300年前后，长江下游的良渚、黄河下游的龙山等发达区域文化出人意料地突然发生严重衰变，黄河中游以嵩洛地区为核心的"二里头文化"一枝独秀，率先建立了中国历史上的第一个王朝——夏朝。关于这段十分诡谲和令人困惑的历史，学界有过很多探讨和争论，大洪水传说一直被当作最重要的历史线索，"大禹治水"成功一向被认为是夏朝建立的主要基础。

在中华民族精神谱系的生成史上，"大禹治水"具有极其重要的典范意义，面对各种环境挑战（特别是水患），中国先民自古都是奋力抗争、理性应对和积极进取。在历史流传过程之中，故事情节逐渐层累、叠加，场景范围不断扩大，有些内容逐渐超出了国家起源阶段的可能性——以部落联盟酋长制阶段的人力、物力和社会动员、组织能力，凭借效率低下的石器、木器，弱小的物资调运能力和落后的信息传递手段，绝无可能在十数年间平治天下九州的水土环境。但"大禹治水"传说的历史真实性至少有三个方面不容否认：一是不容否认其基本事实依据，即中国先民积极平治水土环境的伟大实践和成就；二是不容否认其所体现的优秀民族精神，即奋力抗御自然灾害，认真探索自然规律，积极改善生存环境；三是不容否认其所传载的德政理念和政治品格，即为人民谋福利，为天下兴太平，勇敢担当，公而忘私，解忧排难，建功立业。

夏朝建立，标志着中华文明直系主根已在中原大地植立。自那以后直到唐

---

[1] 汤因比：《历史研究》上册，曹未风等译，上海人民出版社1964年，第92—93页，第109—110页。

代前期，社会历史发展一直是以黄河作为基轴，因此我们称之为"黄河轴心时代"，那时黄河中下游地区人口最稠密、经济最繁荣、文化最发达，并且是全国政治中心。根据自然环境的最显著特征，许多学者把当地文明概括为"黄土文明"或"黄河文明"。在秦朝统一和专制主义中央集权国家建立之前，虞夏、殷商和姬周民族先后建立强大王国，相继主导黄河两岸并控驭和影响周围区域，对中华民族的历史生成、凝聚和发展产生了非常深远的影响，在认识和处理人与自然关系方面，都留下了十分重要的文化遗产。

举例来说，以大禹为代表，夏人"宅兹中原"，积极"平治水土"，留下众多"禹迹"，其成功经验对中国农业文明具有奠基意义；基于长期的农业实践和物候、星象观察，中国先民发现了四时更替、寒暑往来和天-地-人整体协同运动的规律，创造出一套"天人相应"即社会节奏顺应自然节律的严整规则和稳定模式，这就是中国的农历——自古人们一直将其归功于夏人，至今仍称"夏历"。灿烂辉煌的殷商青铜文明，不仅反映出那个时代金属矿业的繁荣发达，而且标志着人与自然物质变换关系的巨大飞跃；甲骨卜辞和各类器物记载和描绘了穹顶之下、大地之上众多的自然事物和现象，初步形成关于自然世界的符号、知识体系；甲骨文卜辞中甚至出现了用人的粪尿作肥料的记录，开启了积极"变废为宝"、不断培肥土壤的优秀传统，四千余年一直延续不替。

在众多古老部族中，姬周民族最为擅长农耕。他们利用黄土高原和关中盆地优越的水土环境，积极发展农耕稼穑，建立了"以农为本"的社会经济体系。周朝建立以后，更通过"分封制""井田制"，把农耕区域扩展到整个黄河中下游，推动中原地区的普遍农耕化。在精神文化方面，周代朝着"自然人化"向前迈进了一大步。殷商占卜者最早创造和运用系统的文字符号记录自然知识、表达自然观念，功不可没，但依然充满巫觋色彩；姬周采诗官则率先以诗的语言记录自然知识，抒发自然情感，古老的自然观念已经明显地由"万物有灵"向"万物有情"转变。中国第一部诗歌总集——《诗经》描述了大量天（星象、气象）地（不同地形和众多地貌）自然现象，咏诵了数以百计的草木鸟兽虫鱼，呈现出一幅幅人类与环境紧密相依、文化与自然水乳交融的动人画面，既反映了古代黄河中下游的良好生态面貌，又饱含着古老华夏民族丰富的自然情感。

在绵长悠久的中国传统生态文化史上，《诗经》的许多内容具有历史"元典"和"发生学"意义，影响极其广泛而且深远。

春秋战国时期，中国经济、政治、社会和文化经历了一次重大的转型，人与自然关系同样发生了深刻的变化。西周时期启动的中原地区普遍农耕化进程，在激烈的争霸和兼并战争中并未停止，相反，诸侯列国都把招徕人口、增加劳力、垦辟草莱、扩展耕地作为本国变法的重要内容甚至定为基本国策，纷纷建立和实施相关法令、制度，对山林川泽自然资源的管理、控制不断加强，组织兴修水利工程以化除斥卤、扩大灌溉和发展航运逐渐形成风气——继楚相孙叔敖修筑芍陂以后，秦国在关中凿郑国渠、在蜀地筑都江堰，魏国则兴修了西门豹渠，黄河两岸国家则开始构筑黄河堤坝。战国后期黄河中下游已经成为典型农耕区域，并且逐渐走向精耕细作。

为了抗御迅速强大的匈奴帝国，秦朝刚刚统一，就在韩、赵、燕等国长城的基础上全线修筑长城。这标示着农耕与游牧两种文明体系最终完成地域分野：长城以南是农耕者的家园，长城以北则是游牧者的天下。两种文明体系南北互动，构成了中国古代历史发展的一条基本线索，北方民族大举南下，往往造成中原社会急剧动荡，引起中原人口南迁、南方区域开发、经济重心南移……

两汉时期，黄河中下游农田弥望，经济繁荣，人烟稠密。西汉元始二年（公元2年），全国人口将近6000万，80%以上集中分布在秦岭-淮河以北，都城长安一带的人口密度高达每平方公里1000人，而关东地区人口占据全国总数的60%以上，除成都平原外，全国人口密度最高的郡国都集中在黄河中下游，长江流域及其以南广大地区则是地广人稀的蛮荒、炎瘴之地。

古往今来，社会经济发展必然造成自然环境发生一定变化——既有正面改善，也有负面伤害。文明历史前期，黄河中下游地区经济最发达，自然环境也最早发生显著改变。殷商时期，"全新世温暖期"终告结束，西周时期的气候已经转向干冷，故大象、犀牛等喜温喜湿动物逐渐撤出华北地区；此后气候继续趋冷而时有小幅回升，从东汉末期开始进入一个持续了多个世纪的显著干冷时期。更值得关注的是人类活动对自然环境的影响，例如，随着农耕区域持续扩张，原始森林、草场和湿地逐渐缩小，野生动物的栖息地和种群数量都随之萎缩和减少，一些种群数量极其庞大的野生动物（如麋鹿）在华北地区逐渐失去踪迹。最严重并且影响深远的是黄土高原水土和黄河中下游水文恶化：黄土高原土层深厚、土质松软，极易遭受水流侵蚀，而战国、秦汉时期一味加速森林砍伐和农地垦殖，造成当地水土流失迅速加剧。诸河泥沙含量日增，巨量泥沙进入黄河特别是下游干道，造成河床年复一年不断淤高，终于形成"地上悬河"——黄河变成了一条"善淤、善决、善徙"的害河。西汉时期黄河进入了第一个水灾高发期，此后水患始终是华北区域社会经济发展的最大环境挑战。

东汉帝国崩溃，中原地区陷入长期战争动荡，人口锐减，农业萧条，却给当地生态环境自然恢复提供了一定机会，次生森林、草地有所扩展。东汉王景主持治河以后，从魏晋南北朝到隋唐时期，黄土高原水土流失有所减轻，黄河进入历史地理学家谭其骧所谓的"安流期"。这一时期持续了七八个世纪，中上游地区牧进农退或是一个重要原因。总体而言，中古时期中原地区河流、湖泊堪称众多，水土环境良好，但其前期即魏晋南北朝时期是一个显著寒冷期，估计年均气候低于现在1～2℃。公元6世纪以后气候有所转暖，隋唐两代处在相对暖湿阶段。遭受长期战乱摧残的北方经济得以恢复甚至超越两汉，应与上述气候、水土条件有关。但是经过隋唐300余年的持续取用，当地自然资源特别是森林资源消耗严重，甚至发生了相当严重的薪炭燃料危机，以至进入北宋以后发生了所谓燃料革命——汴梁等地越来越倚重煤炭；黄河中游水土流失再度加剧，关中地区粮食等生活物资不能自给，而黄河水道流量减少、淤塞严重，运输能力显著下降，造成长安不再适宜建都，致使北宋以后都城京畿东移。

中古时代环境治理改造的最大成就始于运河开凿和水利事业发展。自汉代开始，历经曹魏，直至北魏，历代王朝十分重视发展内河航运事业，不断疏浚河道、开凿运渠，使众多河流相互联通。为了控制经济地位逐渐崛起的东南地区，隋朝更是在前代基础之上开凿了举世闻名的大运河，串通钱塘江、长江、淮河、黄河和海河五大水系，形成庞大的内河航运网络。虽然隋朝因急政暴政、滥用民力而迅速灭亡，却为此后1000多年仍然建都北方的封建王朝开通了一条至关重要的生命线。自唐朝而下迄止清末，历代王朝都非常重视对大运河的管理和维持，为了力保大运河，甚至不惜让淮河、黄河和海河附近地区作出巨大牺牲。在北方生态环境不断恶化、发展优势逐渐丧失而政治中心与经济中心日益严重错位的宏观格局下，历代王朝仍能持续对全国广大疆域的有效控驭，正是依赖大运河把广大南方的丰富物资源源不断地输送到京师。

中古时期，中国经济发展的空间格局发生了巨大变化，史家概括为古代经济重心南移。秦岭-淮河以南地处亚热带和热带，土地辽阔，热量充足，降水充沛，生物资源极其丰富，具有更大发展潜势，农业起源至少不比北方地区晚。在工具技术极其落后特别是仍以木器、石器为主的时代，虽然南方更加复杂的地形地貌，更加茂密的乔木森林，更加广大的江湖水域和更加火热、卑湿的生存环境，都对文明发展构成了更大的制约，但是那里人烟稀少、"地埶饶食"，人们通过采集、捕猎即可获得充足食物而少有饥馑之患，所以，南方先民缺乏像北方先民那样强大的农业发展动力[①]。正因如此，在中古以前，南方社会经济发展总体明显滞后于中原，在北方先民看来，楚越以南乃是地广人稀、火耕水耨、人无牛犊、被发文身、丈夫早夭的蛮荒之地，充满炎瘴、巫蛊、疫疫等各种环境威胁。

东汉帝国崩溃以后，中原地区陷入长期战乱，士庶人口大量南逃，给南方经济开发和社会发展带来了强大动力，许多原本荒无人烟的地区逐渐散布人口，江南低山丘陵和湖泽浅滩更是较快得到垦辟，经历六朝至唐前期多个世纪持续开拓，以太湖流域塘浦圩田系统逐渐形成作为突出标志，南方资源优势逐渐发挥出来，经济地位稳步上升，并呈后来居上之势。中唐以后，"东南八道"特别是以苏州为中心的长江下游已经成为国家财赋的主要供给地；及至宋代，中国经济重心南移的历史进程终告完成。不过，随着土地垦殖持续推进，局部环境问题逐渐发生。两宋时期，太湖地区围湖造田、与水争地开始无序和过度，塘浦圩田系统逐渐瓦解，已经造成了相当严重的水系紊乱，洪涝灾害次数不断增加，程度不断加重。

宋元明清时期，黄河中下游生态环境持续退化甚至恶化，社会经济发展总体进入"滞长"阶段；而南方开发持续推进，长江中游、岭南和西南地区都在

---

① 正如马克思所说："……过于富饶的自然'使人离不开自然的手，就像小孩子离不开引带一样'。"参见《马克思恩格斯全集》第23卷，人民出版社2016年版，第561页。

不断加速发展。在此过程中，中国南北政治、经济、社会和民族文化持续整合交融，由多元交汇走向多元一体，中华民族共同体和多民族统一国家不断得到加强和巩固。

这个时期，中国人口也在持续增长。据估计，宋代人口已经突破1亿大关，元代人口增长稍有阻滞，而明代人口最多之时已经接近2亿。到了清代，由于长期社会政治稳定、美洲高产作物传入以及国家人口、赋役政策变化等多种原因，人口进入高速增长甚至暴涨时期，从17世纪后期到19世纪中期短短150余年，人口连续突破三个亿级大关：乾隆二十七年（1762年）人口突破2亿；乾隆五十五年（1790年）突破3亿；至鸦片战争爆发前夕，道光十四年（1834年）已经超过4亿。清代"人口爆炸"固然是社会经济发展的一个重要积极指标，但对自然环境所造成的压力也是空前巨大，人们开始感慨"人多之害"，甚至惊呼"天地之力穷矣！"为了获得土地、谋取生计，越来越多的人口进深山、入湖海、闯关外甚至出远洋，盲目、无序和过度地与山争地、与水争地愈演愈烈，对自然环境造成了巨大的损害，其最直接也最严重的后果是江河水系日益紊乱，重大洪涝灾害日益频繁。向为巨患的黄河决溢、泛滥更加频繁严重，至咸丰五年（1855年）又一次发生大改道。更令人慨叹的是，道光年间，长江接连发生重大水灾，成为中国陷入全局性生态环境危机的一个重要历史标志，表明以增加人口、扩大耕地作为主要导向的传统社会经济发展模式，已经逼近前近代生产技术条件下中国资源环境和生态系统承载能力的极限。

三、环境危机的阶段性凸显及其应对

文明发展进程始终伴随着自然界的"人化""人工化"，原始生态逐渐被人类活动改变乃是一种必然的历史趋势，对此我们不得不承认，也毋庸讳言。但是，为了永续生存和发展，人类必须积极认识、充分尊重和努力顺应自然规律，自然资源利用和自然环境改造必须有序、有节，必须严格控制其广度、深度和强度，必须以不断绝山川大地的自然生机作为基本前提。由于各种历史条件的局限，包括思想认识缺陷和实践能力不足，中国自然环境在过去数千年中发生了诸多如今看来非常负面的改变。80%以上的原始森林、草地因为长期砍伐和垦殖而逐渐消失，数百万平方公里的国土逐渐沙漠化和石漠化。曾经平坦如砥、土厚水美的黄土高原逐渐变得支离破碎、沟壑纵横、地瘠民贫；过度垦殖造成黄土高原水土流失不断加重，进而导致黄河水文恶化，成为举世闻名的害河，2500年中决溢泛滥多达1500余次，还曾发生8次改道，不时给两岸人民带来灭顶之灾；明清以来，由于中上游山区过度垦殖和中下游湖泽过度围垦，长江洪涝也渐趋频繁而严重。历史上南北地区曾经拥有难以数计的大小湖泽，大多数在最近1000年中逐渐枯竭、埋废直至完全消失，一些曾经辽阔无际的"水乡泽国"竟也不得不逐渐面对淡水资源严重短缺局面。野生动物资源减耗同样严重。许多种类由于长期遭到人类猎杀特别是由于栖息地被占夺而相继绝迹，尚未完全灭绝的种类也有濒临灭绝的危险。例如，远古时期分布极广、种群数量非常庞大的麋鹿竟致一度绝迹；4000多年前黄河南北还有成群野象游荡，随着农耕区域拓展，大象不断南撤，最后仅在云南边隅丛林稍有残存；古籍记载大熊猫曾在今10多个省份的亚热带竹林之中觅食嬉戏，若非采取了积极有效的保护和人工繁育措施，恐怕也已经灭绝……如此种种都令人感慨，历史教训深刻。

诸多历史事实告诉我们：当今环境生态问题是长期积渐所致，而非一夜降临；环境问题是人类与生俱来的问题，许多问题并非在当代刚刚发生。只是，不同时代人类社会与自然世界的交往模式及其所面对的环境问题种类、性质和程度各不相同，许多问题必须基于历史理性加以认识，有些情况是古人所非而为今人所是（例如，古代"虎患"曾是一个相当严重的环境问题，打虎者被视为英雄，如今老虎却是受到严格保护的珍稀动物）。人类社会与自然环境两大系统之间的关系及其矛盾张力之大小，取决于众多因素的综合作用和复杂反馈，有些时代人们很关心环境资源问题，有些时代则不甚以为虑。一切都是随着历史时空条件的变化而变化。中国古代曾有两个时期人们普遍关注甚至相当忧虑环境资源问题：一是春秋战国时期，二是明朝后期到清代。当时的思想知识界都曾提出不少主张，国家也采取了一些因应的对策和行动。

春秋战国时期，自然资源耗减和不足问题首度引起较大关切，管子、孟子、荀子等重要政治家和思想家都严肃讨论了合理利用和严格保护森林、鸟兽以及其他自然资源的重要性。孟子、荀子从思想理论层面把它们上升到"王政"的高度甚至视为"王道之始"；富有治国理政经验的管子则详细论述了包括水土整治、山泽控制、灾害预防在内的更加广泛的环境相关事务，一再将它们称为国之大事和王之要务。[①] 他们都主张对山林川泽自然资源实施严格、有效保护，取之以时、用之有节而非童山而樵、竭泽而渔，目的在于持续保障国计民生用度。《周礼》关于自然资源调查、水土环境治理和山林川泽控制的系统性制度安排（包括职官设置和官吏职责要求），《礼记》特别是《月令》关于顺时而动、"以时禁发"和生物保育的大量详细、具体规定，都表明那时山林川泽自然资源利用管理受到国家高度重视，相关礼制规定具有相当法令效力，在出土文献中还可发现一些重要的律令条文。

以上事实无疑反映了中国古代环境治理、资源保护思想和制度的早熟性，值得高度重视。这方面已有不少研究者做过探讨并且给予很高评价，需要进一步深入探寻的是：两三千年前的中国，人口数量寡少（人口学家的估计均不到3000万人），生产工具落后，技术能力低下，人类活动尚未造成严重而且广泛的环境破坏，何以时人已经那么关切和忧虑环境资源问题？这种关切和忧虑或许同农耕、放牧加快替代采集、捕猎的社会经济转型紧密相关，乃是一个历史阶段性问题。

前面已经指出，中国农业早在距今一万年前后就已经发生。但农耕、饲养全面替代采集、捕猎乃是一个非常缓慢的此长彼消过程。夏商周三代，农耕、牧养逐渐居于社会经济的主导地位，但采集、捕猎依然占有很高的比重，"百工"生产的原料更是主要取诸山林川泽。到了春秋战国时期，人口增长、土地垦殖和经济发展显著加速，加之列国纷争不已，骨、角、齿、筋、革、毛、羽、金属、箭杆、脂胶、丹漆、木材、纤维、染料等日用、战略物资需求都在不断增加。人们已经认识到山林川泽自然资源对于国计民生具有特殊重要性，并且经验地发现林草、禽兽、鱼类水产正在不断减少，为之深感忧虑。针对这些现

---

① 《管子》一书可谓古代治国理政第一策论，大部分篇幅是以答问形式讨论时政，既讲理更说事，很多内容与资源保护和环境治理直接相关，因此也可以说是古代最早、最务实的国家环境治理策论。关于它的成书年代向有争论，但是即使其中所载并非都是管仲本人言论，至少也能代表管子学派的思想。

实，诸侯国家的第一个反应是设立各种礼法禁令，对樵采、捕猎生产和消费实施诸多节制。例如，制定樵采、捕猎的时令（"以时禁发"），避开繁育生长的关键季节，保护生物能够正常孳生和繁殖；控制采集、捕猎的强度、规模和数量，避免过度采捕损伤草木、鸟兽、鱼鳖种群数量的自然恢复能力；实行择伐择猎，禁止乱采滥捕，对尚未成材幼树、禽兽栖息巢穴、鸟卵和幼鸟、怀孕母兽和幼兽……实施严格保护。总之是要求取之以时、用之有节，禁止竭泽而渔、童山而樵，以维护自然资源再生能力，保障物资原料持续供给。针对自然资源不断耗竭的趋势，诸侯国家还广设苑囿作为专属经济领地，禁止百姓樵采捕猎。

总体来看，那个时代的环境资源问题，是由于农耕经济加速发展导致采捕生产日渐没落而产生的阶段性和过程性问题。国家和社会主要担心樵采、捕猎难以为继，百姓日常用度和国家"山泽之征"得不到保障。不论思想对策、礼法制度还是行动措施，都是着重保护野生动植物资源，保证采集、捕猎可持续，进而保障以天然资源作为基础的物质需求。

秦汉以后，黄河中下游地区逐渐完成了经济转型，精耕细作农业取得了绝对支配地位，以此作为基础的产业结构和消费模式，也逐步完成了对先前结构和模式的全面替代。虽然国家统治者仍然需要（甚至更加需要）大量羽毛、皮革、筋角、齿骨和名贵木材，但在天下一统的政治形势下，可以在更大的区域范围中征取获得，有些则可以通过农牧生产得到满足。秦汉时期，因"山泽之征"乃是皇家"私奉养"，所以控制相当严格。随着国家赋税和财政制度逐渐发生变化，国家权力对山林川泽的管控渐渐松弛，东晋、南朝时期更因特殊政治、经济情势实际放弃了国家专控，导致自然资源占有、利用和管理中的国家角色逐渐模糊甚至严重缺位。许多环境问题之所以陆续发生和不断加剧，国家管理不力甚至放任不管是一个很重要的原因。

自秦汉而下，国家都把鼓励人口增长、扩大耕地面积、增强财政税收作为主要政策导向，虽然从黄土高原、华北平原到太湖流域、长江中游，许多地区相继发生局部性的环境问题，有些还非常严重（例如黄河水患问题），但先秦早熟的环境保护思想和制度并未持续提升和加强，而是相当明显地表现出后续发育不良。在将近两千年里，人们并不比先秦时代更加重视自然资源保护，反而是思想意识逐渐淡薄，相关法令、制度逐渐松弛。直至明朝中期以后特别是到了清代，随着山区开发、围湖造田等所造成的水土流失、旱涝灾害和木材匮乏等问题日益突出，环境资源破坏问题才再度引起社会的严重关切，而且关注重点也显著不同于先秦时期。这个时期，人们注意到了盲目无度的山地垦殖、围湖造田和森林砍伐所带来的一系列恶劣后果，逐渐认识到了水土环境变迁的区域和流域整体性，特别是山区垦殖和植被破坏之于大江大河中下游地区的严重不利影响，还在一定程度上认识到了自然灾害与人类错误行为之间的关系。从地方志中的描述和议论、各地官民的护林碑、地方官员的奏折和公文，都可以很清楚地看到社会对环境恶化、资源匮乏的普遍忧虑。

明清社会对环境资源问题的严重关切，是以传统农业不断陷入困境作为历史背景的。当时，平原地区的人地矛盾日趋尖锐化，山区开发导致森林耗竭、水土流失、地瘠民贫、百姓生计维艰，国家对林木以及其他自然资源的需求得不到保障；更加严重的是，大规模盲目、无序的垦殖，植被破坏、水土流失和河湖淤废日趋严重，导致流域生态环境全面恶化，自然灾害日益频繁，危害越来越酷烈。在此种历史情形下，社会上关于资源环境破坏的根由、资源环境保护之于国计民生的重要性，思考和议论不断增多，有人甚至提出限制人口增殖的思想！朝廷和地方官员推行了不少禁垦、禁围、植树造林的政策和举措。在这些历史表象的背后是环境-经济-社会关系不断严重失衡，说明以平面扩张为主要导向的农业发展逐渐迫近了传统生产力条件下的极限，人口（劳动力）增加-农区扩张-经济发展这个传统经济模式正在失去其原有历史合理性。

作为中国历史上的最后一个封建王朝，大清帝国在一系列天灾人祸的沉重打击下不断没落直至寿终正寝。如果说"道光萧条"标志着其经济境况急转直下，"丁戊奇荒"则断灭了其最后的一线生机。鸦片战争以后，中国成为半封建半殖民地社会，不仅遭受了"三座大山"的沉重压迫，而且承受着生态环境的巨大压力。"社会-经济-自然复合生态系统"整体性失调，导致近代中国内忧外患、积贫积弱，这是中华民族在文明复兴道路上不得不顽强面对的一个巨大挑战。

历史告诉我们：危机与机遇往往同时存在，环境变迁常常驱动社会变革，文明历史走向，最终取决于民族精神自抉和发展道路选择。自大禹治水以来，中华民族凭着顽强的精神意志，积极应对各种环境挑战，中国文明因而一次次浴火重生。最近几百年持续恶化的生态环境形势，是中华民族无法逃避的生存发展障碍，但同时也是驱动中国文明体系全面更新的强大内源动力。积极保护生态环境，促进人与自然和谐共生，迈向中国特色社会主义生态文明新时代，是中国共产党代表全国人民所作出的坚定抉择。一百年来，为了民族独立、人民解放、国家富强，中国共产党领导全国人民上下求索，不懈奋斗，在保护自然资源、改善生态环境方面也作出了艰苦卓绝的努力。新中国刚刚成立，就立即开启了治理江河、植树造林、防沙治沙、改善环境卫生等一系列重要事业。改革开放以来，中国以史无前例的惊人速率迈向工业化、城市化和全球化，国家实力迅速增强，人民生活普遍改善，环境保护事业也在同步推进。

　　毋庸讳言，在空前迅急的经济发展和社会转型中，中国自然环境和生态系统承受了空前巨大的压力。长期历史积累的老问题（例如水土流失、荒漠化、生物多样性减少等）尚未得到根本解决，水、土、空气污染等一系列新的问题又在不断产生和积聚，新旧困难不断叠加，众多矛盾彼此交织，可以说，如今的生态形势和环境问题比以往任何时期都更加严重和复杂。但我们不能因此陷入悲观甚至绝望，在中华民族及其文明发展演进的悠远长河之中，这些仍然属于历史阶段性问题。我们坚信：在以习近平同志为核心的党中央的坚强、正确领导下，通过全体人民共同努力，必将克服各种艰难险阻，完成生态文明建设大业，人与自然和谐共生的新文明时代定将到来。

🎙 第二十讲

中国传统有机农业

赵　敏[*]

引言 农业是人类生存的基础。具有生命力的农业是与自然保持一致、体现宇宙的"生生"精神的农业；具有生命力的农学理论是这种符合自然本性的农学实践的总结。中国古代农学强调天时、地宜、人力三者相互适应，参天地、赞化育，是促进物类繁昌的生态农业、可持续发展农业。中国古代生态农学以天、地、物三宜作为基本原则，根据宇宙系统的动态循环来建立农业的物能循环，用宇宙系统论原理来确立农业的生态因子和生态技术，寻求作物生长的最佳生态调控。这一农业传统对社会主义生态文明建设具有重要的启发意义。

农业是由"自然环境—生物—人类社会"构成的复杂系统，构成农业生态系统的植物、动物和微生物等生物因子和光、热、气、水、肥、土等非生物因子是相互联系、不可分割的整体；两种因子通过联系实现物质的合成、转化、分解和循环，以及能量的固定、传递和消散。农业产生之后，人类开始摆脱对自然生态系统的完全依赖，通过耕作和驯化建立农业人工生态系统。农业发展就是一个人工系统不断取代自然生态系统的过程。人类一方面要驯化育种使作物适应环境，另一方面还要通过耕作改变环境使之适应作物生长，由此便形成了农业驯化与耕作技术系列。改善农业生态条件，需要各项技术综合形成技术系统，如水田耕作技术系统与旱地耕作技术系统。通过农作物的播种、耕耘、除草、施肥，把荒野改造成良田，使野生植物变为适合人类栽培的植物等，这

* 赵敏，宿州学院教授、硕士研究生导师，曾兼任湖南省政协委员，湖南省自然与文化遗产研究基地（吉首大学）主任，中国农业历史学会常务理事，湖南省"百人工程"学者。主要研究领域为农业经济和生态经济。

都是使天然物质形态变得更加有序的过程。自然生态因子如杂草、病虫和水旱灾害等有时会导致无序性的改变甚至农业生态系统的毁灭。

农业生态系统的确定性、有序性及其程度标志着人类知识和技术在农业中的应用水平。农学技术具有系统性和整体性，每个单项技术都需要放到整体系统中进行考虑。所以，本质上，每项农业技术都是一种生态技术，它要求对农作物进行最佳生态调控。农业生态学是对农业发展过程展开的研究。中国古代农业技术的系统性和整体性要求我们以古代宇宙系统论原理为指导，从生态入手整体地系统地研究古代生态农学。

一、农业生态原理与我国古代农学

中国古代很早就形成了一个包含丰富生态认识的农学知识体系，其理论基础是强调天时、地宜、人力三者相适应的宇宙系统理论，其根本特点是把生物与环境有机结合起来，重视认识结构关系，强调建立系统循环的农学体系，具体表现为根据三宜环境原则展开农业系统循环。第一，把生物与天气联系起来，形成天时原则，确立农事月令及农业丰歉的天时循环。第二，把作物与土壤联系起来，形成地宜原则和改善作物土壤环境的整地循环措施。第三，根据作物不同物性，形成物宜原则和轮作循环。第四，把天（光、热、气）地（水、土、肥）自然生态因子和生物联系在一起认识农业系统的物质能量循环。这些循环从开始的单因子发展到多因子复杂农业生态循环，由此形成本质为改善生态因子的生态农学技术。

这种生态性农学认识体系，是由中国特殊的农耕生态实践所决定的。中国古代文明发源于华北平原，这一中心区域较早地进入农耕社会。从公元前2000年起，夏、商、周三代都在这里建都立国，创造出高度发达的农业文化。在华北，古代农耕者以人为中心，环视四周，早就意识到春雷振始，万物复苏，东风化雨，生机勃勃，大地一片春色，故东方为木，为生，农事上开始耕垦。夏天赤日炎炎，南方大地一片红色，万物繁茂，南方为火，为养，为红，农事上开始耘锄。秋天西风萧瑟，万物成熟，大地苍白，西方为燥，为成，为金，农事上开始收获。冬天北方寒风冷冽，万物收藏，大地一片黑色，故北方为寒，为藏，为黑。春夏秋冬形成一年周期，循环往复，以至无穷。显然，这些认识包含对中国特殊的大陆性季风气候以及以中原黄土为中心的地理环境的体会。基于这些认识，中国古代农业选种的作物是一年生的，其生长收藏过程与自然地理气候协调。中国古代的农业技术则立足于认识和协调作物与天地自然环境，顺利完成作物的生命周期。中国传统农学思想强调不违农时和因地制宜，把天时、地宜、人力三才看作农业生产中三个相互制约的基本因素。因此，古代农学技术多是生态技术、有机农业，是由间作、套种、复种轮作、多种经营、施用有机肥等形成的集约农业，有循环利用、用养结合、精耕细作、多种经营、综合利用的特点。农耕生态的循环特征产生了古代农学的各种循环理论，中国古代生态农学深深植根于我国古老的文化之中。

由西方传统发展起来的现代农业，主要依靠非再生能源，投入大量的石油、化肥、农药、除草剂等，所以，被称为"石油农业"或"无机农业"。现代农业虽然大大提高了生产效率，但也危机四伏，暴露出能源浪费、生态平衡破坏、环境污染等弊病。现在，国外不少人开始把目光转向东方，特别注目中国，开始了"有机农业"或"生态农业"的试验。

二、古代生态农学的环境原理

中国古代农学强调"合天时、地脉、物性之宜"或"天有时，地有气，物有情，悉以人事司其柄"的三宜原则。三宜原则是生态农学的循环原则，揭示出农业生态系统的生物因子和非生物因子并不是孤立的，而是相互协同的整体。天与地相结合构成古代农学的风土原则，这是生态农学的非生物环境原则，它制约着生物物性。这样天时、地宜和物性三合构成一个整体，而对它的协调运筹则要靠人力，即"以人事司其柄"。

三宜原则是由天地人的宇宙系统论推演而来的，宇宙系统论原理是古代农学的自然观。在这一系统中，天地气交而生万物，人力加而成万物，故天地人宇宙系统的目标是成育万物。如果把人类的价值实现本身当作目的，在农学上表现为农学技术的人力运筹，那么，物则可以与天地作为同一个系统运思要素。这样，从人出发，天、地、物三宜原则就构成了古代农学技术运思的三大要素。

（一）天与天时

古人认为，天的最大特征表现为一定的时序。天时观念是中国古代极具特色的世界观和方法论。古代农学理论把天时称为农时，观察并记录了大量的农时月令。农时的观念可以追溯到古史传说时代。《尚书·尧典》载"钦若昊天""敬授人时"，到《夏小正》，古人已将一年十二个月的天象、气象、物候、农事记录下来。先祖将农作物置于宇宙系统之中，观察到农作物有节律地生长、化成、收藏的过程与自然季节变化的节律对应，这或许是因为农作物一般为一年生的原因。古代农学关于农时方面的大量农业技术资料表明，我们民族的思维趋向是坚持把万物的运动与广大的宇宙当作一个统一的整体研究，特别着意考察事物变化发展过程的时间节律。在某种程度上说，中国传统农学是一种时间农学。

在指时方式上，古代有星躔指时、物候指时、历法节气指时，最后形成了农时系统观。古代有关农事月令的书很多，如《四民月令》《保生月录》《四时纂要》《农桑撮要》等，其共同特点是将天体运动、节气变化、物候和农事活动这四大环节统一起来加以研讨，寻找它们之间的最佳对应关系。如王祯所说："二十八宿周天之度，十二辰日月之会，二十四气之推移，七十二候之变迁，如环之循，如轮之转，农桑之节以此占之。"既然天时如此重要，那么其含义又包括哪些内容呢？《尚书·洪范》中说："庶征曰雨、曰旸、曰燠、曰寒、曰风，曰时五者来备，各以其叙，庶草蕃庑。一极备，凶，一极无，凶。"这意味着这五种气象因素按一定序率作综合排列，形成一种时序结构，随着整个天体的循环而运行，促使万物生长化成收藏。这里的天体循环是指天文因素，如太阳和月亮的运行对生物体的生长活动的影响。《氾胜之书》提出"戊辰"种瓜和"九谷忌日"就是指天文因素。古人用"气化"作用解释何以天文气象变化能够推动农作物的生长发育，这是寻找时序、气象和作物之间内在联系的一种尝试。

（二）地与地宜

中国传统思想是尊天卑地，对地强调改造、集约耕作。先祖在先秦时代就已认识到农作物生长要求一定的地宜条件。传说周始祖后稷"……好农耕，相地之宜，宜谷者稼穑焉，民皆法则之"。这就是说后稷的农耕本领在于"相地之宜"。《诗经·大雅·生民》也说："诞后稷之穑，有相之道，茀厥丰草，种之黄茂。"《尚书·禹贡》《周礼·职方氏》《管子·地员》为先秦时系统记载"地宜"内容的作品。古代农学的地宜原则不仅表现在认识到了作物与土壤的关系，而且表现在用土改土、耕作施肥上。如宋代《陈敷农书》说："夫山川原隰，江湖薮泽，其高下之势既异，则寒燠肥瘠各不同。大率高地多寒，泉冽而土冷。传所谓高山多冬，以言常风寒地，且易以旱干；下地多肥饶，易以潦（淹）浸，故治之各有宜也。"在施肥上，古代农学家认识到不同的土壤要选用不同的肥料，强调用肥如用药。古代农学家同样也用"气化"来解释地宜。汉代氾胜之提出将"地气"作为土壤耕作的标准。元代王祯指出"土性所宜，因随气化"。清代《知本提纲》则对五种耕地类型进一步解释道："五者之气机，各有阴阳不同，而耕耨之深浅亦宜分别。"由此说明，土壤所宜以地气为依据。

（三）人与三宜

《吕氏春秋·上农》中说："夫稼，为之者人也，生之者地也，养之者天也。"这说明农业生产是由天、地、人、稼四大要素构成，稼是系统目标，人是系统调控的主体。人的活动在于使系统要素配合，达到系统目标。因此，人类的活动要考虑天时、地宜和物性。中国古代农学讲究"合天时、地脉、物性之宜，而无所差失"。古代农学家认为，人有智慧和实践能力，人的价值正在于寻找和创造天、地、物的最佳关系，巧妙地安排和利用这些关系。古代农学的人力观正是在三宜农学原则基础上得以发展和完善，并产生了人定胜天的思想。荀子早就提出，"官天役地"，"制天命而用之"。清代《农丹·序》中说"天有时，地有气，物有情，悉以人事司其柄"，形象地说明人能驾驭天时、地气、物性。古代农学思想认为：对天只能顺时、趋时；对地则强调耕作、施肥等技术改善地宜；对物则一方面驯化育种改变其物性，另一方面通过耕作栽培使环境适应作物的生长发育。因此，古代农学人力回天的思想是建立在对天、地、物的"知"基础上的。明代马一龙总结道："故知时为上，知土次之。知其所宜，用其不可弃，知其所宜，避其不可为，力足以胜天矣。知不逾力，虽劳无功。"

三、古代生态农学的系统循环

宇宙系统的动态循环特点以及由此形成的圆道观念，为中国古代农学的物能循环思想的形成和发展奠定了基础。农业生态系统中大多数生态要素的变化都呈现循环运动的特征，许多生态关系的平衡也必须通过循环运动方能实现，古人自觉地提出了农业生态系统的物能循环、集约经营而地力不衰的思想，这是中国古代农学理论的特殊成就。

（一）天：天时循环

农作物生长受制于季节演变节律，这一生态认识带来了农时观念。先民最初根据物候现象确定农时，后来发展到治历明时；古代农学还把天象、气象、物象和农事联系起来，创立了世界上独特的二十四节气来确定农时的农时系统观。前述元代王祯提出了二十四气推移，七十二候变迁，如环之循，如轮之转的思想，为后来历代农学家所重视。日月星辰循环往复，四时节气周而复始，与此相应，农作物生长化成收藏，由此构成农时循环；先民皆根据农时《月令》周而复始地安排农事活动。

天反时为灾。农业的丰歉和"天道循环"密切相关，由天灾引起的农业丰歉也呈现周期循环的特点。木星在天空的相对位置大概12年为一个周期，根据现代天文学观测，太阳黑子每11年左右出现一次。这些都是农业丰歉的周期。春秋时计然认为，农业生产是"六岁穰，六岁旱，十二岁一大饥"。西汉贾谊也说："五岁一小康，十岁一凶，三十岁一大康，盖曰大数也。"古代农学用天道循环说明农业的周期性有一定的科学道理。现代科学揭示出，地球的气候变化确与行星的运行有关；也有人推测，因为太阳黑子每11年出现一次，所以地球上的灾难也呈现相应的周期变化。

（二）地：耕作循环

中国古代有北方旱地和南方水田两大耕作体系，它们都有耕作循环的特点。下面分别加以介绍。

1. 北方旱地的耕作循环

中国古代北方旱地长期以来在抗旱耕作中形成了四大体系：垄作体系、平作体系、局耕法、平作法。西周至春秋战国时代主要通行垄作耕作体系，秦汉以后垄作体系与平作体系平行发展。垄作主要有"畎亩法"和"代田法"，都是超年周期的土壤耕作循环。这种循环能使土壤"劳者欲息，息者欲劳"。代田法根据"上田弃亩"的原则要求作物普遍播种于畎中。沟底保墒能力强，幼苗长出后，可避免风吹；待稼苗生出嫩叶，定期中耕锄草，同时将垄上的细土培于稼苗根；时至盛夏，植株长成，垄上的土也填至与沟相平，其作用实际上是帮助作物向深层土壤扎根。平作耕法是汉代发明犁壁之后逐步推广的。但是，推行翻耕法也带来了如何解决翻耕后土地平整和土块打碎的问题，随之产生了"摩"的工序。在魏晋南北朝时期，古人发明了铁齿耙，形成了耕后有耙、耙后有耱的整地循环。通过耕、耙、耱的整地循环，轻质土壤又会产生疏松的弊端，因此还要使用"镇压"的方法，使"弱土变强"。这种周期性的整地措施要求每年都要根据农茬情况进行"耕—耙—耱—压"，以使土壤结构经常保持在最有利于作物生长的状态。

中国古代北方的耕作体系是垄翻与平翻结合，耕与不耕（免耕）结合的轮耕循环，能克服单纯平翻时不利于保墒防旱和抗蚀保土的缺陷，有利于保持耕层土壤的墒情和适宜紧密度，是旱地抗旱耕作的优良传统。

2. 南方水田的耕作循环

南方水田耕作体系包括水田的耕耙耖耘，旱作的开垄作沟，以及套复种的免耕播种等三个环节。具体有两种结合方式：一种是稻麦两熟田的水耕与旱耕结合，即耕耙耖耘同开垄作沟相结合；另一种是套种田的耕与不耕相结合，免耕与耢耕相结合。

南方多数地区大约在唐代才形成耕、耙、耖的耕作体系。唐代陆龟蒙《耒耜经》载："耕而后有爬……爬而后有砺礋焉，礰礋焉。"元代《王祯农书》中说："南方水田，转毕则耙，耙毕则耖。"在这一体系中，"耖"是重要的一环，起熟化土壤的作用。这样，耕、耙、耖三位一体构成了南方水田的整地循环。大约从唐代起，南方创造了稻麦轮作复种制，及至南宋北人南迁，促进了麦作的发展。在稻后种麦时，最忌水湿。为解决此问题，元代创造了开油作沟、沟沟相通的整地技术。明代，南方稻麦两熟田的整地技术实现了"三沟配套"。《农政全书》总结了"清沟理墒"的新经验。稻麦两熟田从种植制度上看，是水旱轮作复种循环；从耕作制度上看，则是融水田耕作和旱地耕作为一体的耕作循环。水田耕耙会破坏土壤结构，造成粘闭，影响根系活力和降低产量。而水耕和旱耕在一个轮作复种周期中紧密结合，则能改善土壤结构，消除土壤毒素，协调腐殖化过程，改善土壤营养状况。因此，稻麦两熟田的耕作体系，既有水田的耕耙耖，又有旱作的开垄作沟，两者有机结合构成一个完整的耕作循环。另外，南方双季稻从耕作制度上看是耕与不耕结合的轮耕制。由于在早稻熟获后，还要"锄理培壅"晚稻，在晚稻这一环节上则为免耕播种与耢耕结合。

由耕作循环可知，北方旱地的耕作循环形成了深松与翻耕相结合，深耕与浅耕相结合，耕与不耕相结合的循环轮耕体系。南方水田的耕作循环则是水耕与旱作相结合，翻耕与免耕相结合的循环轮耕体系。这种合理的轮耕循环也是今天耕作改制的有益借鉴。

（三）物：轮作循环

循环轮作可提高地力，改良土壤，提高土地的利用率，这是我国传统农业的一大特色。由于自然条件的不同，我国的轮作复种方式多种多样。

如果以郑玄为《周礼》作注作为轮作方式的开始，则是公元1世纪的事，而西欧整个中世纪都实行的是"三圃制"。农业发展最早的法国在重农学派魁奈的倡导下，直到18世纪才开始实行轮作。显然，我国轮作制的发明要比西欧早

1000多年。

轮作制的发明受到过五行生克论的哲学思想的启示。古代农学家早就把作物与五行对应起来，根据其生克来决定农作物的生长成亡，如麦属金，火旺而死，金旺而生，即秋种夏熟。粟属木，可以春种秋收。从时间上来看，五行学说盛行于秦汉，而轮作制也大约形成于这一时期，二者思路如此相近，所以这种推测并非牵强。

（四）地物：用养循环

由于农作物从土壤中夺走养分，必然带来地力的消耗。把"物"与"地"结合在一起，施用有机肥料，合理地用地养地，使土地连续利用而经久不衰，是我国古代生态农学的精华。先民积累的经验有以下几点。第一，充分利用谷豆轮作和粮肥轮作复种的生物养地。第二，利用精耕细作的物理养地。第三，充分利用有机肥料和合理施肥的生物化学养地。生物养地主要有谷豆轮作和粮肥轮作两种方式。至少在汉代就出现了谷豆轮作，当时人们已认识到"豆有膏"。中国利用绿肥养地的历史更久，早在西周时代就有"荼蓼朽止，黍稷茂止"的说法。人工栽培绿肥，则大约从魏晋时代开始。《广志》中有"苕草，色青黄，紫华，十二月稻下种之，蔓延殷盛，可以美田"。到了后魏《齐民要术》中说："凡美田之法，绿豆为上，小豆、胡麻次之。"明清时代，绿肥栽培更加广泛，其种类有苕子、大麦、蚕豆、苜宿等，已认识到绿肥开花时经过翻耕，其产量更高。

在精耕细作养地方面，中国传统农学的土壤环境生态调控原则是"力者欲柔，柔者欲力"和"急者欲缓，缓者欲急"，相应的耕作措施是改善土壤结构、协调耕层土壤的水肥气热状况，根据"湿者欲燥，燥者欲湿"的原则采取相应的耕作措施解决土壤水多水少的矛盾。"息者欲劳，劳者欲息"的原则是要求协调耕层土壤腐殖化过程与矿质化过程，做到用与养相结合。

从增施粪肥和合理施肥的生物化学养地措施来看，中国传统农业采取的是充分利用有机肥料，在农业内部实行物能的再循环的生态技术。中国传统的农家肥种类很多，大多是有机肥料。其中包括厩肥、沤肥、泥肥、饼肥、绿肥、杂肥等。先民把一切能充作肥料的废弃物都放到土壤中，使它参与物质和能量再循环，使其变废为宝，化无用为有用。如《补农书》所说："人畜粪与灶灰脚泥无用也，一入田地，更将化为布帛菽粟。"清代《知本提纲》则提出了粪肥的"余气相培"原理，系统地阐明农业系统内部的物质能量循环，相当于土壤物质归还学说，通过对土壤进行物质归还而达到土壤用养结合。

（五）天地物：农业生态系统物能循环

发展农业生产必然消耗土壤肥力，但是，中国传统农业通过建立和扩大农业生态系统的物质能量循环圈，不仅没有使地力与产量相互制约，以致报酬递减，反而在几千年的连续种植的情况下，土壤的肥力和产量维持在较高水平而不衰竭，从而保持了我国较高水平的农业发展。这与古代农学发明的精耕细作、轮作循环和增施粪肥等养地技术是密切相关的。在养地过程中，农业生态系统的物能循环也随之扩大。

首先肥料是一项重大的农业生态因子，它的物质形态可以熟化土壤，其能量又是植物的直接营养。先秦时代，在相当长的时间内是以腐烂的杂草为主，因此，在农业生态系统中最早利用的是"草-土"的物质循环。从西汉到后魏，农业生态系统中自觉地建立起来的物质循环已有较大规模。《氾胜之书》提到腐草、蚕沙、牛骨、人粪尿等肥源参与到农业生态系统中，循环圈的物类发展到"土壤-植物-动物"的多元循环。宋代以后，农家根据土为万物之源，万物生于土的传统说法，反过来将产品的剩余物加土沤制，作为肥料重新归还土中以增进地力。《陈旉农书》中说："若能时加新沃之土壤，以粪治之，则益精熟肥美，其力常新壮矣。"从宋至清，农业生态系统的物能循环有了巨大的扩展，虽然仍主要是"土"与动植物产品的循环，但其中包含的生产环节归还说也源于此。中国宋代就有这种思想，也许对西欧产生了影响。后来，在养地过程中，农业生态系统的物能循环也随之扩大，农副产品的种类和利用越来越多样化，如太湖地区形成的水陆物质能量循环模式久已闻名。《补农书》展示了杭嘉湖地区粮桑鱼畜模式的生态农业的雏形。

四、古代生态农学技术

古代农学技术的根本特色在于寻求作物生长的最佳生态调控，古代农学家受以结构关系为认识本位的宇宙系统思维的影响，把注意力集中在作物生长必不可少的天文气象条件、土壤地理条件、生物条件和人为条件之上，把这些生态因子及其包含的各种要素当作一个整体考察，着力寻找它们之间有利于作物生长的最佳结构关系，具有较强的系统特色。

（一）非生物环境的生态技术

要使作物正常生长发育，必须为作物提供适宜的生长环境，这是传统农学努力的主要方向。因为天时气候环境是人力所不能改变的，这些技术主要表现在一系列土壤耕作和施肥技术中。

《吕氏春秋·任地》最早总结了土壤耕作的基本理论："凡耕之大方：力者欲柔，柔者欲力；息者欲劳，劳者欲息；棘者欲肥，肥者欲棘；急者欲缓，缓者欲急；湿者欲燥，燥者欲湿。"这里"力""柔"指土壤质地，"息""劳"指地力，"湿""燥"指土壤水分，"急""缓""棘""肥"指土壤有机质及供肥性能。土壤耕作的这五大指标体现了一种辩证思维，古代农学家认为这五个方面都有太过与不及，而理想状态是宜中。如汉代氾胜之提出：坚硬强地黑垆土，应当在耕后耱平就行；而轻土弱土，却要在耕后进行镇压，或牛羊践踏。为了给作物萌发创造一个良好的环境，土壤耕后还要进行耙耱（北方）或耙耖（南方）。作物长出来之后要勤锄多耘。如南方水田的中耕除草、晒田都是调节作物生长环境，以促进或抑制作物生长的生态技术。

在作物的非生物环境中，肥料是一项重要的生态因素。古代农家肥源繁多，但对于每一种肥料的质料构成则一般不大关心。古人集中注意的是寻找肥料与季节，肥料与土壤，肥料与作物的适应关系，这类似于中医认识药物的方法，认识其药理、药性。清代《知本提纲》提出了三宜施肥原则，郑世铎注解说："时宜者，寒热不同，各应其候"；"土宜者，气脉不一，美恶不同，随土用粪，如因病下药"；"物宜者，物性不齐，当随其情"。肥有冷暖，时有春秋。"春宜人粪、牲畜类，夏宜草粪、泥粪、苗粪，秋宜火粪，冬宜骨蛤蹄角皮毛粪之类。"土壤气脉各异，"阴湿之地宜用火粪，黄壤宜用渣粪，沙土宜用草粪、泥粪，水田宜用皮毛厮角及骨蛤之类"。

以上只谈及非生物生态环境的部分内容，材料虽少，仍足以表明中国古代农学的努力方向是要把一切能够顾及到的生态因素综合起来，令其组成最宜于作物生长的关系系统。

（二）生物环境的生态技术

古代农学很早就发现，要想获得高产，不仅需要处理好农作物与土、肥、气、热、光等因素的关系，而且要处理好作物与作物的关系。我国古代农学在这方面也积累了丰富的知识，开辟了农业增产的新途径。

早在战国时代，农学家就注意到，作物种植的疏密，犹如土壤的力与柔、急与缓一样，必须适中。《吕氏春秋·辨土》中说："农夫知其田之易也，不知其稼之疏而不适也。"又说："慎其种，勿使数，亦无使疏。"这里表达了主张合理密植，建立理想的群体结构的意识。该文对作物群体的生长机制也有精辟的见解："苗，其弱也欲孤，其长也欲相与居，其熟也欲相扶。是故三以为族，乃多粟。"

战国以后，农学家对种植疏密问题又作了不少研究。西汉氾胜之说："凡种黍……欲疏于禾"，"大豆须均而稀"。后魏贾思勰对作物播种量与土壤肥瘠、播种时间等关系也进行了探讨，如种谷："良地一亩，用子五升，薄地三升"而"晚地加种也"。

古代农学家除了研究同类作物的群体关系，还对不同作物的群体并生关系作了考察。《氾胜之书》中有："每亩以黍、椹子各三升合种之。黍桑当俱生，锄之，桑令疏调适。黍熟获之。桑生正与黍高平，因以利镰摩地刈之，暴令干燥，后有风调，放火烧之，常逆风起火，桑至春生。"这种利用黍桑同时播种生长，不仅多收一季黍子，而且用黍防止桑树幼苗受杂草的侵害。黍与桑形成了协调的生物复合系统，相互促进生长。不同生物之间也可能产生相互克制的作用，《齐民要术·种麻子》中说："慎勿于大豆地中杂种麻子。扇地两损，而收并薄。"

群体关系属于空间的并生关系，换茬则属于时间的相续关系。如果连续种植同一种作物，产量会明显下降，那么，将不同作物实行换茬而又适当安排，产量则会明显提高。《吕氏春秋·任地》中说："今兹美禾，来兹美麦。"《齐民要术·杂说》云："凡人家营田……每年一易，必莫频种。"贾思勰还对多种作物的前后关系作了试验和比较，从中选择出较多的理想相续关系。轮作换茬具有"相继以生成，相资以利用"的生态效应。徐光启指出："凡高仰田，可棉可稻者，种棉两年，翻稻一年，即草根腐烂，生气肥厚，虫螟不生。多不过三年，过则虫生。"（《农政全书·谷部上》）

古代农学对生物之间的食物链关系的认识，也是生物环境技术的一种表现。早在《诗经》中有"螟蛉有子，蜾蠃负之"的诗句，《列子》记述了自然界生物有一种"迭相食"的关系。以后逐步形成了一套食物链观念，并把它应用到农业上来。如用黄猄蚁防治柑橘害虫，便是对生物相生相制关系认识的扩展。

中国传统思想主张"和实生物，同则不继"，这种求和弃同的思想在各种实践活动中表现为寻找和创造不同要素之间的最优关系。中国传统农学对不同作物之间并时与继时的关系的利用，正是受"和实生物"、五行相生相制和阴阳对待统一等辩证思维的影响。《易》六十四卦象和卦辞中具有这种思维范式，其中蕴藏着中国古代农学寻求作物生态环境关系的思想先导。

（三）维持农业生态平衡技术

把天、地、物综合起来即可形成农业生态系统。古代农学技术在宏观整体上表现为维持农业生态平衡，积累了丰富的经验，创造出了几种有特色的农业生态循环的模式。

1.桑基鱼塘模式

桑基鱼塘是我国珠江三角洲地区的创造。该地区地势低洼，水患严重。当地人民根据这一特点，把低洼地挖深为塘，四周成基，塘内养鱼，基上种桑，而成为一个基塘式人工生态系统。这样，桑（蔗、果、菜、稻）—蚕—鱼水陆结合，鱼桑共存，包含了一系列复合生态技术，成为江南水网低地发展生态农业的方向。

2. 粮桑鱼畜模式

所谓粮桑鱼畜就是以粮养畜，以畜肥田、肥桑、肥鱼，以桑养畜、养鱼，以鱼肥田，相互促进的生态结构。《补农书》展示了杭嘉湖平原水网地区生态农业的雏形，即圩外养鱼，圩上栽桑，圩内种稻。这是因地制宜，多种经营，物质再循环，资源再利用的人工生态系统。在大农业范围内，遵循农牧结合、粮畜并举的方针，利用动植物互养的关系，农、牧、桑、蚕、鱼的多种生物循环，较好地实现了农业生态平衡。

3. 庭院经济模式

在发展庭院经济为主体的家庭生态农业方面，我们的先民亦有独特的创造。《补农书》中记述了农舍庭院的巧妙设计，分四个层次：第一是农舍"前植榆槐桐杨，后种竹木，旁治圃，中植果木"，第二是园圃"编篱为圃……间以枳橘"，第三是水滨隙地"瓜棚豆架"，第四是进行本微利宏的家庭养殖。这种精心设计，使土地得到充分利用，可谓古代庭院经济的典型。

维持农业生态平衡技术是指综合的农业技术或宏观技术原则，其目的在于合理地利用农业资源，维持农业生态系统的稳定和持续发展。由于维持农业生态平衡技术思想尚未上升到自觉层次，中国历史上也有破坏农业资源的沉痛教训，如西北黄土高原毁林开荒造成水土流失，南方围湖造田造成水患无穷，所以，我们今天推进生态农业发展，必须充分咀嚼古代生态平衡技术的精华，上升到生态文明建设、中华民族永续发展的高度，科学地、自觉地进行，才能取得扎实的效果。

🎤 第二十一讲

改革开放以来我国生态文明建设

乔清举

引言 从近4000年历史记录来看，由于全球气候演化和人口压力，我国生态环境质量呈总体下降趋势，主要表现为森林面积减少，荒漠化土地增加，地表水减少，气候条件变差等。如我国的森林覆盖率在4000年前为60%，战国末期为46%，唐代为33%，明代为26%，清代中期为17%，新中国成立初期为12.51%。改革开放初期，我国是在相对脆弱的自然环境条件下开始现代化建设的；党和政府以及学术界对此都有十分清醒的认识。学术界不断推进世界生态文明理论的译介和研究，党和政府则随着对中国特色社会主义现代化建设规律认识的深入，不断出台新的政策措施持续推进生态文明建设，自觉地以生态文明为导向推进现代化进程，历经环境保护、可持续发展、科学发展观等不同时期，最终形成了习近平生态文明思想。40余年来，我国在经济总量达到世界第二的同时，自然生态总体向好，人居环境较大改善，走出一条较低环境成本现代化道路，充分彰显了中国特色社会主义制度的优越性。

可以从学术探索和实践进程两个方面对改革开放以来我国生态文明建设进程进行总体把握。学术界对于生态文明理论的深入研究，为生态文明建设提供了丰富的理论资源；党和政府对于生态文明建设实践的持续推动，使得中国特色社会主义现代化进程始终以生态文明为导向。

一、学术界对于生态哲学与生态文明的理论探索

改革开放以来，学术界关于生态文明理论研究有三个方面的成就：一是对国外生态哲学、环境伦理学包括生态马克思主义的译介；二是对生态哲学与生态文明理论的研究与建构，其中包括对马克思主义生态思想的研究；三是对中国传统生态哲学思想的发掘。这些基础性工作为我国生态文明建设提供了丰富的理论资源。

学术界系统地翻译了利奥波德的《沙郡年鉴》、卡逊的《寂静的春天》、梭罗的《瓦尔登湖》、罗尔斯顿的《哲学走向荒野》《环境伦理学》等生态哲学名著，也翻译了奥康纳的《自然的理由：生态马克思主义研究》、戴维·佩珀的《生态社会主义》等生态马克思主义著作，以及《儒学与生态》（玛丽·塔克等主编）、《道教与生态》（刘笑敢等主编）、《佛教与生态》（玛丽·塔克等主编）等对于中国和亚洲传统生态哲学研究类的著作。应当说，国外生态哲学名著在国内大都有翻译，做到了与国外学界的同步。

在生态哲学、生态文明理论、生态伦理构建等方面，国内学术界提出和论证了生态文明、生态主体论、生态认识论、生态价值论等一系列概念，作出了许多创造性的贡献。1987年，生态学家叶谦吉提出"生态文明"概念，把它作为人和自然之间关系的一种新思考，指出"所谓生态文明，就是人类既获利于自然，又还利于自然，在改造自然的同时又保护自然，人与自然之间保持着和谐统一的关系"。在生态主体性方面，余谋昌等学者提出了生态主体、自然主体性概念；叶平提出了人与自然协同进化论，人与自然生命本体的可通约分类体系；蒙培元提出了德性主体论。在生态价值论方面，余谋昌和叶平认为自然有四种生态价值，即工具价值、内在价值、固有价值和系统价值。在生态权利论方面，刘湘溶认为任何生物都有按照生态学规律存在的权利；叶平认为生物有三种自然权利，即生存的权利、自主的权力和生态安全的权利。余正荣提出生态伦理学的基础在于人与自然是一个生命共同体；刘福森认为，其根基在于人与自然的"生命同根性"。21世纪初黄河水利委员会组织一批学者开创了"河流

伦理学"体系研究，该课题组提出了"河流伦理学"（李国英、郎毛）、"河流的文化生命"（乔清举）、"河流的自然生命"（叶平）、"维持河流的健康生命"（李国英）等原创性概念，受到著名生态哲学家罗尔斯顿的肯定。该成果对推动我国河流管理理念从征服自然到人与河流共存转向方面发挥了重要作用。河流伦理学是一个由实践推动产生而又最终引导实践的理论，成为生态文明建设的一个典范。

在传统生态哲学思想研究方面，国内学者出版了《人与自然——中国哲学生态观》（蒙培元）、《儒家生态文化》（乔清举）、《儒家思想通论》（乔清举）、《道教生态思想研究》（陈霞）、《佛教生态思想研究》（陈红兵）等，系统整理出传统文化对于动物、植物、土地、山脉、河流等自然现象的宗教的、道德的、政治法律的生态认识，发掘了"仁，爱人以及物""德及禽兽""泽及草木""恩至于土""恩至于水""恩至于金石"等一系列命题，深化了对于传统"天人合一"命题的认识。史学界王利华等人则深入发掘、梳理出中国环境变迁历程。

生态马克思主义和马克思主义生态哲学也是近几十年学界译介和研究的一个重要领域。马克思主义并不直接是一种生态理论，但马克思主义有着深刻的生态维度。马克思指出："自然界，就它自身不是人的身体而言，是人的无机的身体。"[1]马克思揭示出，在资本主义生产方式中，"劳动首先是人和自然之间的过程，是人以自身的活动来中介、调整和控制人和自然之间的物质变换的过程"[2]。剩余价值作为物质形态是自然资源的转化，它的增加包含着更多的自然损耗。这样，在资本主义社会，劳动便具有人对人的剥削和人对自然的剥削双重异化特性，前者通过后者实现，二者是同一个过程。"资本主义生产……破坏着人和土地之间的物质变换，也就是使人以衣食形式消费掉的土地的组成部分不能回归土地，从而破坏土地持久肥力的永恒的自然条件。"[3]资本主义对于利润的无限制追求是生态危机的根源。在阶级社会，人与自然形成狭隘对立关系的深刻原因存在于社会关系、社会制度中。马克思认为，生态问题的根本解决

---

① 《马克思恩格斯全集》第3卷，人民出版社2002年版，第272页。
② 《马克思恩格斯选集》第2卷，人民出版社1995年版，第219页。
③ 《马克思恩格斯全集》第42卷，人民出版社2016年版，第518—519页。

在于社会制度的变革。在"较高级的经济社会形态"共产主义社会中，"社会化的人，联合起来的生产者，将合理地调节他们和自然之间的物质变换，把它置于他们的共同控制之下，而不让它作为盲目的力量来统治自己；靠消耗最小的力量，在最无愧于和最适合于他们的人类本性的条件下来进行这种物质变换"[①]，达到"人和自然界之间，人和人之间的矛盾的真正解决"[②]，自然史和人类史的统一。生态马克思主义认为生态危机的根源在于资本主义生产方式，要求重新理解自然、文化、社会劳动之间的关系，以此重构历史唯物主义，把生态社会主义作为生态学马克思主义的制度理想，以期同步解决生态问题和人类自身的发展问题。

二、改革开放初期至党的十八大前党和国家生态文明建设的政策法律和实践

从改革开放初期到党的十八大之前，我国生态文明建设大体可以分为1972—1992年环境保护阶段、1992—2002年的可持续发展阶段以及2002—2012年的科学发展观阶段。

新中国成立之初我们便有明确的环境意识。1956年毛泽东发出"植树造林、绿化祖国""实行大地园林化"等号召，同年我国开始了第一个"十二年绿化运动"。水利建设、计划生育，都可以视为广义的生态文明建设的一部分。不过，当时并没有生态意识，主要是环境保护意识。1972年6月，联合国在瑞典召开首届人类环境会议，发布了《人类环境宣言》，提出"人类只有一个地球"的口号，我国参加了此次会议。1973年8月，国务院召开第一次全国环保会议，通过我国第一部环境保护法规《关于保护和改善环境的若干规定》，确定了"保护环境、造福人民"的环保战略方针。1978年3月通过的宪法修正案第一次列入了"国家保护环境和自然资源，防治污染和其他公害"的内容，环境保护正式入宪。

---

① 《马克思恩格斯全集》第46卷，人民出版社2003年版，第928页。
② 《马克思恩格斯全集》第3卷，人民出版社2002年版，第297页。

（一）生态文明建设的环境保护阶段

改革开放以后，我国环境保护意识更加明确。1978年党的十一届三中全会提出，将包括"森林法、草原法、环境保护法"等在内的各项法律的制定提上日程。1979年2月23日，第五届全国人大常委会第六次会议决定每年3月12日为全国的植树节，同年我国开始营造"三北"防护林，作为我国经济社会建设的重要项目。1981年党中央制定《关于在国民经济调整时期加强环境保护工作的决定》，提出"保护环境是全国人民根本利益所在"，要求必须"合理地开发和利用资源"。1982宪法提出："国家保障自然资源的合理利用，保护珍贵的动物和植物。禁止任何组织或者个人用任何手段侵占或者破坏自然资源。"1983年12月，我国召开第二次全国环境保护会议，把环境保护确立为我国必须长期坚持的一项基本国策，提出以合理开发利用自然资源为核心的生态保护策略，防止对土地、森林、草原、水、海洋以及生物资源等自然资源的破坏，保护生态平衡。1989年12月，七届全国人大第十一次会议通过我国第一部环境保护的基本法律《中华人民共和国环境保护法》，对环境保护作出了详细而又全面的规定。1990年12月，国务院发布《国务院关于进一步加强环境保护工作的决定》。

（二）生态文明建设的"可持续发展"阶段

1992—2002年，可谓我国生态文明建设的可持续发展阶段，其特点是从"环境意识"进一步发展到"生态意识"。

1992年6月，联合国在巴西里约热内卢召开环境与发展大会，通过了《里约环境与发展宣言》（以下简称《宣言》）和《21世纪议程》（以下简称《议程》）两个纲领性文件。《宣言》提出了"可持续发展"的新战略和新观念，《议程》则是一个世界范围的可持续发展行动计划。"可持续"本质上不是"可连续"，而是资源对于人口和经济发展的"可支撑"。"可持续发展"不把环境保护简单地作为环境问题，而是在社会、经济、人口、资源、环境相互协调和共同发展的多重维度中重新定义发展，要求自然资源的开发利用和生态环境自身的更新与发展之间取得平衡；追求代际公正，要求发展相对满足当代人的需求，又不对后代人的发展构成危害。通俗地讲，就是"决不能吃祖宗饭，断子孙路"。中国政府参加了这次会议，庄严承诺履行《议程》文件。1994年3月，我国发布《中国21世纪议程》(又称《中国21世纪人口、环境与发展白皮书》)，作为制定国民经济和社会发展中长期计划的指导性文件；又发布了《中国环境保护行动计划》，立足于人口、环境与发展的具体国情，确立了中国21世纪可持续发展的总体战略框架和各个领域的主要目标及行动方案。1995年9月，党的十四届五中全会通过《中共中央关于制定国民经济和社会发展"九五"计划和2010年远景目标的建议》，提出实现"经济增长方式从粗放型向集约型转变"。1996年3月，八届人大四次会议审议通过"九五"计划和2010年远景目标纲要，明确把转变经济增长方式和实施可持续发展作为现代化建设的一项重要战略。1996年7月，第四次全国环境保护会议召开，提出了保护环境的实质就是保护生产力，要坚持污染防治和生态保护并举，全面推进环保工作。1996年，国务院作出了《关于环境保护若干问题的决定》，明确了跨世纪环境保护工作的目标、任务和措施。1997年9月，江泽民在党的十五大报告中提出实施"可持续发展战略"，强调"我国是人口众多、资源相对不足的国家，在现代化建设中必须实施可持续发展战略"。2000年11月，国务院印发了《全国生态环境保护纲要》，强调"全国生态环境保护目标是通过生态环境保护，遏制生态环境破坏，减轻自然灾害的危害；促进自然资源的合理、科学利用，实现自然生态系统良性循环；维护国家生态环境安全，确保国民经济和社会的可持续发展"。2002年3月，国务院印发《全国生态环境保护"十五"计划》，详细部署了"十五"期间的环境保护工作。2002年11月，党的十六大召开，江泽民在报告中提出了"全面建设小康社会"的四个目标，其一即"可持续发展能力不断增强，人和自然和谐，走生产发展，生活富裕，生态良好的文明发展道路"。

可持续发展战略比之环境保护的推进是明确了生态意识，这是20世纪90年代党和国家在生态文明理论认识和建设实践方面取得的重大进步。可持续发展的核心在于发展，"发展是硬道理"。1992年社会主义市场经济体制方才开始建立，增加经济总量，提高人民生活水平，推进工业化、现代化进程是全社会的中心任务。由于局部利益和全体利益存在差异，也由于我国长期处于世界产业链条的低端，客观上存在着为发展而付出代价的必然性，不少地方也有先污染后治理、边污染边治理的心理，所以不少地区在经济发展的同时存在生态环境恶化的现象。

（三）生态文明建设的科学发展观阶段

2002—2012是生态文明建设的科学发展观阶段，这一时期党和国家生态文明建设理论探索和实践推进包括继续实施可持续发展战略、树立和落实科学发展观、重视环境保护法律体系建设，提出将"建设生态文明"作为我党的一项战略任务。至此，我国生态文明建设又上了一个新的台阶。

在2003年10月召开党的十六届三中全会上，胡锦涛提出了"坚持以人为本，树立全面、协调、可持续的发展观，促进经济社会和人的全面发展"的科学发展观，要求"按照统筹城乡发展、统筹区域发展、统筹经济社会发展、统筹人与自然和谐发展、统筹国内发展和对外开放的要求"，推进各项事业的改革和发展。这是我党对于中国特色社会主义现代化建设规律的认识的进一步深化。党的十六届四中全会提出构建社会主义和谐社会，其中人与自然和谐是一项重要内容。党的十六届五中全会通过"十一五"规划建议，提出建立资源节约型、环境友好型社会。在2005年中央人口资源环境工作座谈会上，胡锦涛指出，当前环境工作的重点之一便是"完善促进生态建设的法律和政策体系，制定全国生态保护规划，在全社会大力进行生态文明教育"。同年底出台的《国务院关于落实科学发展观加强环境保护的决定》明确要求在环境保护工作中"倡导生态文明"。党的十七大把生态文明建设列入全面建设小康社会目标。关于建设生态文明的内容，党的十七大报告指出："基本形成节约能源资源和保护生态环境的产业结构、增长方式、消费模式。循环经济形成较大规模，可再生能源比重显著上升。主要污染物排放得到有效控制，生态环境质量明显改善。生态文明观念在全社会牢固树立。"在新进中央委员候补委员学习贯彻党的十七大精神研讨班讲话中，胡锦涛指出："党的十七大强调要建设生态文明，这是我们党第一次把它作为一项战略任务明确提出来。建设生态文明，实质上就是要建设以资源环境承载力为基础、以自然规律为准则、以可持续发展为目标的资源节约型、环境友好型社会。"[①] 2008年1月，胡锦涛在十七届中央政治局第三次集体学习时提出，把经济建设、政治建设、文化建设、社会建设以及生态文明建设作为"贯彻落实实现全面建设小康社会奋斗目标的新要求"。可以说，生态文明是科学发展观的定向和升华；提出生态文明之后，科学发展观确立了"生态文明"的方向，我国生态文明建设的理论探索和实践展开又上了一个新的台阶。2010年10月，党的十七届五中全会通过的"十二五"规划建议明确提出，树立绿色、低碳发展理念，以节能减排为重点，健全激励和约束机制，加快建设资源节约型、环境友好型社会，提高生态文明水平。"十二五"规划建议指出："构筑区域经济优势互补、主体功能定位清晰、国土空间高效利用、人与自然和谐相处的区域发展格局。要加快建设资源节约型环境友好型社会，提高生态文明水平，积极应对全球气候变化，大力发展循环经济，加强资源节约和管理，加大环境保护力度，加强生态保护和防灾减灾体系建设，增强可持续发展能力。""十二五"规划建议还首次将碳排放强度作为约束性指标纳入规划，确立了绿色、低碳发展的生态文明建设方向。

三、党的十八大以来生态文明建设阶段

党的十八大以来，中国特色社会主义进入新时代；在指导思想方面，我们党形成了习近平新时代中国特色社会主义思想。生态文明是这一思想的重要组成部分，是"五位一体"总体布局的一个方面，是我国生态文明建设顶层设计的指导方针。在这一方针的指引下，我国正走在建设美丽中国、实现中华民族永续发展的社会主义生态文明建设新时代。

生态文明在习近平新时代中国特色社会主义思想中具有高屋建瓴的战略定位和政治意义。习近平总书记把生态文明作为人类文明发展的新阶段，指出"生态文明是人类社会进步的重大成果。……是工业文明发展到一定阶段的产物，是实现人与自然和谐发展的新要求。历史地看，生态兴则文明兴，生态衰则文

---

① 《胡锦涛文选》第3卷，人民出版社2016年版，第6页。

明衰",所以,生态文明建设"有很大的政治",关乎党的执政基础,关乎中华民族的伟大复兴。党的十八大把生态文明建设与经济建设、政治建设、文化建设、社会建设一道列为"五位一体"的中国特色社会主义总体布局之一,要求把生态文明建设融入经济、政治、文化、社会建设的各方面和全过程,建设富强民主文明和谐美丽的社会主义现代化强国。把美丽中国建设纳入中国特色社会主义理论体系,体现了我党对社会主义建设规律、共产党执政规律和人类社会发展规律的认识的深化。

实施绿色化发展,建设美丽中国是习近平生态文明思想的目标。"绿色"发展是以人与自然和谐共生为原则、以低碳循环的生产方式为措施的永续发展模式。党的十八届五中全会提出"推动建立绿色低碳循环发展产业体系","十三五"规划把"绿色GDP"纳入经济社会发展评价体系。美丽中国是自然的本然之美和人与自然的和谐之美的表现,自然的人化和人的自然化的辩证统一。"良好的生态环境是最公平的公共产品,是最普惠的民生福祉。"美丽中国建设满足人民群众日益增长的美好生态需求,是中华民族永续发展的客观要求。

生命共同体、环境生产力、尊重自然、顺应自然、保护自然是习近平生态文明思想的重要理念。习近平总书记指出,"山水林田湖是一个生命共同体",要统筹山水林田湖草的治理。生命共同体思想表明了人与自然的内在联系,奠定了人与自然和谐发展的本体基础。习近平总书记指出,要树立自然价值和自然资本观念,保护自然就是提高自然的资源生产能力和生态水平,"破坏生态环境就是破坏生产力,保护生态环境就是保护生产力,改善生态环境就是发展生产力"。党的十八大报告强调"尊重自然、顺应自然、保护自然"。尊重自然就要尊重和维护自然的价值和权利,建立与自然和谐共生的关系。顺应自然,就要遵循自然规律,使经济社会发展与自然发展协调一致,在自然资源可支撑的条件下走永续发展的道路。保护自然,就要走环境优先的发展道路,使环境向好和经济社会发展同步。党的十九大把"坚持人与自然和谐共生"作为习近平新时代中国特色社会主义思想的要素和基本方略之一,强调"我们要建设的现代化是人与自然和谐共生的现代化,既要创造更多物质财富和精神财富以满足人民日益增长的美好生活需要,也要提供更多优质生态产品以满足人民日益增长的优美生态环境需要"。党的十九大还制定了我国生态文明建设的"三步走"规划，即2020年之前打好污染防治的攻坚战、2020—2035年"生态环境根本好转，美丽中国目标基本实现"、2035—2049年"生态文明全面提升"。节约优先、保护优先、自然恢复为主是习近平生态文明思想的基本方略。节约优先，就是要提高自然资源的利用率，以最小的资源消耗和污染排放获得最大的经济效益，实现低环境代价的高质量发展。保护优先，就是要更新发展理念，转变发展方式，用低碳排放代替高碳排放，用资源的循环利用代替线性利用，提倡简朴，减少资源消费的生活方式等。自然恢复也是自然休养、生态修复。党的十八大报告提出："实施重大生态修复工程，增强生态产品生产能力。"2013以来，习近平总书记多次重申"给自然留下更多修复空间"。党的十八届五中全会提出，要"筑牢生态安全屏障，坚持保护优先、自然恢复为主，实施山水林田湖生态保护和修复工程"。

"绿色GDP"是生态文明建设的重要途径。习近平总书记强调，不能"把'发展是硬道理'片面地理解为'经济增长是硬道理'，把经济发展简单化为GDP决定一切"。"经济增长是政绩，保护环境也是政绩"，"既要GDP，又要绿色GDP"。"绿色GDP"是金山银山和绿水青山的辩证统一，"生产、生活、生态良性互动的和谐"。"既要金山银山，又要绿水青山"，"把生态优势转化为经济发展优势，让绿水青山源源不断地带来金山银山"，"绝不能以牺牲生态环境为代价换取经济的一时发展"，"宁要绿水青山，不要金山银山"。因为"绿水青山就是金山银山"，"绿水青山可带来金山银山，但金山银山却买不到绿水青山"。

习近平生态文明思想的显著特点是强化顶层设计和刚性执行。党的十八大以来陆续出台了《关于加快推进生态文明建设的意见》《生态文明体制改革总体方案》等40余项生态文明和环境保护改革方案，使生态文明建设有了法律和制度依据。

四、改革开放以来我国生态文明建设的成果与展望

改革开放以来尤其是党的十八大以来，我国生态文明建设成果可总结为以

下几个方面。第一，我们党形成了习近平生态文明思想。全党全社会对于生态文明建设的认识上升到关系中华民族伟大复兴、关系共产党执政地位的战略高度。党中央以前所未有的力度抓生态文明建设，环境保护工作发生了全局性、历史性、转折性的变化。第二，以较为薄弱的生态条件支持了40余年经济社会持续发展，形成了总体低环境代价的现代化模式。第三，加入了不少国际环境条约协定，给发展中国家环境保护提供资金，为构建人类命运共同体，促进全球生态安全和人类可持续发展承担相应责任，获得了国际社会的普遍好评。第四，全国自然环境生态水平总体提高。但需要指出的是，我国处于社会主义初级阶段的基本国情没有变，发展仍是我们面临的首要任务。由于目前我国生态环境仍比较脆弱，森林覆盖率比《中华人民共和国森林法》规定的30%还有不小差距，荒漠化土地占国土总面积的27.46%，空气、可耕地、地表水地下水污染较为严重，环境库兹涅茨曲线拐点还没有到来，又加上我们还处于世界产业链中低端，资源利用效率有待提高等，我国进一步发展面临的环境压力仍很大，生态文明建设任重而道远。

第二十二讲

当代科学技术与生态文明建设

刘晓青[*]

引言 进入21世纪以来，以互联网、人工智能、区块链、生物技术、纳米技术、量子通信等为代表的前沿新技术引发了新一轮产业革命。这场新技术变革并不仅仅是一种单纯的智力活动，还是一种独特的、重要的社会变革能力。随着海量大数据的支撑、计算力的提升以及深度学习算法的突破，人工智能已经进入蓬勃发展时期，"呈现出深度学习、跨界融合、人机协同、群智开放、自主操控等新特征"，拉开了新生活革命的序幕，为新时代生态文明建设提供了强大的动力，这就需要我们深入思考新技术与生态文明建设的关系。

从辩证唯物主义自然观来看，"生态系统是统一的自然系统，是相互依存、紧密联系的有机链条"，①是不断与外部环境进行物质、能量和信息交换的开放系统。作为一个有机整体，自然生态系统被抛入科技世界之中，与科学技术相互纠缠。新技术变革一方面为生态治理体系和治理能力现代化提供了重要支撑，推进了文明发展的进程；另一方面也为生态文明建设带来了新的问题，需要我们科学认知自然系统、技术系统和社会系统之间的相互作用关系，遵循和谐共生的自然规律和生态正义的基本原则，恢复遭到打破的平衡。

----

　　* 刘晓青，中共中央党校（国家行政学院）哲学教研部副教授、硕士研究生导师，中国自然辩证法研究会理事，德国慕尼黑汉斯·赛德尔基金会访问学者。主要研究领域为生态哲学、认知科学哲学。
　　① 《习近平谈治国理政》第3卷，外文出版社2020年版，第363页。

一、服务器：科学技术成为生态文明建设的新引擎

科学技术的产生与发展跟生态环境的变化息息相关，不同的科学技术范式支撑着不同时期的文明模式。我国国情表明：生态文明建设必须充分发挥智力要素的关键作用和资本要素的保障作用，充分融入现代化建设大潮中；必须回到"实践优位"，"强调实践性的理解和实践性的洞见在科学中的地位"[①]，及时关注实际境况的变化，灵活把握科学技术与自然生态系统打交道的方式，充分体现科学技术实践的生态价值。

（一）科学发展与技术变革快速重塑了人们的认知结构，诠释了生态治理的科学意蕴

按照系统论的观点，不平衡是有序之源；社会的非均衡状态使其永远处在变化的过程中。与以往任何历史时期相比，当前人类社会最显著的特征就是变化更迅速、更彻底，这种变化依托于科学技术的进步及其对社会认知结构产生的直接影响。"人的思维的最本质的和最切近的基础，正是人所引起的自然界的变化，而不仅仅是自然界本身；人在怎样的程度上学会改变自然界，人的智力就在怎样的程度上发展起来。"[②]面对世界性生态危机，人们的认识实现了根本性飞跃，开始思考生态文明建设过程中技术治理的内在逻辑与深刻影响。

首先，近年来，欧美国家提出了"负责任创新"的发展理念，成为世界各国技术创新的重要原则与价值导向。党的十九大报告明确提出构建市场导向的绿色技术创新体系[③]，即"要在创新驱动发展中，面向市场需求促进绿色技术的研发、转化、推广，用绿色技术改造形成绿色经济"[④]，科学防治污染、合理利

---

① 约瑟夫·劳斯：《知识与权力：走向科学的政治哲学》，盛晓明等译，北京大学出版社2004年版，第42页。
② 恩格斯：《自然辩证法》，人民出版社2015年版，第98页。
③ 绿色技术又称生态技术，德国学者约翰诺·施特拉塞尔和克劳斯·特劳伯于20世纪80年代最早提出走生态技术的发展道路。十多年后，我国著名生态哲学家余谋昌发表了题为《发展生态技术，创建生态文明社会》的文章，引起了学术界的高度重视。
④ 本书编写组：《党的十九大报告辅导读本》，人民出版社2017年版，第375页。

用能源资源。毋庸置疑，实践层面的新要求会带来思维认知的新变革。在绿色技术创新体系落实落细落地的过程中，相关行为主体应认识到"负责任创新"的伦理价值，逐渐从被动型思维转向前瞻型思维，自觉地把这一理念融入绿色技术实践中，对技术体系运用后果进行预先估计，采用前瞻的视角和方法来统筹绿色技术创新的整个过程，充分预测其潜在的影响和风险，事先明确相关利益主体的责任内容和范围，尽可能制止相关责任主体利用结构和体系的漏洞来转嫁或推卸责任，避免生态治理过程中"有组织的不负责任"现象的发生。同时，全社会要重视思维认知的"刹车片"作用，从引导型思维转向防控型思维，警惕科学技术失控的风险，加快绿色技术安全预警监测体系建设，推动形成相互关联、相互作用的整体防控链，做到有备无患。

其次，科学技术发展对于人类的根本意义在于其社会面向。当前自然世界与信息世界融为一体，新能源、人工智能、大数据、区块链等新兴技术不断参与到生态治理行动中，在生态文明建设过程中扮演了"新引擎"的角色。与之相应，人们的认知结构也发生了重要转变，开始从历史唯物主义视角建构一种不同于生态资本主义的新型理性，这种理性追求人与自然的协调发展，是一种更为高级的实践理性，即马克思主义生态理性。这种新的思想创见与科学技术发展相伴而生，有力地批判了经济理性和工具理性，秉持了可持续发展理念，致力于彰显博物学情怀，提供了关于人与自然内在同一性的真知灼见，直接指向更加美好的生活，诠释了生态治理的科学意蕴，与生态文明建设的价值取向不谋而合。用恩格斯的话来说，这种生态理性致力于实现"人类同自然的和解以及人类本身的和解"[①]，当然这种理解基于他对技术本质的认识。

（二）当代科学技术的发展为生态治理提供了新思路、新平台、新方法，有助于助推绿水青山向金山银山转化

"绿水青山就是金山银山"充分揭示了自然生态是有价值的，保护生态环境就是保护生产力、改善生态环境就是发展生产力的道理。经济发展不应是对自

---

① 《马克思恩格斯全集》第3卷，人民出版社2002年版，第449页。

然资源和生态环境的竭泽而渔，生态环境保护也不应是舍弃经济发展的缘木求鱼，而是要坚持在发展中保护、在保护中发展，让良好的生态环境成为推动经济发展、提升人们幸福感的重要支撑。

如何扎实推进绿水青山向金山银山转化，科学技术的发展在其中扮演了重要的角色。首先，正如维克托·迈尔-舍恩伯格与肯尼斯·库克耶指出的，与传统科学技术相比，大数据、人工智能等新兴技术的特点在于信息的获取、传输、存储和计算能力非常强，可以扩大监测防控范围，大大提高预测监测的准确度。无人机、无人船等监测设备机动性好、时效性强，适用范围广，可以在生态治理过程中大显身手，提高生态预测监测的准确性和环境执法的效率，加大生态保护与修复力度，厚植绿水青山。2018年6月12日，习近平总书记来到青岛海洋科学与技术试点国家实验室视察时，看到超级计算机可以解决海洋数据"碎片化"问题，大大提高海洋观测和预测能力，从源头上加强保护与控制，对此给予了高度肯定。其次，以绿色科技为突破口有助于形成绿色循环低碳的发展方式。与传统经济增长模式相比，绿色发展是构建高质量现代化经济体系的必然要求，是经济社会发展的实践导向，"代表了当今科技和产业变革方向，是最有前途的发展领域"①。比如，浙江安吉立足绿色科技，积极打造科技合作创新平台，运用"腾笼换鸟""凤凰涅槃"的"两只鸟"理论调整经济结构，发展出了森林碳汇、健康食药、康养旅游等新兴产业，培育出了"吃得少、产蛋多、飞得高"的"俊鸟"，走出了杰文斯困局，实现了"从绿掘金"。此外，现代科学技术的发展还可以助推绿色供应链理念落地生根，实现资源的优化配置和整个系统的绿色化升级改造，打通生态系统与经济增长的转换通道，因地制宜壮大"美丽经济"，让绿水青山变成金山银山，切实做到百姓富、生态美的有机统一。

（三）科学技术发展为科学普及提供了动力源泉，有助于推动资源节约型、环境友好型社会建设

"生态文明建设已经纳入中国国家发展总体布局，建设美丽中国已经成

① 习近平：《为建设世界科技强国而奋斗——在全国科技创新大会、两院院士大会、中国科协第九次全国代表大会上的讲话》，《人民日报》2016年6月1日。

为中国人民心向往之的奋斗目标。"① 建设美丽中国，不仅要立足在自然生态维度加强生态文明建设和绿色发展，保障实实在在的绿水青山，更要赋予"美丽"以灵魂，普及科学技术知识，提高公众科学素养和绿色科技意识，引导广大人民群众形成绿色生活方式，推动资源节约型、环境友好型社会建设。

习近平总书记明确指出："科技创新、科学普及是实现创新发展的两翼，要把科学普及放在与科技创新同等重要的位置。"② 现代科学技术的发展激发创新力量充分涌流，为科学知识的普及提供了动力源泉。身处现代社会的广大群众时时刻刻都在和科学技术打交道，已经在认识和改造世界过程中获得了关于自然现象及其规律的认识，有了对科学技术及其风险问题的基本了解，自觉不自觉地丰富了自身的科学知识，提升了科学素养。科学素养以常识和理性为基础，是外部科学知识量化积累后的转识成智。在全社会讲科学、爱科学、学科学、用科学的良好氛围中，科学技术发挥了动力源泉的作用，源源不断地给社会带来新概念、新事物、新信息，不断重塑着人们的生产生活方式。以垃圾分类为例，这项工作事无巨细，需要有精准意识，广大公众正是因为有了对各类物品的物理、化学、生物等属性的基本认识，能够熟练使用垃圾分类小程序、App 与公众号等科技"小助手"，才逐渐从无用武之地转向了积极参与，做到了知其然且知其所以然。此外，具有科学素养的公众力量可以有效推行绿色健康文明理念，提倡绿色消费和"有限福祉"的生活方式，从源头上减少垃圾的数量，减少生活污水的排放；更重要的是，可以完善多元化的环境监管体制，自下而上推动生态环境信息公开的即时性和真实性，生态环保机构的角色从生态环境的"守门员"转向经济社会发展的"踢球人"和"裁判员"就是例证。

---

① 《习近平谈治国理政》第 3 卷，外文出版社 2020 年版，第 374 页。
② 习近平：《为建设世界科技强国而奋斗——在全国科技创新大会、两院院士大会、中国科协第九次全国代表大会上的讲话》，《人民日报》2016 年 6 月 1 日。

二、问题域：科学技术在为生态文明建设赋能方面面临的风险挑战

马克思指出："全部社会生活在本质上是实践的。凡是把理论引向神秘主义的神秘东西，都能在人的实践中以及对这种实践的理解中得到合理的解决。"[①]新时代生态文明建设作为一个庞大的系统工程，实际上是各类资源要素统筹发展的过程。从实践层面来看，当前人们的视野更多聚焦在向科技要效率，不断赞叹新兴科学技术给生态文明建设带来的种种利好，却对其过程中面临的问题与挑战思考甚少。

（一）技术理性的张扬致使人与自然之间呈现对抗性关系

回顾历史，历次科学革命和技术变革都推动了生产力的极大发展，同时也引发了颠覆性的变化，使得技术理性不断张扬，"主–客"二分的思维方式一时盛行，博物学传统日渐式微，博物学意义上对大自然的探究被以操控为主的资本和技术力量所取代，自然界被有意或无意地视作可以随意操控的客体，失去了以往的神秘性，成为可计算、可预测、可把握、可控制、可还原的客观对象与效率载体。自然生态系统遭到破坏，但它也以自己的方式进行报复性的对抗活动；人与自然之间出现了深深的裂痕，呈现出对抗性关系。现代科学技术展现出了前所未有的巨大力量，但其自身包含的不确定性则给生态文明建设带来了极大隐忧，出现了失序、失灵、失控等治理难题，存在"数据霸权""技术利维坦"等潜在风险。

作为大自然复杂生物链中的重要组成部分，"人类大多数的生命其实处在一种由病菌的微寄生和大型天敌的巨寄生构成的脆弱的平衡体系之中"[②]。人类自身行为一旦引起自然生态环境变化，这种原有的平衡就会被打破，人类与自然就会进入对抗状态，技术理性就会显得捉襟见肘、手足无措。因此，人们应摆脱

---

① 《马克思恩格斯选集》第1卷，人民出版社2012年版，第135—136页。

② 威廉·麦克尼尔：《瘟疫与人》，余新忠、毕会成译，中信出版社2010年版，引言第4页。

纯粹技术性的存在方式，超越狭隘的技术理性，以冷静、客观、审慎的态度对待科学技术，在诉诸技术理性提高生态治理效能的同时，时刻关注科学技术发展过程中那些潜而未显的价值要素和社会影响，通过实践形成"自在自然"向"人化自然"转化的现实渠道，这是生态治理面临的一大挑战。

（二）严峻的生态环境形势对科技成果应用转化提出了更加急迫的要求

近年来，国家不断加大对生态环境科技研发的投入力度，科技成果应用转化能力不断增强，涌现出了一大批关键技术、核心装备、创新平台等意义深远的重大成果。但是总体来说，我国生态环境科技创新基础薄弱，自主研发能力不强，部分关键核心技术、工艺依赖进口，技术成果与开发运用之间存在脱节现象，成果应用转化程度较低、资源配置不够合理。这些不足直接影响了我国生态保护水平的提高，制约了相关产业的发展。

近年来，我国的大气、土壤、水污染等环境问题虽有好转，但存在的问题仍不容忽视，已成为民生之患、民心之痛，需要利益相关方协同治理，尤其应大力实施创新驱动发展战略，借助科学技术提高综合防控能力。生态环境具有公益性、外部性、系统性、耐受性、自净性等多元特征，与之相关的科技成果的应用转化则体现出较强的特殊性与复杂性。具体表现在：一是核心技术缺乏，与发达国家差距明显，如在固废处置领域，我们在生活垃圾焚烧、填埋等传统技术领域基本处于并跑阶段，但在液氧消化、热解气化等热点高新技术领域则多处于跟跑阶段；二是由于技术适用、应用场景、供需协调等因素的影响，成果应用转化周期较长；三是技术研发与应用转化相互脱节，技术产业化水平低，其内在的经济价值与社会效应、生态效应无法及时呈现。对此，2019年生态环境部印发了《关于促进生态环境科技成果转化的指导意见》，启动了国家生态环境科技成果转化综合服务平台，致力于打通生态保护与污染防治等难题的"最后一公里"，但目前尚处于起步阶段，加速成果应用转化仍然是推动绿色技术发展、建设生态文明的重大难题。

（三）新兴科学技术的发展给生态治理带来了前所未有的伦理问题

正如美国生态学家康芒纳所言："新技术是一个经济上的胜利——但它也是一个生态学上的失败。"①21世纪以来，纳米技术、生物技术、信息技术和认知科学会聚发展，极大地提高了社会生产力，但也对自然生态环境产生了深刻的影响，带来了前所未有的伦理问题。从当前国内外研究来看，生态治理的技术伦理问题一向是国内外关注的焦点，学界各领域大多从科技创新、国家治理等维度来探讨，出版和发表了大量文献，如欧阳康、张明仓的《在观念激荡与现实变革之间：马克思实践观的当代阐释》，廖小平、孙欢的《国家治理与生态伦理》，克莱顿（Philip Clayton）的《建设后现代主义与生态文明》、福斯特（John Foster）等人的《生态大断裂》和《马克思与地球》……但总体来看，科学研究与人文研究仍然处于自说自话，相互分离状态。专业技术人员有待于提升伦理问题意识和伦理治理能力，使科学技术成为生态保护的价值堡垒，这是摆在他们面前的重要课题。对此，浙江大学潘恩荣教授也有强调："一个工程师，不仅在设计一件产品，还在设计一种生活方式，更在设计一个生活世界。因此，任何作品，工程师都负有道义责任。"另一方面，人文学者擅长解释新技术变革给生态治理带来的新问题，他们的观点在很大程度上也会被技术专家接受，但是由于天然的知识和技术鸿沟，他们很少与科学技术领域的专家直接对话，很难从使用伦理（事后规范）研究转向设计伦理（事前预防）研究，无法有效地将技术向善的理念贯穿至整个技术创新过程，这是人文学者当前需要突破的研究瓶颈。

生态环境问题自古有之，不同历史时期表现不同。今天，伴随着科学技术日新月异的发展，人类对自然的变革造成了臭氧层破坏、水土流失加剧、生物多样性锐减等诸多人类发展难题，给生态环境带来了前所未有的挑战，动摇了既有伦理价值和道德规范。着眼于现实，信息技术作为一种社会实践方式，必然会受到其背后相关利益的驱使，其潜在应用风险给生态治理带来了各种挑

---

① 巴里·康芒纳：《封闭的循环——自然、人和技术》，侯文蕙译，吉林人民出版社1997年版，第120页。

战，已经引发了社会各界的广泛关注。比如生态信息数据滥用导致的知识产权保护问题，数据信息互通不畅导致的"数据孤岛"和"数据鸿沟"问题，信息泄露、非法使用导致的信息数据安全威胁等信息伦理问题；算法滥用、算法偏见等算法伦理问题，智能推荐使得公众深陷"信息茧房"的媒介伦理问题，技能退化、界面（interface）生活以及"解析社会"[①]来临等社会伦理问题。此外，纳米技术也给新时代生态文明建设提出了更为严峻的挑战。有学者认为未来一旦纳米机器失控，它可能瞬间吞噬地球上的所有生物，破坏我们赖以生存的生物圈，对地球上的人类和生物产生根本性威胁，甚至可能是彻底灭绝。这一观点使人们陷入了极度的恐慌中。与此同时，人们开始立足新时代的生态治理逻辑来规避纳米技术的潜在威胁，使其成为推动人类社会进步的发动机。

三、治理术：科学技术更好地助力生态文明建设

"在马克思看来，科学是一种在历史上起推动作用的、革命的力量。"[②]借助科学技术，人类文明不断向前演进，当前正在从工业文明转向生态文明。"智慧能让科技向有机性、温和、非暴力、悠闲及美丽的方向重新出发"[③]，正如生态学马克思主义者戴维·佩珀所倡导的，生态文明作为一种可持续的文明形态建立在科学技术发展的基础之上，新时代中国特色社会主义生态文明建设的根本出路就在于寻求一种和谐介入自然生态系统的行动模式或科学实践方式。党的十八届三中全会高举改革大旗，指出全面深化改革就是要"进一步解放思想、解放和发展社会生产力、解放和增强社会活力"。因此，立足于科学技术的发展，我们将建成一个生态自觉、经济繁荣、民生幸福、环境优美的美丽中国，总体上做到有所为、有所不为。

---

① "解析社会"这一概念由中国社会科学院段伟文教授提出，是指人们用数据来分析人类的行为规律和行为可能性，用数据来透视社会发展。这其中隐含的算法黑箱或者深度学习的不透明性和偏向性必然引发一系列个人安全和社会安全问题。

② 《马克思恩格斯文集》第3卷，人民出版社2009年版，第602页。

③ E.F.舒马赫：《小的是美好的》，李华夏译，译林出版社2007年版，第20页。

（一）形成生态自觉，实现技术理性与价值理性的统一

人类生活在科学技术与社会的无缝之网中，科学技术已经深深影响了人类与世界的关系，这种行为关系既包括协同关系，也包括竞争关系。在此意义上，科学技术要上升为一种能力、一种责任，合理反映人类的价值诉求。也就是说，要想整体推进我国生态文明建设进程，必须借助科学技术的力量实现更高层次的生态自觉，完成思想领域的"哥白尼革命"。

在马克思看来：从物质性存在的意义来说，生机勃勃的自然界是我们获取生产生活资料、维持生息的母体；"从理论领域来说，植物、动物、石头、空气、光等等，一方面作为自然科学的对象，一方面作为艺术的对象，都是人的意识的一部分，是人的精神的无机界，是人必须事先进行加工以便享用和消化的精神食粮"[1]，构成了我们进行精神活动的共在性对象。世界是生命的集合体，包括人在内的不同物种彼此相互依存、相互作用，共同构成了独特的、复杂多变的生态系统。因此，要想顺应人类文明进程的必然要求，必须打破人与自然"主-客"二分的思维定式，充分发挥人的主观能动性，发挥通信科学与分散式合作技术的神经系统功能，形成以绿色科技为内核的发展方式，最终引导社会运用系统思维方法实现思维观念的转变，逐渐推进社会主体从地缘政治转向生物圈政治，以整体的有机世界观（又称生态学世界观）取代带有工业文明色彩的机械世界观，充分展现自然的生命旨趣与统一性价值，追求生态真善美的发展愿景，实现技术理性与价值理性的统一，达到更高层次的生态自觉。换言之，"生态治理，直接来看是治理自然环境，其实是在调试人的观念，制定科学的政策，管控人的行为"[2]。其不仅指涉外在客观自然物的价值，即自在之美，而且关乎人的主体性价值，即自觉之美，是要在生态文明建设中坚持人与其他自然物共在这一逻辑前提，体现自在之美与自觉之美的辩证发展，实现科学技术发展的生态化，即"把生态学观点和生态学思维应用于科学技术的发展，使它向符

① 《马克思恩格斯全集》第3卷，人民出版社2002年版，第272页。
② 廖小平、孙欢：《国家治理与生态伦理》，湖南大学出版社2018年版，第199页。

合生态保护的方向发展，实现科学技术转变"①。

（二）坚持科技创新，加快科技成果应用转化

"生态环境领域的科技成果转化是一项繁琐的系统工程，需要人才、成果、资本、市场、服务等全要素协同推进"②；是一个艰难的发展过程，需要不同学科、不同行业协同攻关；是一个复杂的关系网络，既要着眼于广大人民对优美生态环境的需要，又要关注生态环境领域成果转化内外联动的问题。要想加快推进我国生态文明建设的进程，必须立足人类社会面临的生态难题，以科技创新助推生态绿色化，加强生态环境科技成果应用转化，不断解放和发展生产力。从本质上来讲，科技创新就是要在现代科技体系历史性转变的基础上，打破传统创新模式，提高科技自主创新能力，整合配置技术资源和产业资源，加快科技成果应用转化速度，实现整体最优化目标。

2020年9月，习近平出席第七十五届联合国大会一般性辩论时向世界承诺："中国将提高国家自主贡献力度，采取更加有力的政策和措施，二氧化碳排放力争于2030年前达到峰值，努力争取2060年前实现碳中和。"这是我们努力的方向。绿色低碳转型不能与科学技术的发展相脱节，要求我们努力维持自然资本存量，通过创新绿色技术增加生态系统生产价值（gross ecosystem product，GEP），减少资源环境的生态消耗，提高资源环境生产率和生态协同能力。具体而言，要致力于以下工作：一是要正确认识和处理生态环境与经济发展的关系，建立可持续的基于生态系统水平的管理和开发模式，变要素驱动为创新驱动，建立健全绿色低碳循环发展的经济体系；二是要抓住新一轮技术变革的历史机遇，大力发展以生态技术和新能源技术为核心的主导技术，实施生态系统的数字化建设，构建市场导向的绿色技术创新体系；三是建设全球能源互联网，构建清洁低碳、安全高效的能源体系，特别要在生态健康受损区域组织实施一批生态修复示范工程，推进新能源革命引领的经济增长方式的转变，尽快达到环

---

① 余谋昌：《实践性是环境伦理学的精华》，《光明日报》2004年6月22日。
② 付军、任勇：《推动生态环境科技成果转化需关注哪些关键问题？》，《中国环境报》2019年9月16日。

境库兹涅茨曲线（倒 U 曲线）的新型拐点，缩短科技成果应用转化的周期，从根本上改变生态环境恶化的趋势。

与此同时，政府也需充分运用创新思维，积极实施宏观调控，充分发挥国家或地方生态环境技术创新中心、重点实验室等载体的支撑作用，搭建国家环境技术评估与转化服务平台，积极开展科技成果第三方评估工作，推进环境影响评价审批和建设项目竣工环境保护验收审批等任务；形成政府与市场相统筹的协调机制，优化资源配置，营造良好的产业生态，推进科技成果向现实生产力转化，实现我国经济从高速增长转向高质量增长，助力美丽中国建设。

具体以数字科学技术的创新发展为例，近五年数字中国增长势头持续强劲，多网叠加、智能连接随处可见，生态文明领域的供给侧结构性改革也日益呈现出数字化特征，在线数字政务服务规模不断扩大，正在逐步从生态环境政务服务数字化向生态治理数字化迈进。在此形势下，要将数字科学技术与生态文明建设紧密结合起来。一是"要发展数字经济，加快推动数字产业化，依靠信息技术创新驱动，不断催生新产业新业态新模式，用新动能推动新发展。要推动产业数字化，利用互联网新技术新应用对传统产业进行全方位、全角度、全链条的改造，提高全要素生产率，释放数字对经济发展的放大、叠加、倍增作用"[①]，实现生态文明建设的信息化与智能化。二是政府要鼓励创新，形成基于大数据的科学智能决策治理体系，促进生态环境领域科技成果的推广与转化，以数字技术赋能生态治理。三是要充分发挥数字文化消费的辐射和带动作用，促进生态资源的活化，为生态新基建注入新的发展动能。四是要尽快抓住人工智能带来的发展机遇，利用其独特优势，打造以"智能+"为普遍应用模式的生态服务平台，营造数字化、智能化的市场环境，打通国内大循环，实现国内国外双循环，保障生态环境数据资源跨层级、跨地域、跨系统、跨部门、跨业务的有序共享，保障生态环境公共服务供给的个性化、智能化、品质化，大幅提高生态治理效率，使其成为推进国家治理体系和治理能力现代化的重要"利器"。

---

① 《敏锐抓住信息化发展历史机遇 自主创新推进网络强国建设》，《人民日报》2018年4月22日。

（三）协同合作，打造多元共治的生态环境治理新格局

面对科学技术发展的不可控性及其给人类带来的生态环境问题，我们应该如何处理信息共享与主体权力的关系？如何看待多元主体的道德权利和责任分配问题？如何使技术"行有德之事"？这些都是生态治理中科技伦理关注的焦点。柏拉图在《理想国》中提到，"当生意人、辅助者和护国者这三种人在国家里各做各的事而不相互干扰时，便有了正义，从而也就使国家成为正义的国家了"[①]。作为一项集体性事业，生态治理需要所有道德主体担必要之责，行正义之事，营造全社会共同参与的良好氛围。

第一，国家作为总体协调者，要因人、因时、因地、因需创新治理方式，充分运用信息互联、数据共享、高效运转的治理平台，建立快速便捷的传导机制和协调机制，彻底打破政府、产业界、科学技术专家、人文学者与公众之间的信息沟通壁垒，推动政用产学研良性互动，形成生态治理的强大合力，提升生态环境治理的系统性和互动性。第二，作为经济活动主体，企业应不断适应环境形势变化，坚持绿色科技观，在积极开展技术创新、产品创新、商业模式创新等实践活动的同时，加强生态伦理建设，勇于承担生态责任，科学防范生态环境风险。第三，科研人员要充分发挥创新主体的作用，推动现代技术的集成创新与运用，解决建模前的可解释性分析、数据可视化等问题；要消除既有的傲慢情结及其对人文学者的固有偏见，明确自身的伦理道德责任，提升自身的伦理问题意识和伦理治理能力。第四，人文学者要用科学技术武装自身，正视当代科学技术制造的恐怖谷效应，未雨绸缪，积极寻求与科学技术专家的对话，引导人类与技术形成一种共生性关系，或者说是一种向善关系。第五，公众应依托生态环境科普教育基地和生态文化交流窗口等平台不断提升自身的生态伦理意识，以敬畏的心理积极投身绿色技术、生态伦理等宣传教育活动，主动参与生态管理与监督工作。概言之，唯有各方主体各就其位、各司其职、共建共享，以热爱和敬畏之心对待自然界，

[①]　柏拉图：《理想国》，郭斌和、张竹明译，商务印书馆1986年版，第156页。

才能形成多元共治的生态环境治理新格局，有效规避生态文明建设过程中的科技伦理问题。

四、结语

科学技术是富有创造性的实践智慧。"当今世界，新一轮科技革命蓄势待发，物质结构、宇宙演化、生命起源、意识本质等一些重大科学问题的原创性突破正在开辟新前沿新方向，一些重大颠覆性技术创新正在创造新产业新业态，信息技术、生物技术、制造技术、新材料技术、新能源技术广泛渗透到几乎所有领域，带动了以绿色、智能、泛在为特征的群体性重大技术变革。"[①] 生态文明建设也不例外，不断追求速度、质量和效益的统一，正在从传统模式的技术创新走向符合生态需求的绿色技术创新。

"从任何一种角度上来说，科学都是人类认识他们生活于其中的世界性质的工具，是从根本上指导人类在那个世界上的行为的知识，尤其在与生态圈的关系上。"[②] 面对人与自然之间错综复杂的关系，科学技术在新时代生态文明建设过程中扮演了"服务器"的角色，具体表现在：提供了新思想，"负责任创新"理念嵌入到了创新活动中，人类的思维方式发生了重大变化，认知结构得到了重塑；注入了新动能，科技创新链条更加灵巧，生态系统与经济增长的转换通道更加便捷，绿水青山变成金山银山，生态生产力大幅提升；激发了新活力，生态环境保护科学普及不断加强，人与自然和谐共生的理念深入人心，全社会共同推动绿色发展。

与此同时，我们还需坚持马克思主义科技观，关注技术理性带来的异化现象，以高度的生态自觉认识和处理科学技术与生态文明建设的互动关系，实现合规律性与合目的性的有机统一；打破生态环境领域科技创新的制约瓶颈，优化数据资源要素的市场化配置与治理，推进数据智能化驱动的网络协同与创新，

---

① 习近平：《为建设世界科技强国而奋斗——在全国科技创新大会、两院院士大会、中国科协第九次全国代表大会上的讲话》，《人民日报》2016年6月1日。

② 巴里·康芒纳：《封闭的循环——自然、人和技术》，侯文蕙译，吉林人民出版社1997年版，第91页。

加快生态环境科技成果应用转化的速度，充分发挥科技成果在环境质量改善和环保产业发展方面的支撑作用；引导各方主体充分发挥责任意识，正确认知环境风险，加强思想启蒙和道德实践，通过自主性反思形成和谐的伦理关系，成功地将技术上的现实性转化成为社会意义上的现实性，向着生态文明建设的价值目标不断迈进。

🎤 第二十三讲

生态经济学与生态文明建设

郭兆晖*

引言 我国经济已由高速增长阶段转向高质量发展阶段。党的十九届五中全会提出："把新发展理念贯穿发展全过程和各领域，构建新发展格局，切实转变发展方式，推动质量变革、效率变革、动力变革，实现更高质量、更有效率、更加公平、更可持续、更为安全的发展。"在转变经济发展方式的攻关期，如何在习近平生态文明思想指导下协调好生态文明建设与转变经济发展方式的关系，成为我国进入新发展阶段后实现人与自然和谐共生的现代化的重大命题之一，本讲专门就这一问题进行探讨。

以自然资本为核心的三大生态经济学原理，可以消除实践中产生的生态文明建设与经济建设之间的矛盾，实现人与自然的和谐发展。这三大原理一是推动绿色发展，二是公平分配自然资本，三是有效配置自然资本。

一、实践困惑：生态文明建设与经济建设的张力

在实践中，生态文明建设与经济建设面临诸多张力或矛盾，可以归纳为三个方面。

---

* 郭兆晖，中共中央党校（国家行政学院）社会和生态文明部生态文明建设教研室副主任、副教授，兼任中国人民大学风险资本与网络经济研究中心副主任，美国密歇根州立大学访问学者，曾挂职山东省莱州市委常委、副市长。

（一）生态文明建设与经济建设究竟是什么关系？

这是我们常谈的"发展与保护"的关系。虽然现在绝大部分领导干部都已经理解了生态文明建设的重要性，但在实际工作中仍存在大量为了GDP增长而牺牲生态环境的现象，一些地方的经济发展依然走的是粗放型、高污染、高能耗的路子。要真正协调好生态文明建设与转变经济发展方式的关系，就要改变单纯的GDP考核模式。问题是，如何建立体现生态文明要求的目标体系、考核办法、奖惩机制？

（二）如何公平地分配自然资源？

一些地区输出了大量自然资源，但是当地生态环境却遭到破坏，也有一些地区守着绿水青山，却换不来金山银山；一些地区为了当前的经济利益，耗尽了子孙后代的自然资源，还有一些地区为了保护治理生态环境，却花了子孙后代的钱。问题是，如何补偿资源输出、维护生态良好及保障子孙后代的环境权利？

（三）在生态文明下，如何实现转变经济发展方式？

有人认为，需要加大政府投入并行政性关停污染企业，那么，是否还有别的更好的办法？市场在生态文明建设领域能否发挥资源配置的决定性作用？如果能的话，如何发挥作用？当前中央生态环保督察起到了较好的推动生态文明建设的效果，但是这种运动式的高成本的行政手段是否是长效机制？政府如何更好地发挥作用？

二、理论基础：生态经济学

这些实践中的问题需要我们首先从理论上来解决。

（一）生态经济学是生态文明建设与经济建设矛盾的重要理论

生态经济学是为了解决20世纪以来人类面临的日益严重的生态环境问题与

经济发展之间的矛盾而产生的学科。作为一门经济学与生态学交叉形成的学科，它根据生态学和经济学的原理，从生态规律和经济规律的结合上来研究人类经济活动与自然生态环境的关系；它既从生态学的角度研究经济活动的影响，又从经济学的角度研究生态系统和经济系统相结合而形成的更高层次的复杂系统即生态经济系统的结构、功能及其规律，从而使社会物质资料生产得以进行的经济系统和自然界的生态系统之间形成对立统一的关系。

生态经济学是一门也是唯一一门诞生于中国的经济学学科。[①]1980年8月，我国马克思主义经济学家许涤新首次发出研究我国生态经济问题并逐步建立我国的生态经济学的倡议。许涤新多次组织召开全国性的、由生态学家和经济学家共同参加的生态经济座谈会，倡议生态学与经济学结合，推动生态经济学研究工作的发展。1980年9月，由许涤新主持，中国社会科学院经济研究所和《经济研究》编辑部联合召开了我国首次生态经济问题座谈会，正式拉开了创建生态经济学的序幕。在这次座谈会上，许涤新、马世骏、侯学煜、阳含熙、王耕今等经济学家、生态学家在一起共同研究生态经济学问题，这是两大科学领域在生态经济学上的第一次密切合作；会后出版了世界第一部生态经济学论文集《论生态平衡》。1982年11月，由许涤新倡议，在南昌市召开了全国第一次生态经济科学讨论会。

1985年，许涤新出版了《生态经济学探索》一书，对生态经济学的研究对象、性质、任务、基本原理和实际应用等许多重要问题，都作了论述。1987年，许涤新借鉴了马克思主义关于人与自然关系的理论，在马克思主义经济学与生

[①] 国内很多书籍资料说，美国经济学家肯尼斯·鲍尔丁在1966年发表了题为《一门科学——生态经济学》的论文，提出"生态经济学"的概念，笔者查看原文、查找出处和国际相关评论，未见到鲍尔丁著有此文的任何线索。后来看到周宏春等学者也有同样的发现，参见周宏春、刘燕华《循环经济学》，中国发展出版社2005年版，第77—78页。另外，20世纪70年代初原来不考虑生态环境的西方主流经济学新古典经济学开始关注生态环境，产生两个子学科——环境经济学与自然资源经济学（或简称资源经济学）。环境经济学主要关注经济向生态环境排放废物以及由此产生的环境污染问题；自然资源经济学则主要关注经济从生态环境中获取物质与能量以及与"自然资源"相关的种种问题。但是这两门子学科一方面在西方主流经济学中不受重视，另一方面都没有认为经济与生态环境的关系是经济学中必不可少的基础。因此，这两门学科与生态经济学有着本质的区别。1976年，日本学者坂本藤良出版了《生态经济学》一书（参见周宏春、刘燕华《循环经济学》，中国发展出版社2005年版，第72页），但是笔者未见国内外其他著述提及该书，看来该书没有产生学术及实践影响。

态学结合的基础上，主编出版了《生态经济学》，成为世界首部有完整理论体系的生态经济学书籍，标志着生态经济学作为一门学科正式诞生了。在西方，以1989年国际生态经济学学会成立为标志，一些学者对主流经济学不关注生态环境的现象进行批判，针对资本主义过度追求经济增长而导致的严重生态环境问题结合生态学进行理论研究，也创建了生态经济学。

（二）习近平同志高度重视学习并运用生态经济学

习近平同志在领导浙江生态省建设时指出："建设生态省，正是要根据生态经济学原理和循环经济理论，以最小的资源环境代价谋求经济、社会最大限度的发展，以最小的社会、经济成本保护资源和环境；既不为发展而牺牲环境，也不为单纯保护而放弃发展，既创建一流的生态环境和生活质量，又确保社会经济持续快速健康发展，从而走上一条科技先导型、资源节约型、清洁生产型、生态保护型、循环经济型的经济发展之路。"[①]习近平同志依据生态经济学基本理论，开辟了马克思主义中国化的新境界；习近平生态文明思想是指导我国生态文明建设与转变经济发展方式的实践推向深入的指导思想。

生态经济学与西方主流经济学不同，不再把生态环境作为一种给定的外界投入品，而是作为可以带来经济效益的资源，把生态环境所提供的生产方式看成为资本的一种类型，称为自然资本。自然资本指太阳能、土地、矿石、化石燃料、水、生物体等自然资源及生态环境各组成部分相互作用提供给人类的服务。自然资本是生态经济学的中心范畴。

习近平同志反复把自然资本作为核心要素用于生态文明建设与经济发展方式转变的阐述。早在2003年10月，时任浙江省委书记的习近平同志与浙江省委党校部分学员座谈时就指出"生态环境是资源，是资产"[②]。2015年9月，习近平总书记主持召开中共中央政治局会议，审议通过了《生态文明体制改革总体方案》（以下简称《方案》），对生态文明领域的改革作出了顶层设计。《方案》把自

---

①　习近平：《全面启动生态省建设　努力打造"绿色浙江"——在浙江生态省建设动员大会上的讲话》，《环境污染与防治》2003年第4期。

②　习近平：《干在实处　走在前列——推进浙江新发展的思考与实践》，中共中央党校出版社2006年版，第190页。

然资本作为核心理念，强调"自然生态是有价值的，保护自然就是增值自然价值和自然资本的过程"[①]。党的十八届五中全会将绿色发展列为新发展理念之一。2016年1月，习近平总书记在省部级主要领导干部学习贯彻十八届五中全会精神专题研讨班开班式上明确指出，"要坚定推进绿色发展，推动自然资本大量增值"[②]。2018年5月，习近平总书记在全国生态环境保护大会上进一步要求，"绿水青山既是自然财富、生态财富，又是社会财富、经济财富。保护生态环境就是保护自然价值和增值自然资本，就是保护经济社会发展潜力和后劲，使绿水青山持续发挥生态效益和经济社会效益"[③]。

三、绿色发展：绿水青山就是金山银山

习近平同志用绿水青山和金山银山这"两座山"作比喻，生动形象地说明了生态文明建设与转变经济发展方式的关系。早在2006年3月，他在中国人民大学演讲时就概括了"两山论"，指出："在实践中对绿水青山和金山银山这'两座山'之间关系的认识经过了三个阶段：第一个阶段是用绿水青山去换金山银山，不考虑或者很少考虑环境的承载能力，一味索取资源。第二个阶段是既要金山银山，也要保住绿水青山。这时候经济发展和资源匮乏、环境恶化之间的矛盾开始凸显出来，人们意识到环境是我们生存发展的根本，要留得青山在，才能有柴烧。第三个阶段是认识到绿水青山可以源源不断地带来金山银山，绿水青山本身就是金山银山，我们种的常青树就是摇钱树，生态优势变成经济优势，形成了浑然一体、和谐统一的关系，这一阶段是一种更高的境界。"[④]

（一）生态系统与经济系统的关系

要协调绿水青山和金山银山的关系，首先要从理论上分析生态系统与经济

① 《中共中央 国务院印发〈生态文明体制改革总体方案〉》，新华网2015年9月21日。
② 《习近平在省部级主要领导干部学习贯彻党的十八届五中全会精神专题研讨班上的讲话》，《人民日报》2016年5月10日。
③ 习近平：《推动我国生态文明建设迈上新台阶》，《求是》2019年第3期。
④ 习近平：《之江新语》，浙江人民出版社2007年版，第186页。

系统的关系。有一种观念认为，生态系统是经济系统子系统，为经济系统提供自然资源和废弃物处理。因此，经济系统可以无限地扩大，人类可以无限索取资源，而生态系统的自然资源供给和废弃物处理能力也可以随着经济系统的扩大而扩大。

然而，在科技能达到的范围内，目前宇宙中还只有地球能提供给我们人类生存所需要的生态环境。[①] 2017年1月，习近平在联合国日内瓦总部的演讲中指出："宇宙只有一个地球，人类共有一个家园。霍金先生提出关于'平行宇宙'的猜想，希望在地球之外找到第二个人类得以安身立命的星球。这个愿望什么时候才能实现还是个未知数。到目前为止，地球是人类唯一赖以生存的家园，珍爱和呵护地球是人类的唯一选择。"[②]

生态经济学认为，生态不是经济的子系统；相反，经济才是生态的子系统。2015年9月，习近平在纽约联合国总部明确指出："我们要构筑尊崇自然、绿色发展的生态体系。人类可以利用自然、改造自然，但归根结底是自然的一部分，必须呵护自然，不能凌驾于自然之上。"[③]

（二）生态优先、绿色发展为导向的高质量发展

地球上的自然资源是有限的，废弃物累积的空间也是有限的，过度消耗自然资源、过度产生废弃物的经济增长模式不能无限度地持续。正如习近平总书记反复强调的："决不以牺牲环境为代价去换取一时的经济增长。"[④]

我们需要改变这种"一时的经济增长"，协调好经济系统与生态系统的关系，使经济系统在生态系统的界限内合理增长。那么，如何实现经济发展方式的转变呢？2013年9月，李克强总理在大连举行的夏季达沃斯论坛开幕致辞中指出，"中国经济发展的奇迹已进入提质增效的'第二季'，后面的故事会更精

---

① 虽然美国国家航空航天局在2015年7月宣称在天鹅座发现了一颗与地球相似的类地行星开普勒-452b，但是这个类地行星距离地球过于遥远，相距1400光年。

② 习近平：《共同构建人类命运共同体——在联合国日内瓦总部的演讲》，《人民日报》2017年1月20日。

③ 习近平：《携手构建合作共赢新伙伴　同心打造人类命运共同体——在第七十届联合国大会一般性辩论时的讲话》，《人民日报》2015年9月29日。

④ 《习近平主持中共中央政治局第六次集体学习》，《人民日报》（海外版）2013年5月25日。

彩"①。"提质增效"便是转变经济发展方式的核心。党的十九大提出"必须坚持质量第一、效益优先"。在此基础上，习近平总书记进一步提出"探索以生态优先、绿色发展为导向的高质量发展新路子"②。对于生态系统与经济系统的关系而言，"生态优先、绿色发展为导向的高质量发展"就是要减少自然资源使用，减少产生废弃物，循环使用废弃物，提升能源效率，增加使用可再生能源，这就是绿色发展，是在生态文明下，经济发展方式应转变的方向。

绿色发展意味着，不仅经济系统提供的生产方式，即用于提供商品与服务的生产资料——我们称之为物质资本——得到质量和效益的提高；而且生态系统提供的生产方式，即自然资本也得到质量和效益的提高。而物质资本与自然资本则构成人类幸福的两个基本实体来源。绿色发展提高了物质资本与自然资本的质量和效益，进而提升了民众的幸福感与获得感。这正是要把"绿水青山"转化为"金山银山"。

（三）如何评价考核绿色发展？

一直以来，经济增长的评价、测度指标是国内生产总值（GDP），一般认为GDP的上升代表着人们幸福感的上升。1974年，美国南加州大学经济学教授理查德·伊斯特林指出：在基本需要得到满足之前幸福与经济增长的相关度较大，之后则幸福与经济增长的相关度不大。这个观点被称为"伊斯特林悖论"，自提出之后一直是经济学界讨论的焦点。近年来，伊斯特林和他的同事又重新审视了自己提出的"悖论"，在2010年发表了新的研究成果。他带领研究团队收集了世界范围37个国家的幸福感数据，跟踪了每个抽样国家到2005年为止12～34年的数据，发现幸福感的改善与人均GDP的增长率没有显著关系。最为特殊的是我国，近20年来，人均GDP年均增速近10%，但是民众的幸福感反而下降了。③

---

① 李克强：《以改革创新驱动中国经济长期持续健康发展——在第七届夏季达沃斯论坛上的致辞》，《人民日报》2013年9月12日。

② 《保持加强生态文明建设的战略定力 守护好祖国北疆这道亮丽风景线》，《人民日报》2019年3月6日。

③ Easterlin, R.A., Mcvey, L. A., Switek, M., Sawangfa, O. and Zweig, J.S., "The Happiness-income Paradox Revisited," *Proceedings of the National Academy of Sciences of the United States of America*, Vol.107（52），2010, pp.22463–22468.

　　绿色发展模式能较好地解释"伊斯特林悖论"。由于自然资本也是幸福的重要来源，GDP所代表的货币收入只衡量了物质资本，没有衡量自然资本，当然难以完全反映人们的幸福。正如由法国前总统萨科齐委任的诺贝尔奖获得者约瑟夫·斯蒂格利茨和阿玛蒂亚·森所领导的顾问团发布的报告称，金融危机席卷全球如此出乎人们意外，原因之一是监控系统失灵了。市场参与者与政府官员并没有把注意力放在正确的统计指标上。GDP被作为经典指标广泛引用，它并不能很好地衡量总体幸福，而且这其实已经有一段时间了。[①] 2015年7月，斯蒂格利茨在接受法国《世界报》采访时，进一步指出必须重新定义经济增长，让经济增长能够反映经济活动的可持续性。

　　这需要用新的指标来评价、测度绿色发展。从原理上搞清生态系统与经济系统的边界，测度出自然资本的数量及其质量和效益。2013年6月，习近平总书记在全国组织工作会议上指出，"要改进考核方法手段，既看发展又看基础，既看显绩又看潜绩，把民生改善、社会进步、生态效益等指标和实绩作为重要考核内容，再也不能简单以国内生产总值增长率来论英雄了"[②]。党的十八大提出"要把资源消耗、环境损害、生态效益纳入经济社会发展评价体系，建立体现生态文明要求的目标体系、考核办法、奖惩机制"。党的十八届三中全会要求"完善发展成果考核评价体系，纠正单纯以经济增长速度评定政绩的偏向，加大资源消耗、环境损害、生态效益等指标的权重"。《方案》要求建立生态文明目标体系，研究制定可操作、可视化的绿色发展指标体系。2016年12月，中共中央办公厅、国务院办公厅印发《生态文明建设目标评价考核办法》，初步构建了我国生态文明建设目标评价考核制度。2019年4月，中共中央办公厅印发《党政领导干部考核工作条例》，强调考核地方党委和政府领导班子生态文明建设工作实绩。党的十九届四中全会再次强调"建立生态文明建设目标评价考核制度"。

　　① Marie Leone，"Stiglitz: GDP Blinded Us to the Crisis，"CFO.com,（09–29），2013，http://www.cfo.com/printable/article.cfm/14443847.

　　②《习近平强调:建设一支宏大高素质干部队伍》，《人民日报》2013年6月30日。

四、公平分配：良好生态环境是最公平的公共物品

（一）经济增长不能自动解决分配问题

1995年诺贝尔经济学奖得主罗伯特·卢卡斯曾这样写道："在那些有损于合理的和严谨的经济学说的倾向当中，我个人认为最有害的是对资源和收入分配的过多关注。这时候，一个美国家庭的孩子可能刚刚出生，而一个印度家庭的孩子也可能刚刚降临人世。这位新出生的美国人在任何一个方面可以支配的资源，将是其新出生的印度兄弟的15倍。在我看来，这是一个非常可怕的错误，需要我们采取措施来纠正。但是不需要由富人向穷人转移资源和财富，通过重新分配现有的世界总产出来提高低收入人群生活水准，而是要通过增加全球总产出来提高低收入人群生活水准。"[1]

很多人和卢卡斯一样认为只要经济增长了，每个人都能从总增长里分配到更多，分配不公平的问题就会自动解决。其实，这直接无视了公平分配的问题。我们来看看美国自身的实际情况，就很容易发现卢卡斯这个论断存在的问题。两位法国经济学家托马斯·皮凯蒂和伊曼纽尔·赛斯的研究显示，美国社会收入差距在1940—1970年间保持较低水平，随后不断扩大。2011年美国0.01%的最富裕人口拥有3.15%的国民收入，且这部分人收入增长最快。如果加上资本收益，2011年美国0.01%的最富裕人口拥有4.48%的国民收入。[2]

自然资本的分配也存在不公平的状态，比如自然资源价格过低、自然资源开发的社会成本补偿不足等。如果定量加上自然资本的价值，分配不公平的情况会更加严重。

（二）自然资本的区域分配

自然资本的分配问题不仅存在于穷人与富人之间，也存在与穷国与富国之

---

[1] Lucas, Robert E. J r., "Industrial Revolution: Past and Future," *The Region, Annual Report*, Federal Reserve Bank of Minneapolis, May, 2004, pp. 5–20.

[2] Dylan Matthews, "How the Ultra–rich Are Pulling Away From the 'Merely' Rich," *Washington Post*, 2013, （02–19）.

间。近几十年来，大部分发达国家都注意到了自己国家环境的恶化，它们通过各种措施治理污染，减少了污染性产品的消费，改善了污染治理技术。但很多时候，这只是将污染和资源开采产业转移到了没有这类环境治理措施的发展中国家。这种转移的背后，是这样的事实：发达国家的环境改善是以发展中国家的环境恶化为代价的。而且，发展中国家的污染治理能力与要求大大低于发达国家，生产相同的产品，发展中国家会比发达国家产生更多的污染。

我国目前已经成为了世界工厂、第一贸易大国。与此同时，我国也严重地遭受了发达国家污染转移之害。研究表明，2010年美国通过国际贸易向我国净转移6.7亿吨二氧化碳，欧盟各国通过国际贸易向我国净转移5.7亿吨二氧化碳。[①]据美国能源部估计，2010年中国二氧化碳排放量是82.8亿吨。[②]据此粗略计算，仅仅美国、欧盟就通过国际贸易向中国转移的二氧化碳就占了中国二氧化碳排放总量的15%。据联合国商品贸易统计数据库（Comtrade）的数据，2015年全世界超过70%的废塑料和37%的废纸都出口到中国。欧洲国家和美国是这些废品的主要来源地。[③]据路透社报道，中国是全球主要的垃圾进口国家，2016年中国进口全球56%的垃圾，其中废塑料730万吨，总值达37亿美元。[④]因此，2017年4月，习近平总书记主持召开的中央全面深化改革领导小组第三十四次会议审议通过了《关于禁止洋垃圾入境推进固体废物进口管理制度改革实施方案》。同年7月，原环保部向世界贸易组织（WTO）提交文件，要求紧急调整进口固体废物清单，于2017年底前，禁止进口4类24种固体废物，包括生活来源废塑料、钒渣、未经分拣的废纸和废纺织原料等高污染固体废物。

（三）自然资本的代际分配

代际分配也是一个重要问题。消费主义盛行导致过度消费，进而导致了以

---

① 中国人民大学气候变化与低碳经济研究所：《中国低碳经济年度发展报告（2012）》，石油工业出版社2012年版，第382—385页。

② 数据来源于美国能源部二氧化碳信息分析中心（CDIAC）数据库，http://cdiac.ornl.gov/CO2_Emission/timeseries/national。

③ 参见《如何理解中国拒收"洋垃圾"的全球影响？》，中外对话网2017年3月28日。

④ 参见《向外国垃圾说不！中国正式通知WTO：不再接收外来垃圾》，环球网2017年7月19日。

金融行业为代表虚拟经济的急剧膨胀，借贷迅速增长，超过了实体经济的承受能力，超过了自然资源的使用限度。2008年从美国开始的次贷危机便是最好的案例。美国人花光储蓄后，又借了数万亿美元，继续花着还没有挣来的钱。而为了获得美元，世界上数以百万计的人乐意提供商品和服务。全球抢购风以及总产出的急剧上升，推升了石油的需求，并导致世界石油价格的上涨。石油价格的急剧上涨引发了全球供应链中从谷物到汽油等物品价格的上涨。2008年7月，当石油价格飙升至创纪录的每桶147美元时，全球范围内的购买力崩溃终于发生了。60天后，由于大量借款未得到清偿，银行业停止放贷，股市崩溃。这便是影响至今的金融危机的源头。消费主义导致当代人过度使用自然资本，而使下一代面临自然资源匮乏、生态环境恶化的艰难局面。

我国自然资本的基本属性要求我们更加重视公平分配。我国宪法第九条规定，"矿藏、水流、森林、山岭、草原、荒地、滩涂等自然资源，都属于国家所有，即全民所有；由法律规定属于集体所有的森林和山岭、草原、荒地、滩涂除外"。党的十八届四中全会要求"健全以公平为核心原则的产权保护制度"，党的十八届五中全会提出共享发展的理念，不仅物质产品要让人民共享，自然资本分配的利益也要让人民共享。党的十九届四中全会更是把分配制度上升到社会主义基本经济制度，公平分配关系到能否实现共同富裕。习近平总书记指出："良好生态环境是最公平的公共产品，是最普惠的民生福祉。"[1] "良好生态环境是全面建成小康社会的重要体现，是人民群众的共有财富。"[2]

（四）公平分配自然资本需要处理好三大关系

第一，处理好穷人与富人的关系。过于贫穷的人不会考虑生态可持续的问题，他们为了生存不得不破坏土壤、砍伐森林、过度放牧并忍受严重的污染。过于富裕的人消耗了大量有限的资源，对生态系统不负责任地索取。这意味着未来不能用这些资源来提高穷人的幸福，生态扶贫是协调好穷人与富人的自然

---

[1] 《习近平总书记系列重要讲话读本》，学习出版社、人民出版社2014年版，第123页。
[2] 《牢固树立绿水青山就是金山银山理念　打造青山常在绿水长流空气常新美丽中国》，《人民日报》2020年4月4日。

资本分配的一项有效措施。2004年12月，习近平同志在浙江省政协九届九次常委会议上指出："人类社会在生产力落后、物质生活贫困的时期，由于对生态系统没有大的破坏，人类社会延续了几千年。而从工业文明开始到现在仅三百多年，人类社会巨大的生产力创造了少数发达国家的西方式现代化，但已威胁到人类的生存和地球生物的延续。西方工业文明是建立在少数人富裕、多数人贫穷的基础上的；当大多数人都要像少数富裕人那样生活，人类文明就将崩溃。当今世界都在追求的西方式现代化是不能实现的，它是人类的一个陷阱。所以，必须在科学发展观指导下，探索一条可持续发展的现代化道路。"[①]因此，生态文明是建立在共同富裕基础上的超越工业文明的文明形态。

第二，处理好欠发达区域与发达区域的关系。对国际而言，我国坚持共同但有区别的责任原则、公平原则、各自能力原则来进行全球自然资本的分配，应对发达国家的污染转移，限制高污染、高能耗产品贸易，鼓励绿色产品贸易，还要积极参与全球环境治理，承担并履行好同发展中大国相适应的国际责任。习近平总书记不仅认清了发达国家对我国的"污染转移"，也认识到发达国家通过设置"绿色壁垒"限制我国发展。他曾指出："从国际上看，绿色消费成为时尚，'绿色壁垒'已成为对外贸易的重要制约因素。"[②]对国内而言，欠发达区域与发达区域也存在自然资本的巨大差异。因此，习近平总书记强调把绿色发展作为欠发达区域的增长点。2015年5月，他在华东七省市党委主要负责同志座谈会上强调："要采取有力措施促进区域协调发展、城乡协调发展，加快欠发达地区发展，积极推进城乡发展一体化和城乡基本公共服务均等化。要科学布局生产空间、生活空间、生态空间，扎实推进生态环境保护，让良好生态环境成为人民生活质量的增长点，成为展现我国良好形象的发力点。"[③]

第三，处理好当代人与后代人的关系。当代人有责任保存足够的自然生态资源，保障后代人对提供令他们满意的生活质量所需要的资源的权利。习近平

---

① 习近平：《之江新语》，浙江人民出版社2007年版，第118页。

② 习近平：《干在实处 走在前列——推进浙江新发展的思考与实践》，中共中央党校出版社2006年版，第190页。

③ 《抓住机遇立足优势积极作为 系统谋划"十三五"经济社会发展》，《解放军日报》2015年5月30日。

同志多次强调要"给子孙后代留下天蓝、地绿、水净的美好家园"。在浙江工作时，他指出"生态环境方面欠的债迟还不如早还，早还早主动，否则没法向后人交代"，"不能不顾子孙后代，有地就占、有煤就挖、有油就采、竭泽而渔；更不能以牺牲人的生命为代价换取一时的发展"①。2013年5月，他在中央政治局第六次集体学习时指出："生态环境保护是功在当代、利在千秋的事业。要清醒认识保护生态环境、治理环境污染的紧迫性和艰巨性，清醒认识加强生态文明建设的重要性和必要性，以对人民群众、对子孙后代高度负责的态度和责任，为人民创造良好生产生活环境。"②

从这三大关系整体上看，我国还需要完善体现区域补偿及代际补偿的生态补偿机制，通过中央财政转移支付、横向生态补偿机制等方式实现公平分配自然资本。因此，党的十九大提出"建立市场化、多元化生态补偿机制"。

五、有效配置：构建政府与市场协同运行机制

党的十八届三中全会提出要发挥"市场在资源配置中的决定性作用"，党的十九大、党的十九届四中全会、党的十九届五中全会再次强调了这个重要论断。从生态经济学理论来看，市场配置资源的重要前提是资源的稀缺性。稀缺资源同时具有竞争性与排他性，可以通过市场来有效地生产和分配。竞争性是某些资源的内在属性，即一个人对资源的消费和使用会减少其他人可以使用的资源数量。排他性是指资源的产权只允许所有者使用，同时阻止其他人使用。排他性需要产权制度的保护，即需要政府或社会组织为没有能力保护自己财产的人签订社会协议，使他们的资源具有排他性。

可以形成自然资本的产品与要素根据资源稀缺性可以分为资源性产品、可再生能源、生态产品、可再生生物资源及废弃物吸收能力等几类。这些产品与要素不完全具有稀缺性，因此市场难以有效地配置。我们要通过分析各种不同类型的自然资本的属性，来判断其稀缺性，构建政府与市场的协同运

---

① 《十七大以来重要文献选编》上，中央文献出版社2009年版，第590页。
② 《习近平主持中共中央政治局第六次集体学习》，《人民日报》（海外版）2013年5月25日。

行机制，既使市场起决定性作用，又更好地发挥政府的作用来有效配置自然资本，实现自然资本的大量增殖。

（一）资源性产品的有效配置

资源性产品是主要指水、不可再生能源、矿产、土地四大类产品，具有有限的、不可再生的特点，因而具有竞争性与排他性，可以通过市场直接配置。但是资源性产品的开发过程都会污染或破坏环境，这些成本并没有包含在市场配置自发形成的资源性产品的价格中，此即"外部性"。因此，需要政府对这种"外部性"定价加入资源性产品的价格中，而且还要考虑到后代对资源性产品的使用，赋予后代人一定量的资源的产权。只有在能够补偿后代生态价值相等的其他资源的条件下，当代人才可以使用这些资源，形成这种合理的价格机制，因此，党的十九大要求"建立覆盖资源开采、消耗、污染排放及资源性产品进出口等环节的绿色税收体系"。

（二）可再生能源的有效配置

可再生能源指太阳能、风能、水能、生物质能、潮汐能等，其实这些资源都来自太阳。这些资源原本没有竞争性与排他性，但是利用这些可再生能源一般要通过具有竞争性与排他性的设施。因此，其价格主要来自这些设施的成本。美国著名学者杰里米·里夫金在《第三次工业革命：新经济模式如何改变世界》中指出可再生能源已经成为第三次工业革命的动力。发达国家都高度重视可再生能源的发展。由于可再生能源比煤、石油、天然气等不可再生能源的利用成本高，因此为了鼓励可再生能源的发展，各国政府都给予一定的补贴。

（三）生态产品的有效配置

生态产品指维系生态安全、保障生态调节功能、提供良好人居环境的自然要素，比如清新的空气、清洁的水源和宜人的气候等。生态产品不具有排他性，大部分也不具有竞争性，因此无法用市场确定价格来有效配置。解决方法是对生态产品进行货币化估值，达到给人民提供更多优质生态产品的目标。2018年4月，习近平总书记在深入推动长江经济带发展座谈会上指出，"要选择具备条件的地区开展生态产品价值实现机制试点，探索政府主导、企业和社会各界参与、市场化运作、可持续的生态产品价值实现路径"①。2018年5月，他在全国生态环境保护大会上强调，"要探索政府主导、企业和社会各界参与、市场化运作、可持续的生态产品价值实现路径，开展试点，积累经验"②。2019年8月，他在中央财经委员会第五次会议进一步指出，要"在长江流域开展生态产品价值实现机制试点"。③

（四）可再生生物资源的有效配置

可再生生物资源包括森林、野生动物等在内的生物资源。这些资源具有竞争性和潜在的排他性，依赖于政府或社会机构是否界定其产权。一旦这些资源被界定了产权，就可以通过市场进行有效配置了。集体林权制度改革从新中国成立后一直在推进。党的十八届三中全会指出"健全国有林区经营管理体制，完善集体林权制度改革"。党的十八届五中全会进一步提出"创新产权模式，引导社会资金投入植树造林"。这样可以更快更好地实现开展大规模国土绿化行动，加快水土流失和荒漠化、石漠化综合治理，保护生物多样性，筑牢生态安全屏障。

（五）废弃物吸收能力的有效配置

废弃物吸收能力是生态系统对经济系统产生的废弃物的处置能力，直接与生态系统的环境容量相关。废弃物吸收能力是有竞争性的，但是没有排他性。因此，可以由政府或社会机构界定废弃物吸收能力的产权，使之具有排他性，成为排污权或排放权，这样也可以通过市场对其有效配置。党的十八届三中全会要求"推行节能量、碳排放权、排污权、水权交易制度"。党的十八届五中全会更细化提出"建立健全排污权、用能权、用水权、碳排放权初始分配制度，

① 习近平：《在深入推动长江经济带发展座谈会上的讲话》，《人民日报》2018年6月14日。
② 习近平：《推动我国生态文明建设迈上新台阶》，《求是》2019年第3期。
③ 习近平：《推动形成优势互补高质量发展的区域经济布局》，《求是》2019年第24期。

创新有偿使用、预算管理、投融资机制，培育和发展交易市场"。比如碳排放权交易市场的建设已取得一定的成绩。2011年11月，北京、上海、天津、重庆、湖北、广东和深圳市被国家确定为首批碳排放交易试点省市，之后又加上了福建省。截止到2017年11月，全国8个试点碳排放权交易市场的配额现货累计成交量超过2亿吨二氧化碳，累计成交金额超过了46亿元。覆盖全国的电力行业的碳排放权交易市场已经于2017年底正式启动。据估计，我国如果建成全国市场，加入期货交易，交易额将达600亿到4000亿元人民币。这些排污权、用能权、用水权、碳排放权等环境权益类绿色金融产品将为生态文明建设提供巨大的经济杠杆。因此，要靠发展绿色金融这个杠杆撬动更多资本，壮大节能环保产业、清洁生产产业、清洁能源产业。让绿水青山成为老百姓"钱袋子"中的重要金融资产，更多更好地转化为金山银山。

维护河流的健康生命：黄河的生态保护实践

牛玉国*

引言 黄河是中华民族的母亲河。黄河的干流河道全长5464千米，流域面积79.5万平方千米（包括内流区4.2万平方千米），流经青海、四川、甘肃、宁夏、内蒙古、山西、陕西、河南、山东等9省（区），在山东省东营市垦利区注入渤海，是我国西北、华北地区最大的供水水源。黄河以占全国2%的河川径流量哺育了全国12%的人口，支撑了全国14%的GDP，灌溉了全国15%的耕地，是沿黄60多座大中城市的供水生命线，是我国西北、华北地区最重要的生态安全保护屏障和生态建设的重要载体和依托。多年来，黄河的开发利用已严重超过黄河水资源的承载能力；对其进行保护治理，推动流域地区生态文明建设和高质量发展迫在眉睫。

黄河流域面积40%的地区处于干旱、半干旱地区过渡带，生态环境脆弱，是我国重要的生态屏障。按照《全国主体功能区规划》，黄河流域内有三江源草原草甸湿地生态功能区、黄土高原丘陵沟壑水土保持生态功能区等12个重要生态功能区。国家"两屏三带"生态安全战略格局中的青藏高原生态屏障、黄土高原–川滇生态屏障、北方防沙带等均位于或穿越黄河流域。黄河作为我国北方地区的"生态廊道"，创造了充满活力的河流生态系统。黄河河源区是流域重要的水源涵养和补给区。黄河上中游横贯着世界最大也是生态最脆弱的黄土高原和荒漠戈壁，是黄河成为多泥沙河流和下游"地上悬河"的根源；黄河下

---

* 牛玉国，工学博士，教授级高级工程师，河海大学硕士研究生导师，华北水利水电大学兼职教授，水利部黄河水利委员会党组成员、副主任。

游为沿黄地区经济社会发展，防止土地沙漠化、盐碱化等生态恶化提供了重要的客水资源。黄河入海口又创造了我国特有的最广阔、最年轻的湿地生态系统，并成为国家湿地公园和自然保护区，目前正在筹划建设黄河口国家公园。黄河是我国西北、华北地区最重要的生态安全保护屏障和生态建设的重要载体和依托。黄河流域的保护治理和高质量发展必须始终把生态文明建设理念贯穿始终。

一、黄河治理中生态文明理论探索

20世纪末，随着我国改革开放政策的全面实施，经济社会快速发展，黄河出现了一系列新情况新问题，特别是到90年代后期各种矛盾和问题全面暴露并日益严峻。

一是频繁断流。20世纪80年代以后，由于沿黄地区工农业生产及城乡生活用水增长过快，加之来水减少，造成黄河下游频繁断流。据统计，自1972年至1999年的28年间发生断流年份达22年。其中1997年创下了断流频次天数月份最多、汛期多次断流、首次出现跨年度断流、断流河段最长等纪录，断流河段最长到达河南开封市柳园口，长约704千米。黄河断流带来的水资源危机不仅给下游两岸造成严重的经济损失，也引发了严重的生存危机、发展危机、生态危机（表现为两岸地下水严重超采形成地下漏斗，河道和河口地区湿地消失、减退，土地沙化、盐碱化等）。在下游频繁断流同时，上中游也发生断流危机。如2001年7月22日中游潼关水文站出现了0.95立方米每秒的流量过程。2003年上游头道拐水文站出现15立方米每秒流量的临近断流的危机。二是河源区生态退化。表现为冰川退缩、雪线上移、湖泊消失、湿地消减、植被退化、土地沙化、生物多样性减少。三是黄土高原人为水土流失加剧。高强度且无序的土地利用、资源开发等人类活动，加剧了黄土高原水土流失，表现为黄河"96·8"洪水"小水大沙大灾"。1996年7月底8月初，黄河下游花园口站形成流量每秒7860立方米的洪水过程，仅属于中常洪水，但含沙量却达到每立方米353千克，由于下游河槽严重淤积造成下游水位全线偏高和大面积滩区被淹。四是水污染日趋严重。20世纪90年代初，进入黄河的废污水年排放量达42亿吨，与80年代初相比增加了一倍。大量未经处理或未达标排放的废污水进入黄河，使水质呈急剧恶化之势。1997年《中国环境状况公报》显示，黄河污染（Ⅳ类及劣于Ⅳ类水质）河长占评价河长的比例已居全国七大江河的第2位。据2000年黄河流域水质评价结果，评价河长中水质劣于Ⅲ类的河长比例占46.5%，其中22.9%的河长为劣Ⅴ类。造成黄河特别是下游在资源性缺水的基础上，又增添了污染性缺水的局面，水生态、水环境恶化。

针对世纪之交黄河面临的突出问题，黄河水利委员会积极寻求解决之道，按照中央和水利部治水思路的要求，遵循全面协调可持续发展和人与自然和谐相处的原则，在总结长期治河经验的基础上，全面开展黄河重大问题研究，将经济、社会、生态发展的新要求与黄河存在问题的实际相结合，研究并确立了"维持黄河健康生命"治河新理念及其框架。该理念赋予河流生命的意义，建立"河流生命"的概念。这一治河体系主要包括三方面的内容：一是理论体系，涉及河流生命的理念、目标、评价指标体系等；二是生产体系，将"维持黄河健康生命"的理念落实到生产实践、年度任务及工作安排上；三是河流伦理体系，从哲学、伦理学等社会科学的角度研究生命的权利、伦理原则以及河流伦理学与"维持黄河健康生命"的关系。这一治河体系的基本理论框架是："维持黄河健康生命"为黄河治理开发与管理的终极目标，"堤防不决口，河道不断流，污染不超标，河床不抬高"为体现其终极目标的四个主要标志，该标志通过九条治理途径得以实现，原型黄河、数字黄河、模型黄河"三条黄河"建设是确保各项治理途径科学有效的基本手段。以上四个方面构成了"1493"治河体系。

河流伦理体系是"维持黄河健康生命"理念框架的重要组成部分之一，其研究主要分为河流生命论、河流的文化生命、黄河与河流文明的历史观察、河流伦理的自然观基础、河流的价值与伦理、河流伦理与河流立法、论河流的健康生命等7个子课题。河流伦理体系研究首次提出了建立在河流生命意义上的河流伦理观，把传统伦理学仅限于人与人之间的道德关系扩大到河流生命体，确立了河流新的价值尺度，提出维护河流永续生存的权利，以及人类在开发利用河流时应遵循的基本原则等一系列全新的理论观点，论证了河流伦理与河流立法的互补关系，在调整人与自然关系的途径上取得了新的突破。从生态哲学的层面阐释了河流健康生命的内涵，通过分析人类与自然界作用与反作用的历史演变规律，揭示了人与河流和谐相处的历史必然性。河流伦理研究的目的旨在借助人文科学和社会科学的理论进行观察、分析、反思、预测，从而把握人与自然、河流和谐相处的规律性，规范人类自身的社会行为；将人与自然的关系从以往改造、征服的关系转为和谐相处、共存共生的关系，唤起人们尊重自然规律意识的回归，建立应有的哲学思考和理念选择，树立全面、协调、可持续的发展观念。"维持河流的健康生命"现在不仅是黄河治理理念，而且也成为生态文明时代全国河流流域管理的共同理念，并且成为国际河流学会的口号，成为中国实践对人类文明的贡献。

以维持河流的健康生命为原则，黄河水利委员会"实施全河水量统一调度"，确保河道不断流；"实施黄土高原多沙粗沙区集中治理"和"调水调沙"，确保河床不抬高和堤防不决口。在以上理念的指导下，黄河水利委员会统筹兼顾防洪、水资源合理利用和生态环境保护与建设等各个方面，积极进行规划布局，先后形成了《黄河重大问题及其对策研究报告》《黄河治理开发规划纲要》《黄河近期重点治理开发规划》《黄河流域综合规划》等成果。实施了全河水量统一调度，开展了河源区修复保护、黄土高原保护治理、黄河口湿地以及乌梁素海、白洋淀等生态补水，进行了"调水调沙"等积极科学的生态文明建设探索与实践。

党的十八大以来，黄河水利委员会认真贯彻落实习近平生态文明思想和"节水优先、空间均衡、系统治理、两手发力"的治水思路，落实"统筹山水林田湖草沙系统治理""把水资源作为最大的刚性约束""紧紧抓住水沙关系调节这个'牛鼻子'"等一系列重大要求，进一步完善确立了"维护黄河健康生命，促进流域人水和谐"的治黄理念，着力把握治水主要矛盾变化，维护黄河健康生命、促进流域人水和谐，不断满足流域人民对黄河水安全、水资源、水生态、水环境的需求。

二、实施全河水量统一调度，黄河生命复健康

为解决20世纪末黄河下游频繁断流的问题，重现大河"奔流到海"的景象，

1998年12月，原国家计委、水利部联合颁布实施《黄河水量调度管理办法》，授权黄河水利委员会实行黄河水量统一调度。黄河成为首条水量统一调度的大江大河。1999年3月，黄河水利委员会正式对全河实施水量统一调度。水量统一调度，就是以水定城、以水定地、以水定人、以水定产，把水资源作为最大的刚性约束；以不断流为目标，先定水、再分水，最后调水；以黄河来水情况定"大盘子"，统筹协调配置各地国民经济用水和河道内用水，实现上下游统一调度，丰枯互补。2006年7月，在总结黄河水量统一调度经验的基础上，针对黄河水资源严重紧缺现实，国务院颁布实施了我国第一部关于大江大河流域水量调度管理的行政法规——《黄河水量调度条例》，把黄河水资源的统一管理纳入法制化轨道。

黄河水量统一调度以来，黄河水利委员会通过采取有力措施，强化水资源统一调度，实施用水总量和强度双控，优化配置水资源，精打细算用好水资源，从严从细管好水资源，打响黄河流域深度节水控水攻坚战。流域448个县级行政区达到节水型社会标准，暂停流域6省区的13个地表水超载地市和62个地下水超载县新增取水许可审批，加大水权转让实施力度，解决新增用水需求，有效提升了水资源节约集约安全利用水平。黄河实现了连续20多年全年不断流，彻底扭转了过去频繁断流的趋势，保障了流域及相关地区城乡居民生活和工农业生产供水安全，取得了巨大的经济效益、社会效益和生态效益。统一调度还促进了流域产业结构调整，推进了节水型社会建设。同时，河道基流、入海水量的增加，也遏制了下游地区生态恶化的趋势，一定程度上改善了河流生态系统功能和水环境质量，黄河生命逐步恢复健康。

三、实施调水调沙，改写了下游河床淤积抬高的历史

黄河难治，根在泥沙。水少沙多、水沙关系不协调是黄河复杂难治的根本症结。黄河多年平均天然径流量535亿立方米，列世界大江大河100位之外，仅为长江的1/17，多年平均输沙量达16亿吨，平均含沙量每立方米35千克，输沙量与含沙量均为世界大江大河之首。巨量泥沙在河道中不断淤积，导致下游

"地上悬河"高耸，目前河床普遍高于背河地面4～6米，其中高于新乡市20米，高于开封市13米，高于济南市5米。科学塑造和协调黄河水沙关系及其过程，已成为新时期黄河治理的基本策略。

黄河调水调沙，就是在现代化技术条件下，利用干支流水库对进入下游的水沙过程进行调控，塑造相对协调的水沙关系，通过水流的冲击，将水库的泥沙和河床的淤沙适时送入大海，从而减少库区和河床的淤积，增大主槽行洪能力，恢复并维持中水河槽。2002年，黄河水利委员会开展了基于小浪底水库单库运行的首次调水调沙实验，实验历时11天，取得了预期的成果。2003年，黄河流域遭遇"华西秋雨"，中游渭河及下游伊洛河、沁河相继发生洪水，黄河水利委员会结合当时洪水情况实施不同来源区水沙过程对接的调水调沙实验，利用三门峡、小浪底、陆浑、故县四座水库进行水、沙联合调度，历时12天，实现了既排出小浪底水库的库区泥沙，又使小浪底至花园口"清水"不空载运行，同时使黄河下游河道达到不淤积的目的，取得"一箭三雕"的效果。2004年，基于黄河干流多库联合调度和人工扰动的调水调沙实验，实施万家寨、三门峡和小浪底三座干流水库联合调度，利用水库蓄水下泄实现排沙出库，扩大下游主槽过洪能力，积累了在上下游无洪水情况下照样可以调水调沙的重要经验。在以上三次调水调沙实验取得成功并掌握了一定调度规律的基础上，2004年以后黄河调水调沙转入生产运行阶段。

连续20年的调水调沙成效十分显著。黄河下游河道主槽不断萎缩的状况得到了有效遏制，下游河道主河槽平均下切2.6米，改写了下游河床淤积抬高的历史。主河槽最小过流能力由2002年汛前的每秒1800立方米恢复到2021年汛前的每秒5000立方米左右，主河槽过流能力显著提高，减少中小洪水漫滩概率，减轻滩区灾害损失，滩区生态持续向好，产生了巨大的社会效益、经济效益和生态效益。经过20年的实践，黄河水沙调控机制也日益完善，小浪底水库节省出44亿立方米库容，进一步打开了黄河下游防洪调度空间，为黄河下游防洪安全提供了保障。

四、保护治理并举，河源区水源涵养现成效

黄河源区位于青藏高原东北部，以草原、湖泊、沼泽地貌为主，与长江源、澜沧江源并称为"三江源"。"三江源"是我国和亚洲的重要淡水供给地，是"中华水塔"，也是黄河径流主要来源区和水源涵养区。扎陵湖、鄂陵湖是流域内海拔最高的淡水湖，湖区及周边栖息着珍稀高原野生动物，同时阻隔着柴达木盆地荒漠化向东南蔓延，是维系青藏高原生态平衡的重要砝码。

黄河源生态环境极其脆弱。根据2022年1月黄河水利委员会发布的《黄河流域水土保持公报（2020年）》数据显示与20世纪80年代比，河源区永久性冰川雪地面积减少52%，湿地面积萎缩30%。21世纪初，黄河源头鄂陵湖出水口历史上出现首次断流。针对三江源生态恶化的严峻形势，从2005年起，国家启动三江源生态保护和建设工程，在源区全面实施沙化治理、禁牧封育、退牧还草、移民搬迁、湿地保护、人工增雨、工程灭鼠等项目，对这个重要水源涵养地实施人工干预和应急式保护。一期工程10年下来，2015年三江源各类草地产草量提高30%，土壤保持量增幅达32.5%，百万亩黑土滩治理区植被覆盖度由不到20%增加到80%以上；水资源量增加近80亿立方米，相当于560个西湖；近10万牧民放下牧鞭转产创业，黄河河源区水源涵养初见成效。

2013年，党的十八届三中全会提出建立国家公园体制这一重要生态制度设计。2015年12月9日，中央全面深化改革领导小组第十九次会议审议通过了《中国三江源国家公园体制试点方案》，自此三江源国家公园作为我国首个国家公园试点正式启动。2018年，国家发展改革委公布《三江源国家公园总体规划》。随着三江源国家公园体制的实施，黄河源区治理保护翻开了新的一页。

五、统筹山水林田湖草沙系统治理，黄土高原旧貌换新颜

黄河流域的水土流失主要集中在黄土高原地区，该区域面积64万平方千米。据1990年遥感调查资料，水土流失面积达45.4万平方千米，每年每平方千米水

土流失超过15000吨的剧烈侵蚀面积占全国同类面积的89%。2020年黄土高原水土流失面积仍有23.42万平方千米，尤其是对黄河下游淤积影响最大的多沙粗沙区、粗泥沙集中来源区自然条件十分恶劣。严重的水土流失，不仅造成黄土高原地区生态环境恶化、人民群众长期生活贫困、经济社会发展缓慢，而且导致黄河下游河道持续淤积抬升、河床高悬。

新中国成立以来，党和国家十分重视黄河流域的水土保持工作。水土保持工作先后经历了科学研究和试验示范、全面规划、综合治理、重点整治、生态修复与水保工程相结合等阶段，正在向山川秀美的生态文明建设目标努力迈进。经过数十年坚持不懈的艰苦探索，积累了丰富的水土流失防治经验。从率先推行"户包治理小流域"模式、拍卖"四荒"到"退耕还林（草），封山绿化，个体承包，以粮代赈"政策措施全面推广，形成了千家万户治理千沟万壑的局面；从单打一治理到"以支流为骨架，县域为单位，小流域为单元，山水田林路统筹规划，梁峁坡沟川综合治理，经济效益、社会效益、生态效益协调发展"，各地普遍以"山顶戴帽子（林），山坡披褂子（草），山腰系带子（梯田），沟底穿靴子（坝）"的立体防护模式推动水土流失治理，有效遏制了黄土高原地区严重的水土流失。1999年党中央提出"再造一个山川秀美的大西北"，实施"退耕还林、封山绿化、以粮代赈、个体承包"政策。党的十八大后中央推进生态文明建设，坚持人工治理与自然修复相结合，实施上中游水土流失区重点防治工程、国家水土保持重点建设工程等，持续开展退耕还林还草，加强小流域综合治理，强化人为水土流失监管，积极探索黄土高原小流域水土保持特色产业综合体建设，积极推进"固沟保塬"工程和粗泥沙集中来源区拦沙工程建设，黄土高原水土流失治理实现了由点到面、由单项治理向综合治理的转变，黄土高原生态修复成效显著，植被覆盖度由20世纪80年代的不足30%提高到60%以上。

截至2015年，黄河流域累计保存水土保持措施面积近22万平方千米，同时建成5.8万多座淤地坝和大量的小型蓄水保土工程，平均每年减少入黄泥沙近3亿吨。因水土保持措施累计增产粮食1.57亿吨，增产果品1.56亿吨，累计经济收益11789亿元。同时，水土保持措施的实施有效改善了土壤的理化性质，原来跑水、跑土、跑肥的"三跑田"变成了保水、保土、保肥的"三保田"，便利了农村道路交通，改善了农村生产生活等基础条件；区域气候条件好转，林草植被覆盖度提高，沙尘天气减少，促进了生态良性发展。

六、实施生态调度补水，河口湿地现生机

河口三角洲地处黄河尾闾，在黄河独特水沙条件和渤海弱潮动力环境共同作用下，淤积形成了中国暖温带保存最完整、最广阔、最年轻的湿地生态系统，1500多种野生动物在此繁衍生息，是渤海区域海洋生物的重要种质资源库和生命起源地。

受黄河断流影响，三角洲严重缺乏淡水补给水源，加之区域城市化发展及农业开发所带来的土地围垦行为影响，造成20世纪末黄河口生态环境遭到破坏，淡水湿地面积萎缩、生态架构体系改变和功能退化，海水蚀退陆地，河口地区土地盐碱化、沙化，渤海浅海生物链断裂，三角洲湿地水环境失衡，大量鱼类、鸟类绝迹。

黄河水量统一调度以来，在尽量满足生活、生产用水的同时，黄河水利委员会通过联合调度骨干水库，有计划地增加河口地区生态环境用水。2008年以来，黄河水利委员会结合调水调沙实施黄河下游生态调度，持续向黄河三角洲湿地生态系统进行补水，增加湿地水面面积，提高地下水位，修复黄河下游代表物种栖息地和鱼类洄游通道等水生生态系统生态功能，有效促进黄河下游河道、河口三角洲及附近海域生态系统的自然修复。尤其是从2018年起连续实施的黄河生态调水，极大改善了湿地生态环境，为河口地区鱼类洄游和产卵提供了有利条件。河口湿地恢复区的明水水面已由统一调度前的15%增加到60%，湿地芦苇面积达到30多万亩，区域内有各种植物1900余种，鸟类数量达数百万只，湿地生态系统实现良性恢复。2020年7月，在鱼类生物多样性调查中，在黄河口现行流路口门处发现一条成年黄河鲚鱼活体，这是21世纪以来在黄河口河道首次发现黄河鲚鱼活体，标志着黄河口海域生态环境的进一步改善，也有力说明了黄河生态调度的显著成效。

同时，黄河水利委员会积极将黄河生态调度由干流向支流、由下游向全河、

由河道内向河道外延伸。2018年以来共向内蒙古乌梁素海生态补水24.32亿立方米，向华北地下水超采区和白洋淀生态补水47.07亿立方米。黄河干流和6条重要跨省支流的15个控制断面生态流量全部达标。水利与生态环境部门强化配合，流域Ⅰ～Ⅲ类水质河长占比由2012年的55.5％上升至2021年的90.4％，黄河河湖生态持续复苏。

七、实施国家战略，让黄河成为造福人民的幸福河

2019年9月18日，习近平总书记在郑州主持召开黄河流域生态保护和高质量发展座谈会并发表重要讲话，指出保护黄河是事关中华民族伟大复兴和永续发展的千秋大计，强调要共同抓好大保护、协同推进大治理，发出了"让黄河成为造福人民的幸福河"的伟大号召，黄河流域生态保护和高质量发展上升为重大国家战略。2021年10月22日，习近平总书记在济南主持召开座谈会并发表重要讲话，提出深入推动黄河流域生态保护和高质量发展。习近平总书记的重要讲话为黄河保护治理事业提供了科学指南、根本遵循。2021年，《黄河流域生态保护和高质量发展规划纲要》正式印发，对黄河保护治理进行了全面详细部署。2022年10月30日，十三届全国人大常委会第三十七次会议表决通过《中华人民共和国黄河保护法》，为在法治轨道上推进黄河流域生态保护和高质量发展提供了有力保障。

作为流域机构，黄河水利委员会认真贯彻习近平总书记重要讲话指示批示，认真梳理、深入研究，从防洪保安全，提供优质水资源、健康水生态，建设宜居水环境，传承弘扬先进水文化等方面，提出了黄河保护治理的总体思路布局，并协同流域省区全面推动国家关于黄河保护治理的重大战略部署尽快落地落实。

黄河是流域人民群众赖以生存发展的重要根基，黄河保护治理的使命是为流域人民谋幸福。推进黄河流域生态保护和高质量发展战略，黄河水利委员会将从保障黄河长治久安、水资源安全保障、水生态安全保障、加强水土保持、保护传承弘扬黄河水文化、提升流域治理能力等六大方面入手，推进黄河治理体系和治理能力现代化，促进黄河流域水利高质量发展，全面提升黄河流域水

安全保障能力，实现"防洪保安全、优质水资源、健康水生态、宜居水环境、先进水文化"目标，让黄河成为造福人民的幸福河。具体任务包括：构建"一核两策"水灾害综合防治格局，加快推进古贤、黑山峡等枢纽工程，健全流域水沙调控体系和防洪减灾工程体系，实施下游河道整治和标准化堤防现代化提升，因滩施策、实施滩区综合提升治理，完善"两岸分滞"工程，加快提升全流域水旱灾害防御能力，实现防洪保安全。加强水资源节约集约利用，强化水资源刚性约束，优化调整八七分水方案，强化"以水四定"，加强黄河水量统一调度，全面加大节水力度，加快推进南水北调西线工程及古贤、黑山峡等枢纽工程，构建黄河流域"一线多库"水资源配置格局，形成纲、目、结完备的黄河大水网，提升黄河流域水资源统筹调配能力和供水保障能力，为黄河流域生态保护和高质量发展提供优质水资源。构建"三区一廊"流域水生态保护格局，加快上游河源区、中游黄土高原地区和下游河口三角洲地区的生态保护治理，坚持修复保护和重点治理相结合，重点抓好多沙粗沙区特别是1.88万平方千米的粗泥沙集中来源区治理，开展流域生态调度，重点保障乌梁素海、黄河口保护区湿地以及地下水超采区压采治理等生态补水，维护黄河生态系统健康，实现健康水生态。通过河湖长制，强化河湖和岸线监管，深入推进河湖"清四乱"常态化规范化，打造宜居水环境。以《中华人民共和国黄河保护法》出台为契机，健全黄河保护治理法治体系，完善流域保护治理协同机制，充分发挥流域管理机构作用，建设智慧黄河，提高科技支撑能力，提升流域治理能力。保护传承弘扬黄河水文化，为筑牢流域水安全屏障提供文化支撑和精神动力。通过实施这一重大国家战略，努力让黄河成为造福人民的幸福河。

🎙 第二十五讲

美丽乡村与乡村生态文明建设

张孝德* 张亚婷**

引言 农业、农村、农民"三农"问题是当代中国发展遇到的最大难题。中央始终把"三农"问题放在维护经济社会稳定的战略地位，从2004年到2022年连续19年发布以"三农"问题为主题的一号文件，强调"三农"问题在社会主义现代化进程中的重中之重的地位。美丽乡村是新时代乡村建设新目标，中国走绿色发展的生态文明建设道路的起点，也是破解"三农"问题的新理论和新出路。本讲重点讲述美丽乡村与生态文明建设问题。

党的十八以来，以习近平同志为核心的党中央高度重视"三农"问题，高度关注影响中国命运的乡村地位问题。早在2013年7月22日，习近平总书记在湖北省鄂州市考察农村工作时就指出："农村绝不能成为荒芜的农村、留守的农村、记忆中的故园。"党的十九大提出实施乡村振兴战略，明确了乡村在中国特色社会主义现代化进程中的基础性地位。从乡村本位出发探索解决"三农"问题之道、探索中国特色的城镇化道路，成为党中央解决"三农"问题的新思维。

---

* 张孝德，中共中央党校（国家行政学院）教授、博士研究生导师，兼任国家气候变化专家委员会委员、中国乡村文明研究中心主任等职。国内最早研究生态文明和乡村文明的学者之一，跟踪研究生态文明和生态经济20余年。

** 张亚婷，中共中央党校（国家行政学院）博士研究生，主要研究领域为乡村生态文明建设。

一、美丽乡村建设意义与作用

（一）美丽乡村是新时代乡村建设新目标

习近平总书记关于乡村本位的思想，主要集中在两个方面：一是立足历史看乡村，明确提出乡村的中国文明之根的地位不能动摇。针对以狭隘的经济主义思维判断乡村价值的认识，习近平总书记以其富有诗意"乡愁城镇化"思想，从中华民族历史与文化的高度，明确了乡村中国在城镇化中不能缺失和不能代替的地位。在2013年12月召开的中央城镇化工作会议上，他从乡村本位视角出发，明确提出中国城镇化要成为"让居民望得见山、看得见水、记得住乡愁的城镇化"。2015年1月，习近平总书记在云南调研时强调：新农村建设一定要走符合农村实际的路子，遵循乡村自身发展规律，充分体现农村特点，注意乡土味道，保留乡村风貌，留得住青山绿水，记得住乡愁。乡村是中国人的精神归属，中央明确提出乡村是中国发展不能突破的底线。习近平总书记曾强调，"中国要强，农业必须强；中国要美，农村必须美；中国要富，农民必须富"[①]。这一系列通俗表达告诫全党，中国乡村与农民既是中国发展不能突破的底线，也是中国走向全面小康、实现中华民族伟大复兴的重要标志。

（二）美丽乡村是美丽中国的重要内容

"美丽中国"作为我党的执政理念是在党的十八大报告中首次提出的。党的十八大强调把生态文明建设放在突出地位，融入经济建设、政治建设、文化建设、社会建设各方面和全过程。在2015年10月召开的党的十八届五中全会上，美丽中国首次被纳入"十三五"规划中。乡村作为哺育中华文明之根的温床，是中国负载人口最多的地方，也是中华民族的精神家园。党的十九大报告指出，加快生态文明体制改革，建设美丽中国。2020年城乡统计年鉴显示，乡村的常住人口有6.75亿，即使到2035年城镇化进入成熟期，城镇化水平达

---

① 《习近平关于社会主义经济建设论述摘编》，中央文献出版社2017年版，第169页。

到70%以上，届时仍有4亿人口生活在乡村，这个数字比美国的总人口还要多。美丽乡村建设是美丽中国的重要组成部分，占国土面积绝大部分的乡村美不美，是中国全面建成小康社会的核心指标。乡村不能被忽视。

（三）美丽乡村是乡村振兴导航标

　　党的十九大报告首次提出实施乡村振兴战略，前所未有地把乡村建设提高到与城镇化同等重要的战略高度，为新时代乡村发展提供了行动指南。乡村振兴的核心是以严格保护生态环境为前提，以绿色生态发展理念为指引，要求绿色发展方式和生活方式，实现人与自然和谐共生。"望得见山，看得见水，记得住乡愁"，这句充满诗意的话，道出了无数中国人对传统乡村生活的向往和眷恋。乡村良好的生态是宜居的农村人居环境的核心，也是美丽乡村的前提和基础，是乡村持续繁荣发展的保障，是实施乡村振兴战略的重要任务。以良好生态为依托进行美丽乡村建设，还是推动乡村产业融合发展、促进农民增收的重要元素。在美丽乡村的大前提下发展乡村旅游和民宿，将乡村美景、美味农品、特色民宿有机结合起来，使田园成花园、农房成房客，为城镇居民提供鲜活的农耕体验，这是繁荣乡村，促进农民增收的新兴支柱产业，也是拉动农村一、二、三产融合发展的有效途径。

二、乡村生态文明建设机遇与优势

（一）乡村遇工业文明则衰，逢生态文明则兴

　　乡村遇工业文明则衰。从工业化发展的要求来看，乡村不能承载高效率的制造业，无法满足GDP的明显增长，所以会在工业化进程中逐步凋零；而城市集聚则不然。工业化造就了城市的繁荣，城市化有效转移了大量农村富余劳动力，增加了城乡居民收入。但工业化发展严重污染了城乡的空气、水体和土壤。有关材料表面，我国每年受重金属污染的粮食高达1200万吨，直接经济损失超过200亿元，这些粮食可以养活4000多万人。城镇扩张占用了大量的农田，危及18亿亩耕地红线。城市化对农村的人、财、物都有巨大的"虹吸"作用，农

村有文化的青壮年去城里打工，剩老人、孩子和部分妇女留守，导致农村的劳动力结构极其不合理。一些经济条件较好的农民为了子孙后代能享受县城的优质教育资源，只得高价在县城买房，凭着房产证在城市读书，这些"虹吸"现象直接导致了农村的"空心化"以及生态环境的恶化。

乡村逢生态文明则兴。乡村拥有独特的自然资本与五千年文明传统，具有满足生态文明时代绿色经济发展的条件，生态文明是乡村发展的契机。生态文明是在新天人和谐自然观、利他共生的价值观指导下，涉及哲学与思维方式、经济模式、生活方式、国家治理等一系列社会方式变革的新文明模式。生态文明是21世纪文明发展的大趋势，将会开启新时代的"新物种文明"。2005年8月，习近平同志提出"绿水青山就是金山银山"。从生态文明建设来看，乡村具有满足绿色消费、低碳消费、文化消费新趋势所需要的新产品、新经济、新财富，将成为绿色发展的最大受益者。不过，虽然中央提出了乡村振兴战略，但对乡村的未来产生信心仍然是乡村复兴的关键。如果我们不能跳出工业思维，那么无论是从文化与历史还是从乡村发展对于中国政治、经济、社会发展的重要性方面来解读中国乡村文明复兴的重要性，都无法找到乡村文明的立地之根。

（二）探索基于中国智慧的全域生态乡村建设之路

如何将党的十八大提出的"五位一体"中的生态文明建设落地到乡村发展上，原国家行政学院生态文明研究中心联合多个机构，从2017年开始，在全国9个乡村启动了"四生态村"的乡村实验。具体是：以全域有机农业为基础的生产生态建设，以垃圾分类为抓手的乡村生态环境建设，以利用新能源为突破点的乡村生态生活建设，以乡土文化传承为灵魂的乡村生态文明建设。乡村作为小规模社会，能够以最低成本把"五位一体"之一的生态文明建设系统地落地。

以全域有机农业为基础的生产生态建设。推进全域有机农业最有效的组织是乡村。有机农业不仅是乡村生态文明建设的基础性工程，也是乡村振兴的最基础性工程。做好全域有机农业可以给乡村发展带来三大福利：一是农民自身受益。研究表明，农民喷洒农药自己会是第一受害人，土壤和地下水污染最终受害者中一定也有自己。二是能够提高农民的收益。目前有机农村品供不应求，真正的有机产品价格高于其他产品一倍以上。三是为乡村发展生态有机产业增添竞争力。在全域有机农业基础上，土地干净了，整个村庄都合乎生态发展了，就会衍生出乡村旅游业、乡村餐饮业等服务业，乡村手工艺、乡村采摘业等自然生态产业，这些都会大幅度提高乡村产业发展的竞争力和农村幸福生活的质量。目前发展有机农业遇到的最大障碍是认为有机农业成本高、产量低，无法广泛推广。这其实是由于不了解农业技术、生物技术和农业生产规律而产生的顾虑。粮食、蔬菜、水果、中药材等进行有机生产，完全不使用化肥、化学杀虫剂等可能污染环境和危害健康的投入品，不仅产量不会降低，而且由于对原有的废弃物（秸秆、动物粪便等）进行废物利用，实现完整的有机生态产业循环，一定区域内生产的食品产出总量还会大于化学农业的生产总量。

　　以垃圾分类为抓手的乡村生态环境治理。垃圾分类已经提出多年，但到目前为止在城市的实践还没有成功样板，包括上海、北京也都还在试验中。不过，在农村已经产生了多个零污染乡村。这并不是农民比市民觉悟高，而是由于乡村社会规模小，组织成本低。目前我们的初步试验表明，在乡村进行垃圾分类不仅比城市容易，而且还可以不走传统的让乡村垃圾向县城集中处理的老路，确立适应乡村特点的分布式、就地化、微循环的垃圾处理模式。在生态村建设过程中我们发现，按照现代文明标准，越是边缘地区的乡村，垃圾分类成本越低，越易于推进。如，在贵州黔东南州一个只有几十户的侗族村，在志愿者的努力推动下，只用了一年的时间，村民不仅接受了垃圾分类，而是在村支部的领导下，自觉做到了家庭所有有机垃圾不出户进行自我处理，回到了当年没有垃圾的生活。另外，乡村尚未像城市一样形成固化的排水体系，乡村污染水处理可以尝试从源头开始的系统解决方案。一是要进行灰水（洗澡水、洗涤用水等）和粪便水的分离。分离后，粪便水可以成为有机肥直接使用；灰水则可以采用目前已有的生态塘、微生物净化等技术进行处理。二是随着时间的推移，建议倡导有机洗涤。目前已经成熟的各种酵素，是未来有机洗涤的好材料。如果做到洗涤有机化，乡村污水处理的成本和难度将会大幅度下降。

　　利用新能源的突破进行乡村生态生活建设。乡村生活与城市生活相比，最大的差距是信息闭塞，使用传统能源成本高；不过，这些短板在新能源技术和

互联网技术的支撑下都可以得到解决。乡村具有以下生态生活优势：一是生态
住宅。住宅建设材料尽量就地取材生态化，尽量用当地的建筑材料代替水泥、
钢筋等。乡村建筑的设计要活化传承中国传统庭院建筑理论，要最大限度地利
用太阳能、风能、沼气等，形成生活能源的自给自足。二是生态消费。食品消
费有机化，这在乡村可以低成本做到。如，乡村生活半径不及城市大，绿色出
行就易于做到；又如，乡村具有城市没有的各种就地取材的生活用具，生活用
品生态化也易于做到。三是生态景观美化。在人居环境方面做好垃圾、污水处
理的同时，乡村要倡导生态道路、生态绿化。未来乡村绿化要种植保健性药植，
让乡村的景观美与生态、健康、食用功能相结合，形成生态景观。四是生态耕
读。耕读是乡村最具有诗意的生活，是物质与精神、劳心修德与修身健体的结
合。在古代乡村使用频率最高的一副对联是：耕读传家远，诗书继世长。生态
文明要解决的是可持续发展问题，而能够让家庭和国家长治久安、烟火传承的
两件最重要的事就是耕读与诗书。

以乡土文化传承为灵魂的乡村生态文明建设。以优秀传统文化为根，嫁接
现代生态文化，是乡村生态文化建设根本思路。乡村生态文明建设可从以下四
个方面来进行：

敬天文化+天人合一哲学：感恩、信仰、礼仪、智慧

亲土文化+节俭消费文化：诚实、敦厚、勤劳、节俭

亲情文化+核心价值观：忠孝、仁义、礼仪、互助

自足文化+文化自信：自立、自信、自强、创新

生态文明建设促使人们从天人对立的哲学观转向天人合一哲学观。通过对
天地观察感悟所形成的乡村特有的敬天文化，是生态文化建设的灵魂。传统敬
天文化不仅仅是思维层面的认识，而且是人心与天地之间的沟通。现代科技思
维把中国传统的表达感恩、敬重的礼仪看成是没有任何作用的迷信和愚昧做法，
这种认识是存在问题的。其实，礼仪的真灵魂是谦卑的敬。敬是人与天沟通的
一种态度，如果我们真的能够与自然沟通，得到的将是解决当代人诸多问题的
智慧。中国古代之所以能够形成农耕智慧、乡村建设智慧、成为圣贤的智慧，
重要根源之一是对天地的敬。如果说，敬天打开的是智慧之门，获得的是一种

天行健君子自强不息的精神，那么中国特有的亲土文化，则是一种保护大地母亲的厚德文化。要修复工业文明过度发展对生命世界造成的伤害，就必须从亲土开始，修复生命，因为中华五千多年文明是扎根于土地的文明。

（三）乡村生态文明建设的四个优势

生态文明建设给中国乡村带来了新机遇。承载中国文明基因的古老乡村文明迈向生态文明，具有城市不具备的四个后发优势。

第一个优势是分布式新能源使乡村能够获得能源自足的优势。对未来最具有革命性的影响是新能源革命，支撑生态文明的新能源对于中国并不陌生。太阳能、风能是一种相对均衡分布式的可以直接使用的新能源。人越少的地方，人均可以利用的太阳能资源越丰富。按照太阳能的这个特性，人口分散居住的乡村比城市人均可利用太阳能资源要多。从这个意义上讲，在生态文明时代，新能源容易获得和应用的地方是农村而不是城市。煤炭、石油能源是一种集中式能源，这种能源支持人口集聚的城市文明，不支持人口分散的乡村文明。从这个意义上讲，新能源革命是让乡村文明复兴的能源。

第二个优势是绿水青山可以给乡村带来可持续的绿色财富，即满足目前正在不断成长的绿色消费的绿色经济。习近平总书记关于"绿水青山就是金山银山"的"两山论"，源于浙江安吉的余村。余村依靠绿水青山的资源，使全村老百姓的人均年收入从2004年的6000多元提高到了2019年的49598元，是全国人均可支配收入16021元的3倍多。余村村集体收入也逐年增长，2005年余村仅有91万元，到2019年达到521万元，增长了近5倍。方兴未艾的"互联网+"将乡村与城市市场连接起来，不仅弥补了乡村经济发展的短板，而且使远离市场的乡村获得了新优势。绿水青山资源与"互联网+"相结合，给乡村绿色产业发展带来了新契机，使长期以来无法转化的乡村生态土特产品、手工艺产品、乡村旅游成为城市中产阶层青睐的生态、文化消费品。据农业农村部发布《2020全国县域数字农业农村电子商务发展报告》披露，2019年，我国县域电商零售额为30961.6亿元，占全国网络零售额的29.12%；其中农产品网络零售额为2693.1亿元。全国832个贫困县网络零售额达1076.1亿元，同比增长31.2%。电商为脱贫攻坚作出了巨大贡献。目前，全国共有4310个淘宝村，1118个淘宝镇，带动了680多万人就业。抗击新型冠状病毒感染疫情期间，淘宝网发起爱心助农计划，1—3月为全国农民售出超过16.2万吨滞销农产品。以农家乐为新型业态的乡村生态旅游急剧升温，成为乡村发展的新亮点。2015年，全国有200万家农家乐，10万个以上特色村镇，带动了3300万农民致富。乡村生态旅游游客数量达12亿人次，占到全部游客数量的30%。到2018年，全国休闲农业和乡村旅游经营收入超过8000亿元，年接待游客30亿人次。可以说，农家乐是家庭联产承包制后中国农民的又一伟大创举。

第三个优势是其独特的低碳健康生活方式及其丰富的精神生活。现代工业文明的弊端是缺乏精神制衡的物质主义和消费主义的泛滥。物质财富无限增长不仅吞噬了大量的资源，造成资源环境危机，而且吞噬了人类的精神能量，使人类在物质主义、病态消费主义、GDP主义的单极化世界中越走越远。医治工业文明病的解药，不仅在西方文明世界中找不到，在中国的城市中也找不到；解药藏于中国的乡村文明中。贴近自然并与自然和谐相处的乡村生活，使农民拥有了在城市很难获得的利于身心健康、怡情养性的生态财富。数千年耕读文明，通过"耕"满足物质需求，通过"读"达到精神提升，在耕读中实现物质与精神的均衡互动。

第四个优势是乡村具有生态文明建设的低成本组织优势。首先，乡村是熟人的小规模社会，组织成本低。在公共事务领域，如在乡村进行垃圾分类、环境治理、生态建设等工作，组织的作用发挥更有效。目前大力推广的垃圾分类在农村已有多个成功样板，如北京市昌平区辛庄村仅仅通过两年时间，就做到了全村净塑环保、垃圾不落地；垃圾分类率达到70%，厨余垃圾的纯净率达到95%，交由市政环卫部门处理的垃圾只占以前的三成左右。其次，以家庭为单位的组织是最有效率的农业生产方式。农业生产很难像工业生产那样不受天气、四季变化的影响而进行规范化、标准化管理，而家庭是灵活生产、生活的较好组织形式。最后，当前随着乡村旅游兴起的农家乐，是农村广大村民选择的成本最低的经营业态。农民利用自己的房子，不需要更多投资，不需要雇用更多人，全家老少都可以参与，没有什么组织能够比家庭这个组织更具有效率了。

这也正是20世纪80年代一包就灵的原因所在。

三、乡村生态文明建设实践与探索

（一）在地化、再造循环的零污染乡村建设新探索

目前我国的垃圾处理模式是学习西方发达国家的大集中、规模化、专业化的处理方式。实践证明，这是一种高成本、再污染、中断人与自然循环的不可持续的处理方式。在党的十八大"五位一体"思想的指导下，生态文明建设要走出西方式的就环境治理环境的思维，把环境问题纳入"五位一体"的系统中来解决。我们要探索基于重建人与自然循环的"化整为零、资源化、微循环的系统集成"的垃圾治理之路，走出就垃圾治理垃圾的思维，从生态生活、生态环境、生态生产、生态文化四生态建设的系统解决方案中，探索垃圾治理之路。

酵道孝道团队于2016年启动了"美丽家乡·零污染村庄（社区）"建设。目前，全国已有超过80个村庄启动或在筹备零污染的建设。近两年推广经验表明，零污染建设对村庄（社区）的改变是多方位的。如获得本地政府（村、镇等）支持、成立零污染团队（志愿或有补偿）、开展了垃圾分类（五种）、制作厨余垃圾酵素（垃圾源头减量与分类）、实现垃圾源头分类与减量等，带来了村庄的团结、文化复兴以及农田生态系统的修复。2018年12月"美丽家乡·零污染村庄（社区）建设"项目被评为"中国乡村振兴十大案例"之一。"美丽家乡·零污染村庄（社区）"建设方案从文化、社群、生态、政治、经济5个方面15个维度展开，实现村庄垃圾快速源头分类与减量。其中河南的毛庄村尤为突出，这是一个可以复制的、低成本的、以教育为主的可持续发展方案。毛庄村有426户2056人，其中常住户398户，常住人口1900人。全村原有44个垃圾桶（每个240升），每天都会装满，需要环卫公司清运到垃圾填埋场；每年支付给环卫公司大约10万元清运费。在建设零污染村的过程中，毛庄村执行了垃圾分类与不落地方案，撤掉所有垃圾桶，改为村民在家中分类，义工每天上午上门收集。一个月中，没有让环卫公司清运任何垃圾。经过垃圾分类、在地无害化与资源化处理后，仅有四桶垃圾需要环卫公司来清运。我们可以算一下垃圾减

少的数据：原来每月产生垃圾44×30=1320（桶），现在一个月只有4桶，即减量为99.7%。其实施流程为垃圾源头减量与分类（三桶两箱）—垃圾不落地（全村撒垃圾桶）—上门收集（每日收集）—集中细分类（资源回收中心统一分类）—分类处理—制作环保酵素+堆肥+卖掉+收存+填埋（在地化、资源化、无害化）。酵道孝道非常注重当地团队的建设，这是村庄建设可持续发展的关键。老人、妇女是主要成员，他们的参与对乡村振兴是非常重要的，可以说是关键力量。一是目前农村主要构成人员就是老人、妇女和儿童。二是老人积累了一辈子的生活经验，不仅了解村庄的环境，还清楚村庄人与人之间的关系，更重要的是作为一个以孝文化为根的民族，老人的行为直接影响和引导着一个家族的行为方向。三是妇女是家庭生活的枢纽，妇女的行为就是村庄呈现的状态，儿童等家庭成员自然会在她们的影响下改变生活习惯、提升环保与健康理念。由此可见，乡村振兴、垃圾分类是一个关于人的教育的工作过程，所以我们的财力、物力、政策方针要多一些用在人的教育上。总的来讲，即教育是核心，要用以人为本的生态思维来推动，村两委带头，全民参与。

（二）绿色发展、生态兴村、产业富村之路

绿色发展是建立在生态环境容量和资源承载力约束下，以环境保护作为发展的重要支柱的一种新型发展模式；其目标为实现经济、社会和环境的可持续发展，其内容是经济活动和结果的"绿色化"和"生态化"。良好的生态环境是乡村的最大优势和宝贵财富。2017年中央农村工作会议指出：中国特色的乡村发展道路必须坚持人与自然和谐共生，走绿色发展之路，如提供生态产品、发展生态旅游等。在绿色发展方面，浙江省湖州市德清县阜溪街道的五四村可谓先行一步。

五四村位于德清县阜溪街道，村域面积5.61平方千米，人口1554人。该村曾是一个贫困村，村里人因为务农收入微薄，大多选择外出打工，导致部分土地抛荒。近10年来，五四村坚持绿色生态发展理念，走产村融合发展之路，以乡村旅游为引领，先后引进景观树、果树等生态种植，形成特色农业生产基地；随后社会资本纷至沓来，乡村面貌也焕然一新。所谓产村融合发展，就是将产

业扶贫与村集体经济有效融合发展，在产业发展的同时，同步实现村集体经济的壮大和带动贫困户脱贫致富。2017年，该村集体经济收入328万元，村民人均收入4万元。五四村的产村融合发展之路主要从三个方面着手：一是建设公共设施，打造宜居环境，实现村组道路硬化、亮化、美化、洁化"四个100%"，开通了"美丽乡村公交专线"，建成了城市公共自行车首个村级服务点，修建了村民休闲文化公园、礼堂、长廊等，全村覆盖Wi-Fi、监控、路灯等。全村也开展了垃圾分类试点工作，建设生活垃圾资源利用站，做到了"一把扫帚扫到底"。二是推动农旅融合，发展美丽经济。大力发展乡村休闲旅游，建立了亿丰花卉、垚淼生态园等特色农业基地，形成了世界亲子游乐园、瓷之源体验馆等一批乡村休闲旅游体验场所，培育了树野、外安5号、后东等特色民宿和农家乐。三是制定村规民约，弘扬文明新风。结合文明创建活动，村里制定了村规民约三字经，开展了"十年百佳"、文明"四家"等评选活动，全村村民立家规、传家训、树家风，唱响了文明乡风好声音。五四村先后荣获了全国美丽宜居示范村、绿色小康村等荣誉称号，逐步发展成为集品质人居、生态观光、休闲体验于一体的美丽乡村，实现了民富村强环境美。五四村的生态发展之路为全国村庄走绿色发展之路提供了宝贵经验，即生态环境是美丽乡村的核心价值和财富。

（三）以全域有机农业实现不减产的新探索

全域有机农业从国家高度直面食品安全问题、粮食安全问题、乡村社会安全问题、生态环境安全问题和国际农业安全问题。有机农业不仅仅是一种生产方式，更是一种生命态度，同时还包含一种深层的历史、文化和社会价值，即除了收获农副产品外，还包括人们如何对待土壤、水及其他植物和动物。目前农民对有机农业的认识障碍在于，全域有机是否会出现减产。中国科学院植物研究所首席研究员蒋高明带领科研团队在山东弘毅生态农场的实验已经表明：不仅产量不会降低，而且一定区域内生产的食品总量还会大于化学农业的生产总量。

2006年7月18日，蒋高明教授在山东省平邑县蒋家庄成立了弘毅生态农场。

该农场经过十多年的实验，实现了有机不减产。一是有机农业高产稳产吨粮田。该成果是在不用化肥、农药、农膜、除草剂、人工合成激素与转基因种子（六不用）基础上实现的。自2011年后，弘毅农场的试验田中，花生、玉米、小麦、小米、苹果等的产量均超过普通农田。二是大型青贮池。农场自繁自育，养殖大小牛300头，年需要消耗秸秆1000多吨。农场自行研发了1500吨加工能力的大型青贮池3个，基本解决了周围三个村庄的秸秆焚烧问题，保护了农田生态环境，秸秆经过动物消化排泄变成优质有机肥。三是养殖场粪便不臭。这是弘毅生态农场最为特色的地方。弘毅生态农场自制饲料，拒绝为猪、牛、鹅等草食动物提供任何动物型饲料，农场几乎所有饲料都是植物型的，从源头解决动物粪便异味的难题。以牛粪为例，饲料和粪便经历了三次发酵，几乎没有臭味了。四是牛、猪、鸡、鸭、鹅等动物不是催肥的，是自然长大的。在这样的环境下，动物的基本福利得到满足。五是肥水不流外人田，污水零排放。因为生态农场不使用化肥，而种植区需要大量有机肥，养殖场在村里建有很深的肥水池，肥水用清水冲淡后用于为庄稼和蔬菜施肥。农场还建有沼气池，沼气用于做饭，沼液用于防治蚜虫、红蜘蛛和部分病害，沼渣则是优质的肥料。六是"林禽互作"的有机果园。普通苹果每年要打20多遍农药，农场推广"六不用"技术以后，完全停用农药，这样的生态系统是健康的，其林下空间以及土壤里的草籽、昆虫或卵等就有了利用价值，诱虫灯捕获的害虫也成了鸡的美餐，发展林下养鸡额外增加了收入。鸡在刨食过程中，将施入地面的牛粪均匀分布，有翻施的功效，保障了有机苹果的产量。在这样的模式下，有机苹果产量已远超过普通农田产量，2015年栖霞基地有机苹果亩均产量高达9130斤。七是没有农膜覆盖，没有反季节大棚，不用什么矮壮素（为防止覆盖地膜植物徒长而发明的让植物矮小的药物），植物也是自然生长的。八是生态森林群落的应用。在农民眼里，树木是与庄稼争夺养料的。其实，这也是一个误区。农田防护林虽有一定遮阴，损失部分产量，但因树木吸引鸟类消灭害虫，避免损失的产量可能更大。弘毅生态农场的农田设计是乔灌草结合的本地森林，理想的状态是10米宽，总产量和经济效益均比不用树林的农田高。弘毅生态农场里，有枫杨、朴树、楸树、国槐等30多种木本植物和狗牙根等100多种天然草本植物，形成了多样化的本地森林群落。九是恢复了湿地。鸟类生存仅有森林还不行，还必须有水。蒋家庄集体经济丧失后，所有的湿地都被填埋成了农田，这样飞行的鸟类就没有水喝。弘毅生态农场改造旱地，重新设计了5亩湿地，增加了湿地植物。这样，鸟类就有了饮水去处，同时春季农民也有了灌溉水源。湿地恢复对北方农田生态系统健康意义重大，有待于进一步推广。十是特殊的销售渠道和各种放心生态产品出现在市场上。这是弘毅生态农场最大的看点，也是最大的卖点。通过10年的试验，弘毅生态农场已经解决了产量问题，也解决了质量问题（产品送检几乎都是"零农残"），但面临着销路问题。如果优质不优价，农民就会亏损。自2013年10月，弘毅生态农场建立了网上销售平台，不到3年时间，过硬的产品就赢得了消费者，目前已有城市消费会员约2000人，且以每月100~150人速度增加。

（四）新能源乡村建设的新探索

传统能源供给以集中式生产和供给方式为主，城市人口密集，容易形成规模经济和效应，能充分发挥传统能源生产与供给的优势。分布式能源优势在乡村。近年来，乡村能源产业总体表现出良好的发展态势。目前，在乡村使用较多的是太阳能热水器、太阳能光伏发电等。通过乡村分布式能源供给，可以实现自身的自给自足，且一定年限后还可实现资产盈利。浙江宁波的李岙村的实践证明了此点。

2012年开始，李岙村启动新农村建设，344户村民统一意见，60岁以上的老人在附近统一安置到临时住宅区，60岁以下的村民每个月享受400元的补贴，自行安置。2014年，龙观乡跟一家太阳能科技有限公司合作，用光伏瓦直接替代传统瓦片，替换完成之后，李岙村将是全国规模最大的光伏村。该项目是光伏瓦直接替代传统瓦、光电建筑一体化应用的典型，在新建联排住宅、多层住宅共计315户屋顶上安装300千瓦分布式光伏电站，投资总额500万元，设计年均发电量为30万度，月平均25000度。用光伏瓦替代传统瓦片，除了能发电，还能减少从室外传导到室内的热量，夏天的时候可以保持室内温度比室外低6~7℃，能减少夏季空调的使用频率，在冬天也能保持室内温度比室外温度高。这些装在屋顶上的光伏瓦片发出的电，直接供给村民使用，多出来的电卖给大电网。如果村民用电量不够，也可从大电网输电。2015年12月8日并网发电，首月发电量达1.77万度。在阴雨天气占了一半左右且雾霾频发的情况下，李岙村项目发电量仍达到了设计月平均发电量的71%，根据这种天气计算出的全年发电量超过设计的年均发电量30万度。根据政策，这些电卖给电网的价格是1元/度，浙江省、宁波市和鄞州区每一级财政各补贴0.1元/度，这样一来，每发1度电，村里就能得到1.3元的收入，每年发电收入就有40万元左右。在此基础上，村民们用电的价格还是跟一般居民用户一样0.538元/度，低价用电高价卖电，每年能有二三十万元村集体经济收入。此外，这个项目每年能节省标准煤200吨，减少二氧化碳排放498吨，二氧化硫排放15吨，碳粉尘136吨，效果上相当理想。

总之，乡村是中国走绿色发展的生态文明建设道路的起点，美丽乡村是新时代乡村建设的新目标，也是建设美丽中国的关键一环。积极推动乡村生态文明建设，是有效实现乡村振兴的新战略。实践证明，美丽乡村建设是生态文明建设时代破解"三农"问题的发展新思路、新模式，是乡村振兴的前提和保障。